# CNP600 压水堆核电厂运行
# (中级)(上册)

主　编　杨兰和

副主编　戚屯锋

原子能出版社

**图书在版编目(CIP)数据**

CNP600压水堆核电厂运行(中级)/杨兰和主编.
—北京:原子能出版社,2009.10
ISBN 978-7-5022-4711-9

Ⅰ.C… Ⅱ.杨… Ⅲ.压水型堆—核电厂—运行—技术培训—教材 Ⅳ.TM623.91

中国版本图书馆CIP数据核字(2009)第184956号

## 内容简介

本教材根据中国核工业集团公司的要求而编制的,是中核集团CNP600压水堆核电厂运行系列教材之一,分为上、下两册,适用于已经过初级运行培训的现场运行人员。该教材主要以介绍CNP600系列压水堆核电厂各主要工艺系统与设备的运行相关知识为主,包括一、二、三回路主、辅系统和外围系统,但涉及需掌握知识点的广度和深度的要求比《CNP600压水堆核电厂运行》教材要高;本教材中还介绍了CNP600系列压水堆核电厂的总体启动和停闭的主要过程和控制关键点。该课程的学习就是将实际与理论再进一步结合,对现场运行工作中遇到的实际问题的解答寻求理论依据,从而为今后更加广泛而深入地理解设计、运行原理和从事现场运行工作打下理论基础。

**CNP600压水堆核电厂运行(中级)**

**总编辑** 杨树录
**责任编辑** 王 丹 任重远
**责任校对** 徐淑惠
**责任印制** 丁怀兰 潘玉玲
**印 刷** 保定市中画美凯印刷有限公司
**出版发行** 原子能出版社(北京市海淀区阜成路43号 100048)
**经 销** 全国新华书店
**开 本** 787 mm×1092 mm 1/16
**印 张** 29.375 **字 数** 733千字
**版 次** 2009年12月第1版 2009年12月第1次印刷
**书 号** ISBN 978-7-5022-4711-9 **定 价** **145.00元**

**网址:http://www.aep.com.cn** **E-mail:atomep123@126.com**
**发行电话:010-68452845**

# 中国核工业集团公司
# 核电培训教材编审委员会

# 《CNP600 压水堆核电厂运行》(中级)
# 编　辑　部

**主　　编**　杨兰和

**副 主 编**　戚屯锋

**编　　者**　侯英东　叶丹萌

**供稿人员**　刘建伟　梁　波　侯英东　刘东林　刘　君
杨琪震　杨菊亭　钱自海　于渭清　刘忠政
刘庄环　毛树忠　崔杨杰　唐　平　毕军恩
王大庆　张　军　董俊斌　王庆舟　万　超
王伟华　王学斌　陈英华

# 总　序

核工业作为国家高科技战略性产业，是国家安全的重要基石、重要的清洁能源供应，以及综合国力和大国地位的重要标志。

1978 年以来，我国核工业第二次创业。中国核工业集团公司走出了一条以我为主发展民族核电的成功道路。在长期的核电设计、建造、运行和管理过程中，积累了丰富的实践和理论经验，在与国际同行合作过程中，实现了技术和管理与国际先进水平相接轨，取得了骄人的业绩。

中国核工业集团公司在三十多年的核电建设中，经历了起步、小批量建设、快速发展三个阶段。我国先后建成了秦山、大亚湾、田湾三大核电基地，实现了我国大陆核电"零"的突破、国产化的重大跨越、核电管理与国际接轨，走出了一条以我为主，发展民族核电的成功之路。在最近几年中，发展尤为迅猛。截至 2008 年底，核电运行机组 11 台，装机容量 907.82 万千瓦，全部稳定运行，态势良好。

进入新世纪，党中央、国务院和中央军委对核工业发展高度重视、极为关怀，对核工业做出了新的战略决策。胡锦涛总书记指出："无论从促进经济社会发展看，还是从保障国家安全看，我们都必须切实把我国核事业发展好"。发展核电是优化能源结构、保障能源安全、满足经济社会发展需求的重要途径。2007 年 10 月，国务院正式颁布了《核电中长期发展规划(2005—2020 年)》。核电进入了快速、规模化、跨越式发展的新阶段。

在中国核电大发展之际，中国核工业集团公司继续以"核安全是核工业的生命线"的核安全文化理念和"透明、坦诚和开放"的企业管理心态，以推动核电又好又快又安全发展为己任，为加速培养核电发展所需的各类人才，组织核电领域专家，全面系统地对核电设计、工程建造、电站调试、生产准备和生产运营等各阶段的知识进行了梳理，构造了有逻辑性、系统性的核电知识体系，形成了覆盖核电各阶段的核电工程培训系列教材。

这套教材作为培养核电人才的重要工具，是国内目前第一套专业化、体系化、公开出版的核电人才培养系列教材，有助于开展培训工作，提高培训质量、节约培训成本，夯实核电发展基础。它集中了全集团的优势，突出高起点、实用性强，是集团化、专业化运作的又一次实践。是中国核工业50余年知识管理的积淀，是中国核工业10万人多年总结和实践经验的结晶。

21世纪是“以人为本”的知识经济时代，拥有足够的优秀人才是企业持续发展的重要基础。中国核工业集团公司愿以这套教材为核电发展开路，为业界理论探讨、实践交流提供参考。

我们要继续以科学发展观为指导，认真贯彻落实党中央、国务院的指示精神，积极推进核电产业发展。特别是要把总结核电建设经验作为一项长期的工作来抓，不断更新和完善人才教育培训体系。

核电培训系列教材可广泛用于核电厂人员培训，也可用于核电管理者的学习工具书，对于有针对性地解决核电厂生产实践和管理问题具有重要的参考价值。

中国核工业集团公司总经理 孙勤

2009年9月9日

# 前　言

中核集团核电秦山联营有限公司1号和2号机组是我国首座自主设计、自主建造、自主管理和自主运营的650 MW国产化大型商用核电站，它创立了我国第一个具有自主知识产权的商用核电品牌CNP600，两台机组已分别于2002年4月15日和2004年5月3日投入商业运行，并成功实现了我国自主建造核电站由原型堆向商业堆的重大跨越。其扩建工程3号和4号机组于2006年4月28日开工，是我国“十一五”期间开工建设的第一个核电项目。它参照1号和2号机组，按照“翻版加改进”原则进行设计和建设。它的开工，表明拥有我国自主知识产权的商用核电品牌CNP600已经成熟，具备了批量建设的条件和能力，它的建设，对推动我国后续核电项目国产化建设具有重要意义。

该教材是中核集团CNP600压水堆核电厂运行系列教材之一，分为上、下两册，还是以介绍650 MW压水堆核电厂各主要工艺系统与设备的运行相关知识，包括一、二、三回路主、辅系统和外围系统，但涉及需掌握知识点的广度和深度的要求比《CNP650压水堆核电厂运行》教材要高；本教材中还介绍了650 MW压水堆核电厂的总体启动和停闭的主要过程和控制关键点。运行员工经过《初级运行》培训，再结合一定的现场岗位培训，就能具备基本的压水堆核电厂现场运行工作能力。该课程的学习就是将实际与理论再进一步结合，对现场运行工作中遇到的实际问题的解答寻求理论依据，从而为今后更加广泛而深入地理解设计、运行原理和从事现场运行工作打下理论基础。

本系列教材由杨兰和担任主编，由戚屯锋担任副主编。本教材主要由核电秦山联营有限公司运行处相关人员编写，已经经过多次修改完善升版，最近一次升版在2008年下半年，对本教材内容进行全面核对，重新绘制了大量的插图，并增加了疏水与排气系统、循环水系统、辅助冷却水系统、闭式冷却水系统、冷冻系统及BOP辅助系统的内容。本教材目前共包括13章，分别由吴小海、吴军轶、黄鹄、刘冬林、陈英华等人负责补写和校改，傅建军、刘惠枫、李必成和刘斌等运行系统工程师给予技术支持，总体由侯英东负责审核，负责编辑与统编人员主要有刘建伟、梁波等。

鉴于编者的水平和教材篇幅有限，本教材中不完善之处在所难免，恳请读者批评指正，便于日后修改和完善。该教材的审核还得到了武汉核动力运行研究所等外部专家的大力支持，在此表示感谢！

主编<br>2009 年 6 月

# 目　录

## 上　册

## 绪　论

## 第一章　反应堆冷却剂系统



## 第二章　专设安全设施

## 第三章 一回路主要辅助系统



## 第四章 放射性废物处理系统



## 第五章 安全壳相关的通风系统

## 第六章 重要仪表、控制和保护系统



# 下 册

## 第七章 汽轮机及其辅助系统



## 第八章 常规岛系统

## 第九章 发电机和输配电系统



## 第十章 消防系统

## 第十一章 冷冻系统



## 第十二章 外围辅助系统



## 第十三章 核电厂启动与停止

# 绪　论

压水堆核电厂(PWR)的组成如图1所示。

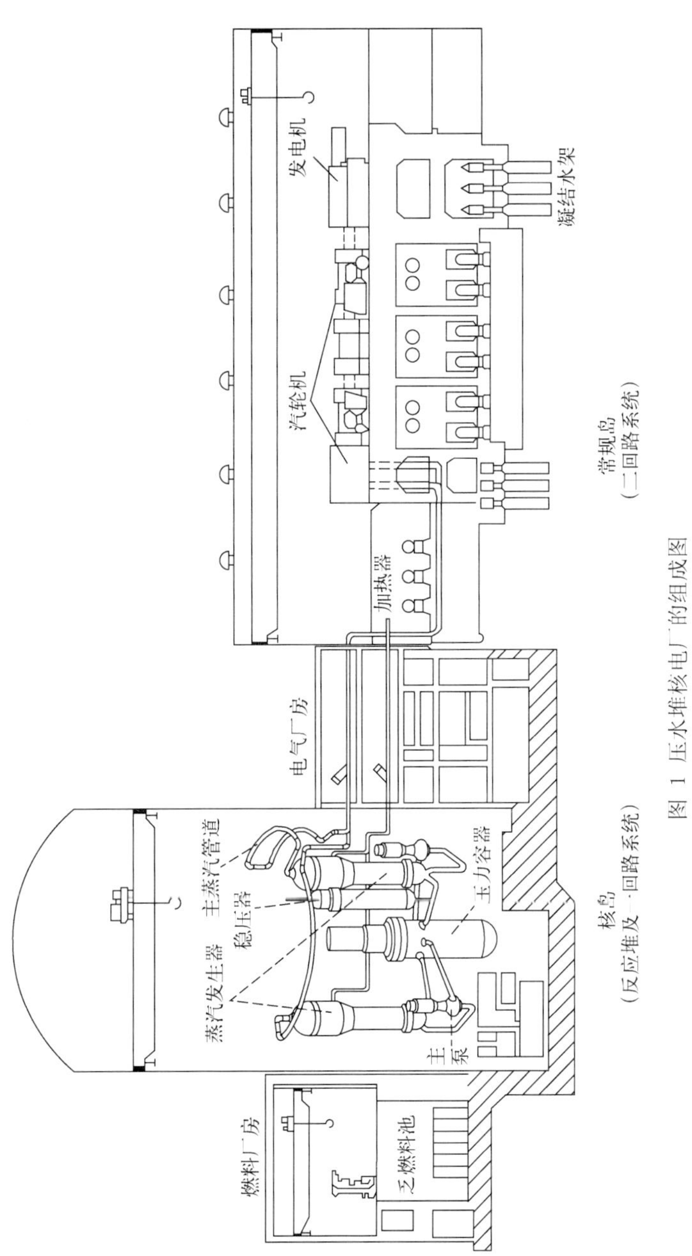


图1 压水堆核电厂的组成图

压水堆核电厂通常可以分为三大部分：

(1) 反应堆及其相关的一回路主辅系统和设备部分以及所在的建筑物，称核岛(NI)；

(2) 汽轮发电机组及其相关的二回路系统和设备部分以及所在的建筑物，包括循环水系统及其建筑物，又称常规岛(CI)；

(3) 外围辅助系统(BOP 系统)。

核岛系统主要由以下几部分组成：

(1) 反应堆及一回路主系统和设备(压力容器、主管道、反应堆冷却剂泵、蒸汽发生器、稳压器及卸压箱等)；

(2) 一回路主要辅助系统：如化学和容积控制系统(RCV)、余热排出系统(RRA)、硼和水补给系统(REA)等；

(3) 专设安全设施系统：如安全注入系统(RIS)、安全壳喷淋系统(EAS)等；

(4) 通风系统：如安全壳换气通风系统(EBA)、大气监测系统(ETY)等；

(5) 三废系统：如废液处理系统(TEU)、硼回收系统(TEP)等；

(6) 核岛电气系统；

(7) 其他系统。

核岛系统中的反应堆、一回路主系统和设备以及余热排出系统安置在安全壳内，核岛系统的其余部分的大部分设备安装在安全壳外的核辅助厂房内。

常规岛系统包括那些与常规火力发电厂相似的系统及设备，主要有：

(1) 蒸汽系统：如主蒸汽系统(VVP)、汽水分离再热系统(GSS)等；

(2) 给水系统：如凝结水系统(CEX)、给水除氧器系统(ADG)等；

(3) 汽轮机及其辅助系统：如汽轮机润滑、顶轴和盘车系统(GGR)等；

(4) 电气部分是电厂的一个重要组成部分，它主要包括以下系统及设备：

1) 发电机及其辅助系统，如发电机定子冷却水系统(GST)、发电机励磁和电压调节系统(GEX)等；

2) 厂内外电源系统，如 LGA、LGB、LLA、LNA 等。

外围(BOP)系统主要有：

(1) 原水供给系统、除盐水生产系统(SDA)、核岛除盐水生产系统(SED)、常规岛除盐水生产系统(SER)等；

(2) 氮气储存与分配系统(SGZ)；

(3) 氢气生产系统(SHY)；

(4) 空气生产系统(SAP,SAT,SAR)；

(5) 循环水处理系统(CTE)；

(6) 辅助锅炉系统(XCA)等。

# 第一章 反应堆冷却剂系统

本章介绍 600 MW 压水堆核电厂反应堆冷却剂系统的功能，系统内主要设备（压水反应堆、蒸汽发生器、反应堆冷却剂泵、稳压器及卸压箱）的作用及组成，反应堆冷却剂系统与辅助系统的联系及其运行原理。

## 1.1 系统功能和设计考虑

### 1.1.1 系统功能

压水堆核电厂的反应堆冷却剂系统（RCP），又称一回路主系统（图 1-1-1），有以下功能：

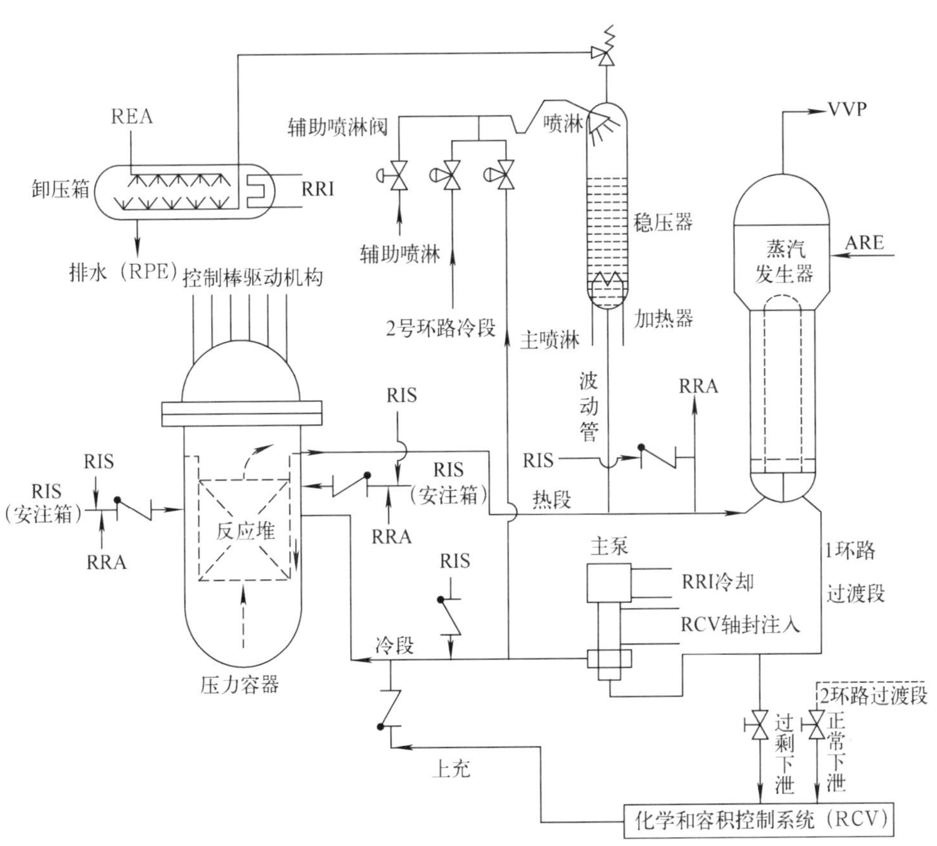


图 1-1-1 反应堆冷却剂系统组成简图

(1) 它的主要功能是将反应堆堆芯中核裂变反应产生的热量传送到蒸汽发生器，从而冷却堆芯，防止燃料元件烧毁，而蒸汽发生器供给汽轮发电机组（二回路）所必需的蒸汽；

(2) 在压水反应堆内,水作为冷却剂又兼作中子慢化剂和反射层,使裂变反应产生的快中子减速到热中子能量范围;

(3) 反应堆冷却剂中溶有硼酸,可补偿氙瞬态效应和燃耗引起的反应性变化;

(4) 稳压器可用于控制冷却剂系统压力,以防止堆芯内产生不利于传热的偏离泡核沸腾现象;

(5) 在发生燃料元件包壳破损事故时,一回路压力边界可作为防止放射性产物泄漏的第二道屏障。这是 RCP 系统的安全功能。

## 1.1.2 设计基准

反应堆冷却剂系统设备设计是以下述正常运行数据为基准:绝对压力 15.5 MPa,满负荷时冷却剂的平均温度 310 ℃;按 100%反应堆功率下向二回路系统传递全部反应堆热功率设计;所有冷却剂系统(RCP)设备都按能适应 112 ℃/h 速率加热或冷却瞬态设计,但温度变化率的运行限值为 56 ℃/h。

整个反应堆冷却剂系统(RCP)的设计遵照有关文件的规定,在核电厂正常或事故工况下运行时,由温度、压力、流量变化引起的机械应力不得超过限值,以确保反应堆冷却剂系统压力边界的完整性。

## 1.1.3 系统描述

### 1.1.3.1 传热环路

RCP 系统由并联到反应堆压力容器的两条相同的传热环路组成。每一条环路有 1 台反应堆冷却剂泵和 1 台蒸汽发生器。在运行时,反应堆冷却剂泵使冷却剂通过反应堆压力容器在冷却剂环路中循环。作为冷却剂、慢化剂和硼酸溶剂的水,在通过堆芯时被加热,然后流入蒸汽发生器,在那里将热量传递给二回路系统,最后返回到反应堆冷却剂泵重复循环(见图 1-1-2)。

位于反应堆压力容器出口和蒸汽发生器入口之间的管道称为环路热段,主泵出口和压力容器入口之间的管道称为环路冷段,蒸汽发生器出口与主泵入口之间的管道称为环路过渡段。

### 1.1.3.2 压力调节原理

RCP 系统还包括稳压器及其为反应堆冷却剂压力控制和超压保护所需的辅助设备。稳压器通过波动管接到 1 号环路热段。

压力控制通过电加热器和喷淋阀的动作实现。喷淋系统由两条冷段供水,并通过喷淋管线接到稳压器的顶部封头。加热器安装在稳压器的底部。

由 3 个安全阀组提供超压保护。3 个安全阀组通过 3 条设有保温的、倒“U”形的管道与稳压器顶封头上的接管连接。这些倒“U”形管道在每个安全阀的上游可以构成水封,防止氢气的泄漏。

每个阀组由两台相似的、串联安装的先导式安全阀组成:上游的阀门提供卸压功能,称为“保护阀”;下游的阀门提供隔离功能,称为“隔离阀”。在正常运行期间,保护阀关闭,隔离阀开启;如果保护阀在开启之后回座时失效,则隔离阀关闭,防止反应堆冷却剂系统进一步卸压。

安全阀排汽进入稳压器卸压箱。

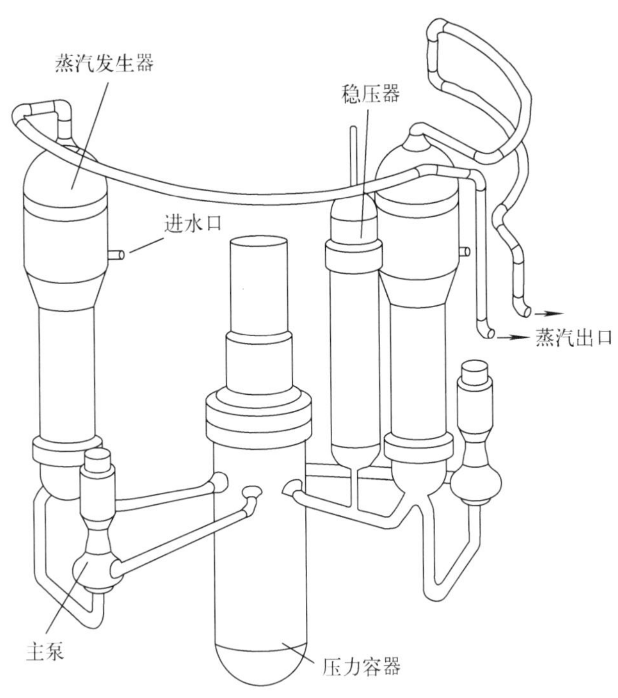


图 1-1-2　冷却剂环路示意图

#### 1.1.3.3　电阻温度探测器(RTD)旁路支管

每条冷却剂环路热段和冷段的温度在蒸汽发生器旁路管线和反应堆冷却剂泵旁路管线上分别测量。RTD(Resistance Temperature Detector)的热段旁路接管呈勺形，在一个横截面上安装了 3 根，布置成 120°间隔，插入反应堆冷却剂中，以便为 RTD 支管收集具有代表性的温度样品。由于泵的搅混作用，对于冷段温度的测量，仅需要在反应堆冷却剂泵的排出端上布置一个接管。

两条旁路管线的流量收集到一根装有流量计的公共回流管线中，并且接到蒸汽发生器与冷却剂泵之间的过渡段管道上。为了平衡冷段和热段旁路之间流量，冷段旁路管线装有一个流量孔板。

#### 1.1.3.4　与辅助系统的连接

还有若干辅助系统为 RCP 系统服务，它们包括：化学和容积控制系统(RCV)、余热排出系统(RRA)和安全注入系统(RIS)等。这些辅助系统都与反应堆冷却剂系统相连接。

——RCV：RCP 通过正常下泄管线排入 RCV 系统。正常下泄管线位于 2 号环路过渡段。过剩下泄管线作为正常下泄管线的备用，接到 1 号环路过渡段。

冷却剂通过上充管线回流到 1 号环路冷段，或者通过辅助喷淋管线接到稳压器。

——RRA：RCP 通过位于两个环路热段上的接管排入 RRA 系统。冷却剂经由 RIS 的中压安注箱注入管线流回到 RCP 系统。

——RIS:RIS 系统与 RCP 系统的连接通过:

- 接到热段和冷段及反应堆压力容器的高压安注(HHSI)管线和低压安注(LHSI)管线;
- 接到反应堆压力容器的中压安注箱注入管线。

——RCP 系统还在不同的位置与核岛排气和疏水系统(RPE)及核取样系统(REN)连接。

——RCP 卸压水位测量仪表(RCP082LN)与 2 号环路热段 RRA 吸入管线上游相连接。

### 1.1.4 系统特性参数表

表 1-1-1 为压水堆核电厂反应堆冷却剂系统(RCP)特性参数表。表 1-1-2 为与反应堆冷却剂系统相连接的系统。

表 1-1-1 反应堆冷却剂系统(RCP)特性参数

| 主要参数 | 数值 | |
|---|---|---|
| 堆芯额定热功率/MW | 1 930 | |
| 系统额定热功率/MW | 1 936 | |
| 设计压力/MPa(绝对) | 17.2 | |
| 正常运行压力/MPa(绝对) | 15.5 | |
| 水压试验压力/MPa(绝对) | 22.9 | |
| 热工设计流量(每条环路)/($m^3$/h) | 23 320 | |
| 名义流量(每条环路)/($m^3$/h) | 24 290 | |
| 机械设计流量(每条环路)/($m^3$/h) | 25 260 | |
| 设计温度/℃ | 343(稳压器设备除外:360 ℃) | |
| 蒸汽流量/(t/h) | 2×1 951(零排污) | |
| 温度(在满负荷下) | 热工设计 | 名义 |
| —反应堆入口/℃ | 292.8 | 293.4 |
| —反应堆出口/℃ | 327.2 | 326.6 |
| —反应堆平均温度/℃ | | 310.0 |
| —反应堆平均温度(在零负荷下)/℃ | | 290.8 |

表 1-1-2 与反应堆冷却剂系统相连接的系统

| ARE | 主给水供水系统 |
|---|---|
| ASG | 蒸汽发生器辅助给水系统 |
| GCT | 汽轮机旁路排放系统 |
| RCV | 化学和容积控制系统 |
| RRA | 余热排出系统 |
| RIS | 安全注入系统 |
| REN | 核取样系统 |
| RPE | 核岛排气和疏水系统 |
| REA | 反应堆硼和水补给系统 |
| RAZ | 核岛氮气分配系统 |
| RRI | 设备冷却水系统 |
| SAR | 仪表用压缩空气分配系统 |
| PTR | 反应堆换料水池和乏燃料水池冷却和处理系统 |

## 1.2 反应堆压力容器及堆内构件

### 1.2.1 作用及设计考虑

压力容器及其顶盖整体有 3 个基本作用:

(1) 作为包容反应堆堆芯的容器,起着固定和支撑堆内构件的作用,保证燃料组件按一定的间距在堆芯内的支撑与定位。

(2) 作为反应堆冷却剂系统的一部分,起着承受一回路冷却剂与外部压差的压力边界的作用。

(3) 考虑到中子的外逸，起到对人员的生物防护的作用。

反应堆压力容器按照提供包容反应堆堆芯、上部堆内构件及下部堆内构件所要求的容积设计，考虑到核电厂的寿期为 40 a，以及运行时冷却剂的循环流动，水对设备的腐蚀，设备的耐蚀性能与金属的老化，要选用具有高机械强度和在强中子辐照下不易脆化的材料。

## 1.2.2　设备描述

反应堆压力容器是一个圆柱形容器，它的底部是焊接的半球形底封头，上部为一个可拆的、用法兰连接和装密封环的半球形上封头，容器有两个进口接管和两个出口接管分别与反应堆各个冷却剂环路的冷段和热段连接。这些接管恰好位于低于反应堆压力容器法兰，但高于堆芯顶部的一个水平面上。另外，还有两个中压安注的入口接管。

冷却剂通过进口接管进入压力容器，并且向下流过堆芯吊篮和容器壁之间的环形空间，在底部转向，朝上流过堆芯到出口接管。

反应堆压力容器法兰和上封头用两道“O”形金属密封环密封，密封泄漏借助内环与外环之间的一根引漏接管检测，内环一旦有泄漏时有高温度报警。

压力容器包容堆芯、控制棒组件及冷却剂循环通道直接相关的所有部件。

堆芯内产生的热功率传给反应堆冷却剂并传送到反应堆压力容器外部。

(1) 压力容器

压力容器筒体段由以下几部分构成：一个锻造法兰，在它上部开有 56 个螺栓孔用来安装压紧螺栓；一个带有 6 个冷却剂进、出口管嘴的锻造环状段；另外两个锻造环状段；一个半球形下封头，下封头底部开有作为堆内中子通量测量通道的 38 个孔。

压力容器顶盖段，由带螺孔的锻造法兰和球形拱顶组成。顶盖上有 1 个排气管，它的作用是在冷却剂系统充水时排出压力容器顶部积聚的不凝结气体；在球形拱顶上有 37 个孔，以供控制棒驱动机构(33 个)和测量热电偶仪表导向管(4 个)通过。

压力容器筒体段重 266 t，顶盖段重 57 t。图 1-2-1 是压力容器的构成图。

压力容器筒体段与压力容器顶盖间放有两个“O”形密封环，由 56 个螺栓来固定，以保证密封。压力容器本体的材料是低合金碳钢，为了防止腐蚀，压力容器与反应堆冷却剂水接触的内表面由厚度为 6 mm 的奥氏体不锈钢覆盖。为了使压力容器满足其机械特性，制造时必须进行多次热处理。

压力容器接合面外侧有个法兰，当更换燃料时，它能使一个环形板就位，起到对堆坑的密封作用，防止反应堆水池充水时堆坑进水。压力容器内侧下部焊有导向凸缘，使下部堆内构件对中定位。压力容器筒体法兰的水平位置有一个凸台，以悬挂下部堆内构件。

(2) 下部堆内构件

下部堆内构件可分为 6 部分(图 1-2-2)。

1) 堆芯吊篮和堆芯支撑板

堆芯吊篮是一个金属圆筒，高 8.17 m，通过上部的凸肩悬挂在压力容器内的凸肩上(在接合面的位置)。它有两条冷却剂出水管接头。

堆芯支撑板被焊接在堆芯吊篮的下部，堆芯的重量由几根支撑柱传递到支撑板上。这块约 380 mm 厚的支撑板开有许多孔，供堆内测量仪表的导向管和水通过。

在堆芯吊篮的下部，4 个径向导向装置与压力容器上的导向装置相对应，它们允许在轴

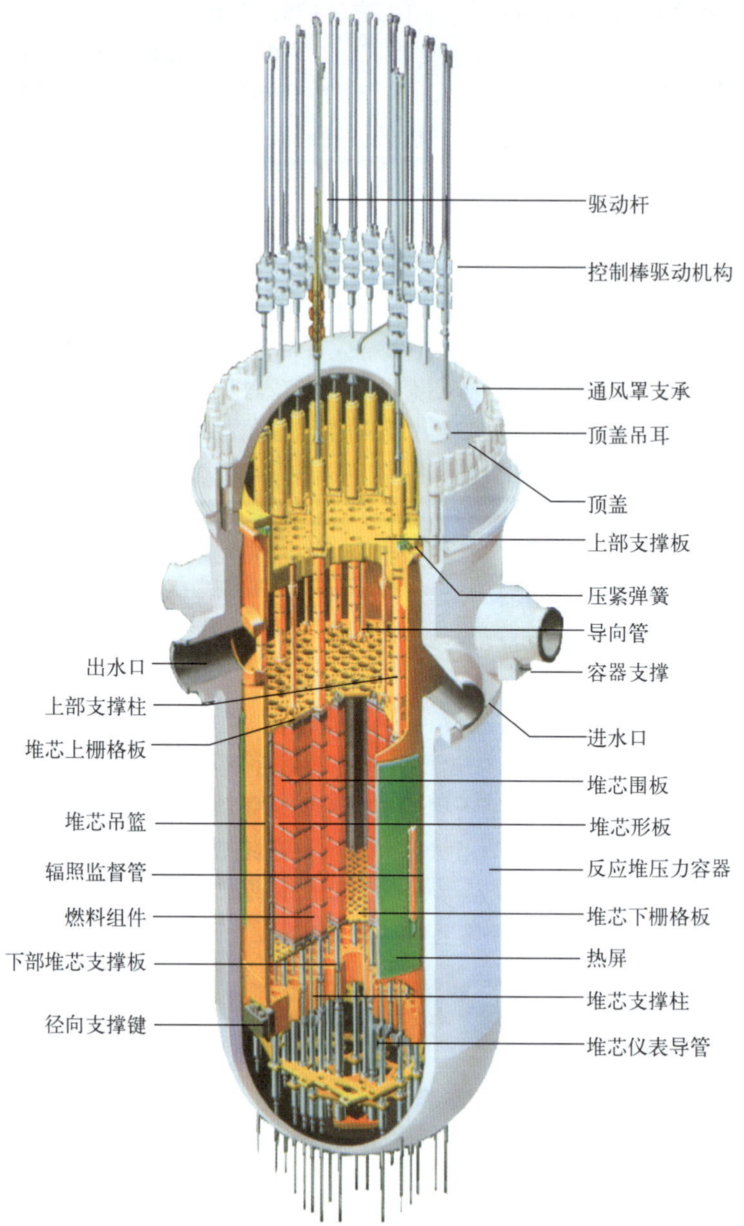


图 1-2-1 压力容器构成图

向和径向产生不均匀膨胀。

2）堆芯下栅格板

燃料组件直接装在堆芯下栅格板上。为了固定燃料组件的位置，下栅格板有对中定位销插入燃料组件的下管座(每个组件有两个定位销)。

下栅格板上相对于每个燃料组件钻有冷却剂通道孔。

置于下栅格板上的燃料组件的重量通过支撑柱传递给堆芯支撑板，堆芯吊篮通过压力容器的凸肩传递给压力容器。

3）堆芯围板

这是一组垂直平板，包着堆芯外廓，它的作用是减少冷却剂的旁通流量。这些围板跟固定在堆芯吊篮上的辐板（水平板）连接在一起。

4）热屏

它在压力容器和堆芯吊篮之间，防止堆芯射线对压力容器直接照射。

在一些电厂的反应堆中，热屏是一个约 68 mm 厚的圆筒，这个金属圆筒牢牢地固定在堆芯吊篮的上部。在现代压水反应堆中，热屏仅是由在中子密度最高区的 4 个扇形区所组成，每个扇形区由两块加工成斜角的板组成，留有空隙，可以在纵向自由伸展，两块板均被固定在吊篮筒体上。秦山二期的热屏数为 4 个（4 个扇形区），热屏厚度为 70 mm。

5）二次支撑组件

二次支撑组件由二次支撑板和悬挂在堆芯支撑板下面的支柱组成。最底部的板紧贴于压力容器下部封头。整个组件的作用是：一旦在堆芯吊篮破裂时，能够限制堆芯移位，使控制棒能够插入。

在进行换料期间，下部堆内构件仍留在原位。

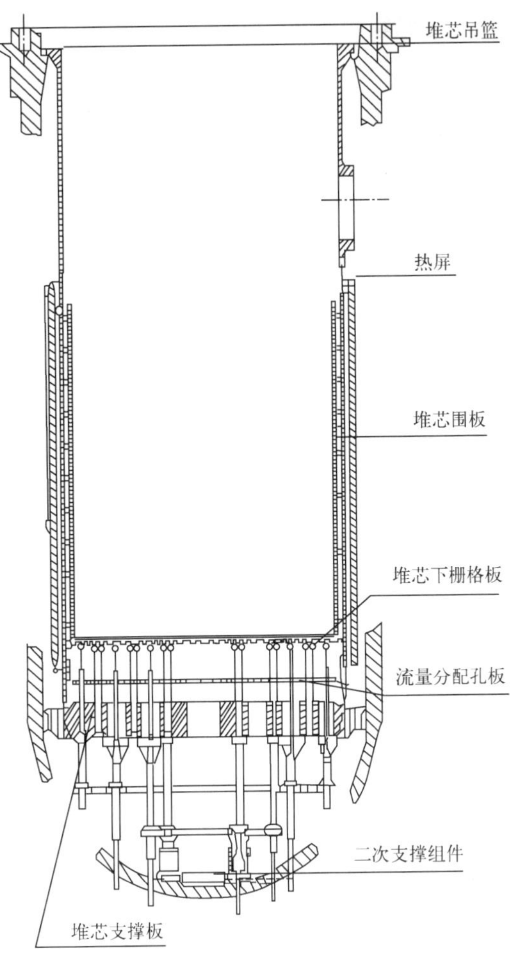


图 1-2-2　下部堆内构件

（3）堆芯

堆芯由 121 个燃料组件组成。每个组件内含有呈 17×17 方形排列的 264 根燃料棒，它们由堆芯下栅格板和堆芯上栅格板定位，另有 24 个可放置控制棒、可燃毒物棒或中子源的导向管和 1 个仪表导向管。每根燃料棒由烧结的二氧化铀（$UO_2$）芯块装在锆（Zr-4）合金包壳（AFA 2G 燃料包壳是 Zr-4 合金，AFA 3G 燃料包壳是 M5 合金）内组成（见图 1-2-3 和图 1-2-4）。121 个燃料组件按铀（$^{235}U$）的富集度的不同，分为 3 个区域，其富集度由里向外增加，最高富集度的组件装在堆芯外围，较低富集度的两种组件按照不完全棋盘格式排列在堆芯内区，以展平堆芯的径向中子注量率分布。

堆芯反应性由以下几种方法进行控制：

1）溶解在一回路水中的中子吸收剂（硼酸）；

2）控制棒束。

控制棒共有 33 束，其中，有 8 束是停堆棒束，反应堆正常运行时提到堆顶，停堆时才从堆顶掉落加大停堆裕度。其他 25 束是调节棒束，分为 A，B，C，D 4 组，其中，D 组为主调节棒组，用于调节反应堆功率；每一个控制棒束由 24 根控制棒组成。控制棒的材料为 Ag-In-Cd 合金。

3) 可燃毒物棒束

这些棒束的外形与控制棒的外形相似,采用硼硅酸盐玻璃为吸收体,内外包壳为304不锈钢,秦山二期在第一循环时堆芯装入704根可燃毒物棒,用于补偿部分剩余反应性;在第一循环后取出(可燃毒物棒只用于第一循环)。

此外,有4个棒束组件中含有中子源,其中两个,每个包含一根初级中子源棒($^{252}Cf$,锎源)及一个次级中子源棒(Sb-Be,锑-铍源)。另两个,每个包含4个次级中子源棒。

两个包含初级中子源的棒束在第1次换料时取出,同时以阻力塞组件代替。没有控制棒束的组件中,控制棒导向管用阻力塞组件塞住。

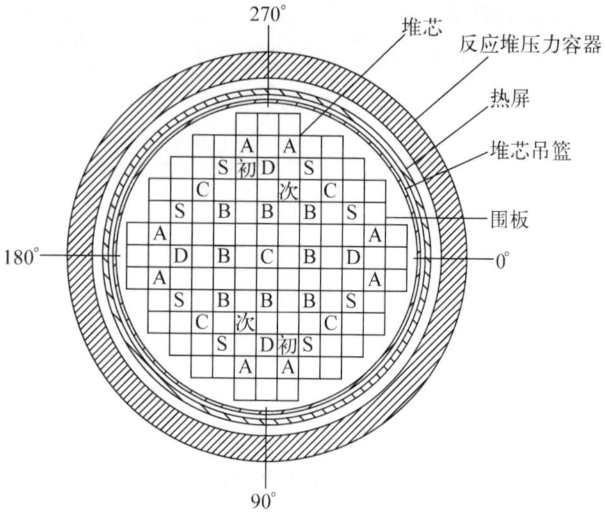

图 1-2-3 堆芯横向截面图

S,A,B,C,D:控制棒在堆芯中的位置

次:次级中子源组件,含四根次级源棒

初:初级中子源组件,含一根初级源棒一根次级源棒

首炉料装入的AFA 2G燃料组件数及富集度如表1-2-1所示,换料时装入富集度为3.25%的AFA 2G燃料,现已改为富集度为3.7%的AFA 3G燃料。

**表 1-2-1 AFA 2G燃料组件数及富集度**

| 分区 | 组件数 | 第一次装载的富集度/% |
|---|---|---|
| 第1区 | 41 | 1.9 |
| 第2区 | 40 | 2.6 |
| 第3区 | 40 | 3.1 |

(4) 上部堆内构件(见图1-2-5)

1) 上栅格板

它直接紧接在燃料组件上,避免燃料组件向上冲。就像堆芯下栅格板一样,它有许多对中定位销用来销住燃料组件的上管座。上栅格板带有许多孔能让冷却剂从堆芯出口流出。

2) 导向管支撑板

这块板用焊接加强筋加固。它带有导向管和4根热电偶出口套管,通过压力容器顶盖和压紧弹簧来固定。它对堆芯吊篮起固定作用。除了导向管孔以外,它还有一些开孔,用于顶盖清洗水的流动。

3) 控制棒导向管

控制棒导向管的上段为四方形,下段是带有空洞的管,起到对控制棒的导向作用。方段部分开有孔洞使冷却剂能够流动。

4) 支撑柱

它是堆芯上栅格板与导向管支撑板的连接柱,在支撑柱上有许多孔洞使冷却剂能够流动。有部分支撑柱装有堆芯出口搅混器。

(5) 冷却剂在堆内的循环流动

一回路冷却剂在反应堆压力容器内的循环流动如图1-2-6所示。

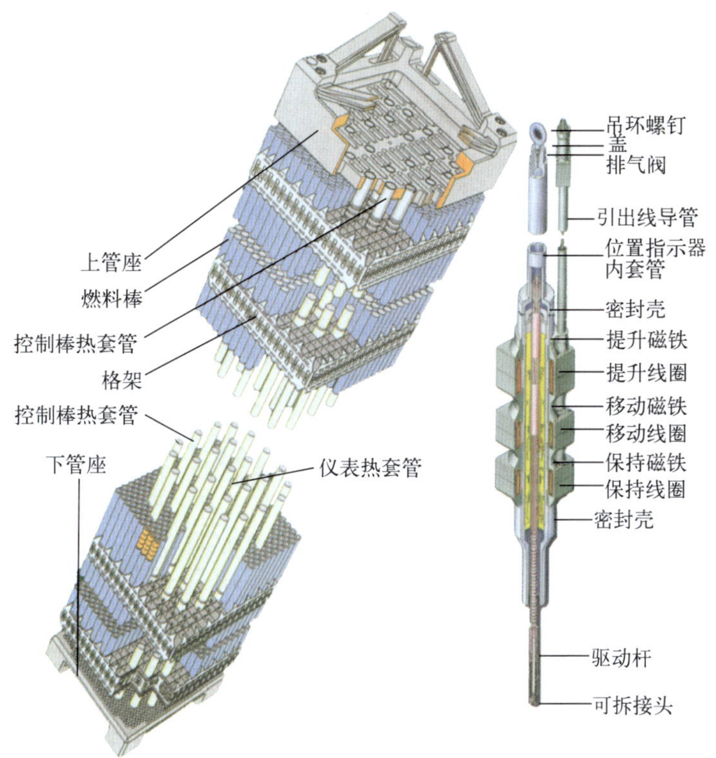


图 1-2-4 17×17 压水堆燃料组件及其控制棒

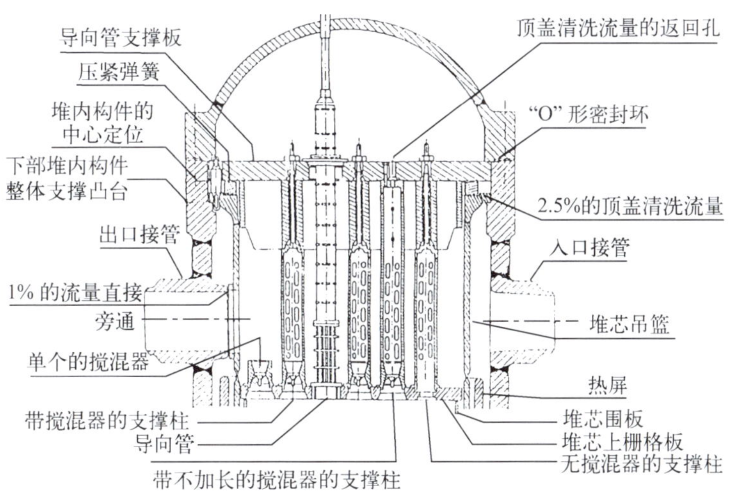


图 1-2-5 上部堆内构件

在正常运行情况下，冷却剂从两条进口接管流入，在压力容器内壁与堆芯吊篮间的环形间隙内下降，到压力容器底部后，通过堆芯支撑板和堆芯下栅格板上升，流经堆芯，带出热量，再经上栅格板后，从两条出口管道排出。一回路水的总流量为 48 580 $m^3/h$。

冷却剂水在压力容器内流动时,有总量为 6.5%的旁通泄漏流量。其中,从压力容器内壁和吊篮环形空间直接流出出口接管的流量大约有 1%,通过堆芯围板和吊篮间的旁流流量大约 0.5%,围板和堆芯外围燃料组件间空隙中的旁流为 0.5%,有 2.5%的冷却剂水用于清洗压力容器顶盖内表面,这部分水流是通过导向管支撑板上的顶盖清洗水孔而进入的。另有 2.0%的流量从控制棒导向管、仪表管等旁流。

一回路水对堆芯产生很大的冲力,水流在流过反应堆堆芯时会有压降,可分为与燃料棒和燃料组件格架摩擦的压头损失,水流改变流向和通过堆芯多层隔板时产生的局部压头损失两类。在最佳估算流量(名义流量)下堆芯的压降为 0.137 MPa,反应堆压力容器的压降为 0.280 MPa。

(6) 压力容器泄漏的探测

压力容器的密封是由压力容器顶盖与筒体之间的两个金属密封环被压紧后来保证的。在一回路冷却或加热的瞬态过程中,允许产生低于 20 L/h 的泄漏,但在达到稳定工况时,泄漏即应终止。在压力正常情况下,密封处应没有任何泄漏。

压力容器泄漏回收连接管能够收集和探测压力容器的泄漏(见图 1-2-7),连接管连接在内密封环与外密封环之间。主要用温度测量来探测有无冷却剂外泄。在压力容器内部,水温约为 327 ℃,压力容器外为环境温度,如果压力容器内密封环有水泄漏,温度测量传感器 RCP001MT 就会记录到一个高于环境的温度,显示在主控制室的记录仪上;同时,泄漏水流入一个与透明水位管相连接的容器中,可用目视方法监督水位的变化。在泄漏情况下,将出现的泄漏排放到核岛排气及疏水系统,关闭 016VP,隔离连接管。

压力容器外密封环有无泄漏,只有在瞬态工况下以目视监督,根据有无水蒸汽的泄漏或硼的沉积等现象而加以判断。

图 1-2-8 为 600 MW 压水堆纵剖面,图 1-2-9 示出反应堆压力容器的支撑情况。

表 1-2-2 为秦山第二核电厂压力容器主要参数。

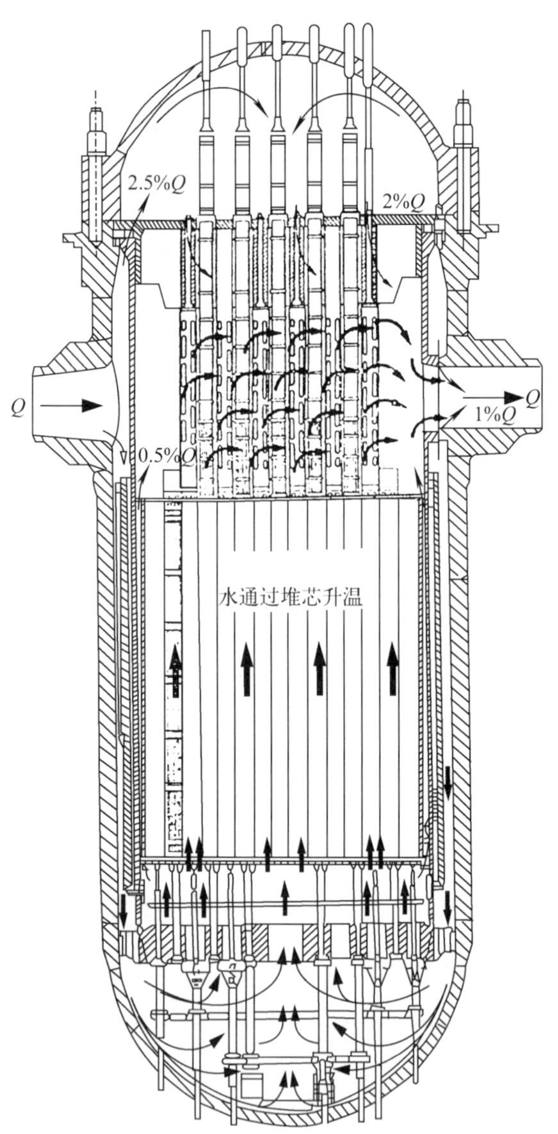

图 1-2-6　冷却剂在反应堆内的循环

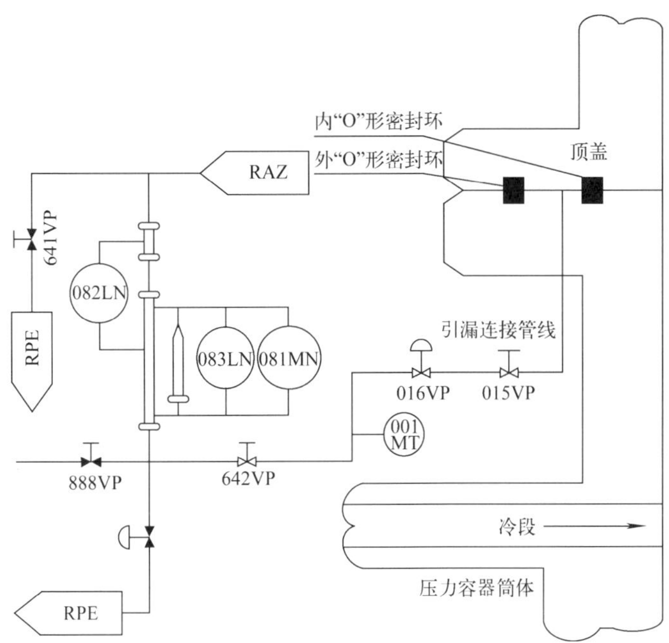


图 1-2-7　压力容器法兰面泄漏的探测

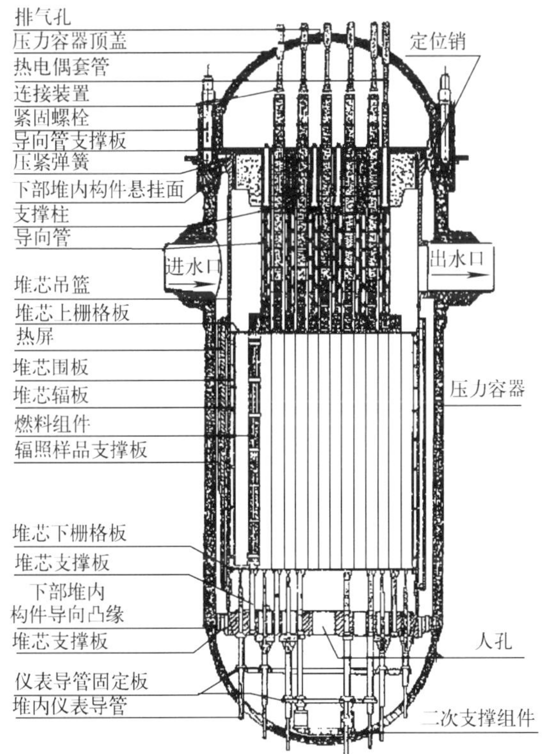


图 1-2-8　600 MW 压水反应堆纵剖面

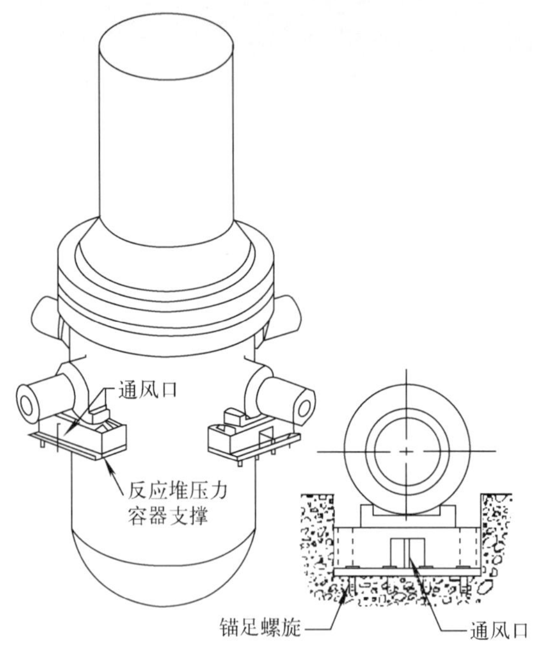


图 1-2-9 反应堆压力容器的支撑

表 1-2-2 反应堆压力容器主要参数

| 主要参数 | 数值 | |
|---|---|---|
| 设计压力 MPa/(绝对) | 17.2 | |
| 设计温度/℃ | 343 | |
| 运行压力 MPa/(绝对) | 15.5 | |
| 装有堆芯和内部构件就位时的冷却剂的容积/$m^3$ | 95.76 | |
| 满负荷时的冷却剂温度 | 热工设计 | 名义 |
| 反应堆入口/℃ | 292.8 | 293.4 |
| 反应堆出口/℃ | 327.2 | 326.6 |
| 反应堆冷却剂流量/($m^3$/h) | 热工设计<br>2×23 320 | 名义<br>2×24 290 |
| 通过压力容器时反应堆冷却剂压降/MPa | 0.28 | |
| 压力容器 | | |
| 内径/mm | 3 840 | |
| 壁厚/mm(筒体) | 205 | |
| 总高度/m | 12.978 | |
| 壳体重/t | 266 | |
| 顶盖重/t | 57 | |
| 材料 | 16MND5 | |
| 堆焊层厚度/mm | >4.5 | |
| 堆焊层材料 | 309L+308L 不锈钢 | |
| 螺栓数目 | 56 | |
| 螺栓材料 | 40NCDV7.03 | |
| 热屏厚/mm | 70 | |
| 燃料组件总数(组) | 121 | |

# 1.3 蒸汽发生器

## 1.3.1 作用及设计考虑

蒸汽发生器(SG)的主要作用是将一回路中水的热量传给二回路的水,使其汽化。由于一回路水流经堆芯而带有放射性,因而蒸汽发生器与压力容器和一回路管道共同构成防止放射性外溢的第二道屏障。在压水堆核电厂正常运行时,二回路应不受到一回路水的污染,是不具有放射性的。

压水堆核电厂蒸汽发生器是按自然循环原理运行的(见图 1-3-1)。在这类蒸汽发生器中,保证流体的原动力是冷水柱和热水柱之间的密度差,产生的蒸汽是饱和蒸汽。

每 1 台饱和式蒸汽发生器按照满负荷运行时传递 1/2 的反应堆热功率设计。

## 1.3.2 设备描述

压水堆核电厂的蒸汽发生器由带有内置式汽水分离设备的立式筒体和倒置式 U 形管束组成,如图 1-3-2 所示。

一回路的每一个环路有 1 台蒸汽发生器,它是垂直布置的、自然循环的管式汽化装置。整个装置可分为:

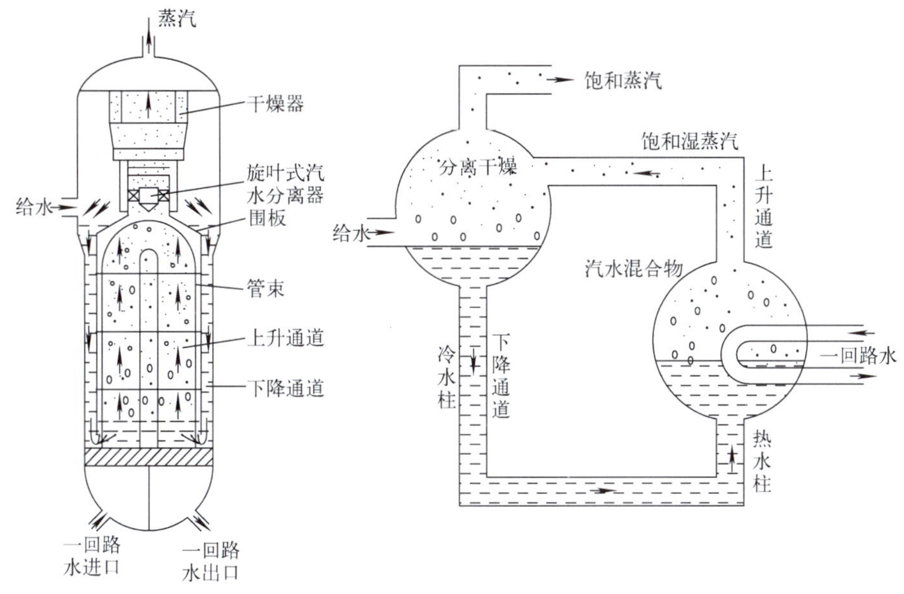


图 1-3-1　自然循环原理

(1) 给水蒸发段

蒸汽发生器蒸发段的下部是由倒置的 4 640 根倒 U 形管束构成，倒 U 形管的材料是因科镍-690，一回路水在管内流动，二回路水在管外汽化。这些管子焊接在 585 mm 厚的锰-钼-镍（Mn-Mo-Ni）管板上，管板和管束承受一回路压力。一回路水侧封头是由铸钢半球形封头构成的，在其内表面覆盖了不锈钢层，并通过焊在管板上的因科镍隔板分成两个水室（入口水室、出口水室）。每个水室都有一个连到一回路的接管和人孔。

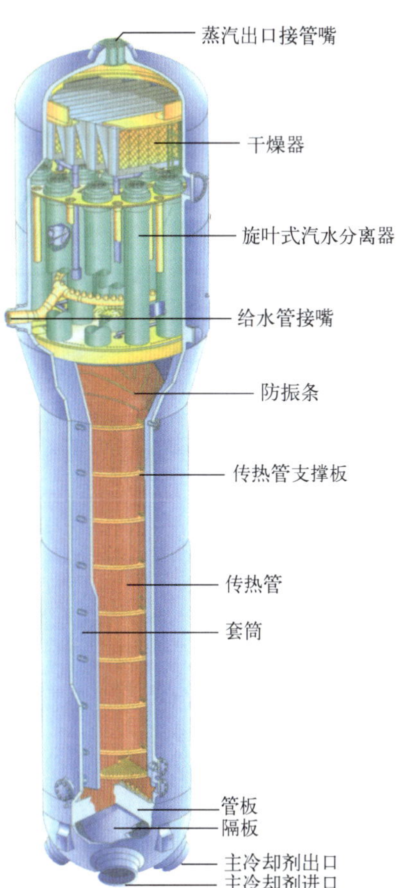


图 1-3-2　压水堆蒸汽发生器

整个汽化装置安置在圆筒状的金属筒体内，筒体下部与管板衔接，其上部通过一个中间过渡锥体而与一个包含干燥装置的更大的金属筒体相连。给水的入口位于该筒体的上部。

给水分配由一个环形孔管完成。给水与干燥设备排出的水相互混合，然后在由下部筒体与包围管束的圆柱形薄钢板包壳所形成的环形空间内向下流动。在包壳下部与管板上表面之间有一个空间，在这里水加热到接近饱和温度，然后进入到管束中间，向上流动。

借助于蒸汽发生器 U 形管束的隔板来保持管束的间距，而在隔板之间又通过拉杆固定。在 8 个抗震隔板上开有一些孔以让管子及水-蒸汽混合物过。此外,隔板通过一些防止管束整体振动的楔子固定在管束围板上。同样,在管束的弧形段也设置了防振定位杆。

(2) 汽水混合物——机械干燥段

从管束出来的水-蒸汽混合物首先通过 18 个旋流叶片式分离器,在分离器中用离心法除掉混合物中大部分水。

然后,蒸汽在离开蒸汽发生器之前通过一根位于上封头轴线处的管子而穿过"人"字形干燥器。在其上部还设计了能进入干燥器的两个人孔。

来自"人"字形干燥器和旋流叶片式分离器的水与给水混合并使给水局部加热。

循环倍率定义为流过管束的总流量与蒸汽发生器出口蒸汽流量之比,在蒸汽发生器满负荷运行时该值大约是 3.4。这个值是一个折中值,它介于尽可能的蒸汽干度与蒸汽发生器稳定运行之间。

用于蒸汽发生器排空和连续排污的两根管子布置在管束的下部。用于检查管板上表面的两个二次侧手孔也位于这个高度。

### 1.3.3 蒸汽发生器水位调节

(1) 水位保持的必要性(见图 1-3-3)

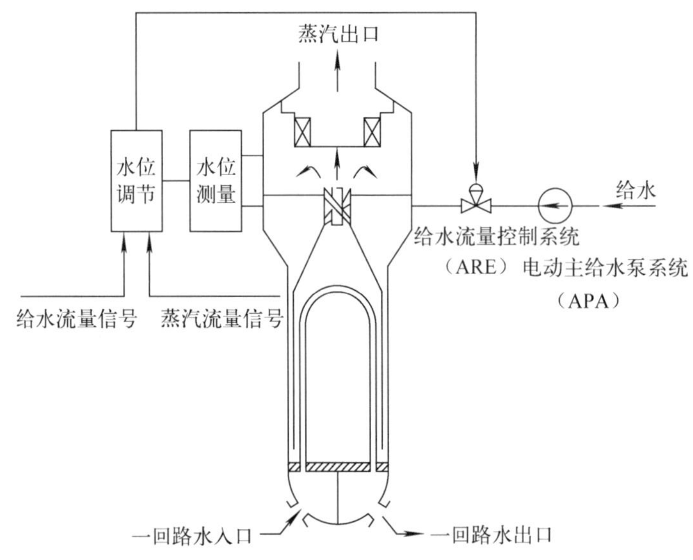


图 1-3-3 蒸汽发生器水位保持的必要性

蒸汽发生器的水位,是指蒸汽发生器筒体和管束套筒之间的部分中测得的水位,即冷柱的水位。

核电厂正常运行时蒸汽发生器必须保持正常的水位,若水位过低,蒸汽发生器二次侧水量过少,会引起一回路冷却不充分,U 形管束的温度升高将有破裂的危险,如果蒸汽进入给水循环,就有可能在给水管道中产生汽锤,另外,蒸汽发生器的管板还将受到热冲击。若水位过高,将有加速汽轮机腐蚀的危险。

水位调节,可通过控制给水流量控制系统的给水流量调节阀来实现(见图 1-3-4)。运行

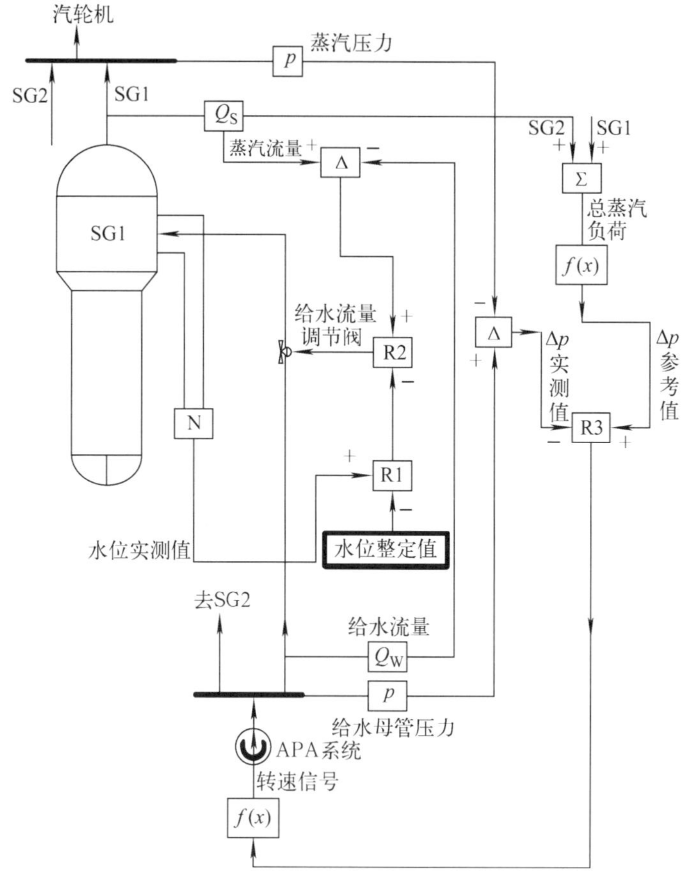


图 1-3-4　蒸汽发生器水位调节示意图

时，监测蒸汽集管的压力与给水进口的压力，二者的压差值 $\Delta p$ 与根据蒸汽流量 $Q$ 表征的功率，通过函数发生器产生的参考压差定值相比较，以调节电动给水泵的转速。

(2) 蒸汽发生器的给水

正常工况下由主给水供水系统(ARE)给水。冷凝器冷凝乏蒸汽而得到凝结水，经凝结水抽取泵抽出，送到低压加热器、除氧器及高压加热器重新加热后，送到蒸汽发生器内投入再循环。蒸汽回路上装有安全阀，当蒸汽压力达到一定阈值时，能使蒸汽卸压。

当正常给水发生故障时，由辅助给水系统(ASG)提供紧急给水。辅助给水系统还担负机组启动时蒸汽发生器的长时间充水和热备用时蒸汽发生器的给水。

(3) 蒸汽发生器的排污

运行时，由于一回路和二回路间可能的泄漏，蒸汽发生器有遭受腐蚀的危险，尤其在 U 形管与管板的连接处，由于非挥发性产物的积累，更可能产生腐蚀。为抑制腐蚀，要严格进行二回路的水质处理，并在管板标高处连续地进行排污。为此，设有蒸汽发生器排污系统(APG)，见图 1-3-5。

APG 系统可保证连续不断地排污，排污流量为 7～46.7 t/h(两台)，被排出的排污水经冷却和净化处理后，根据情况可重新回到 CEX，或排放到 TER。

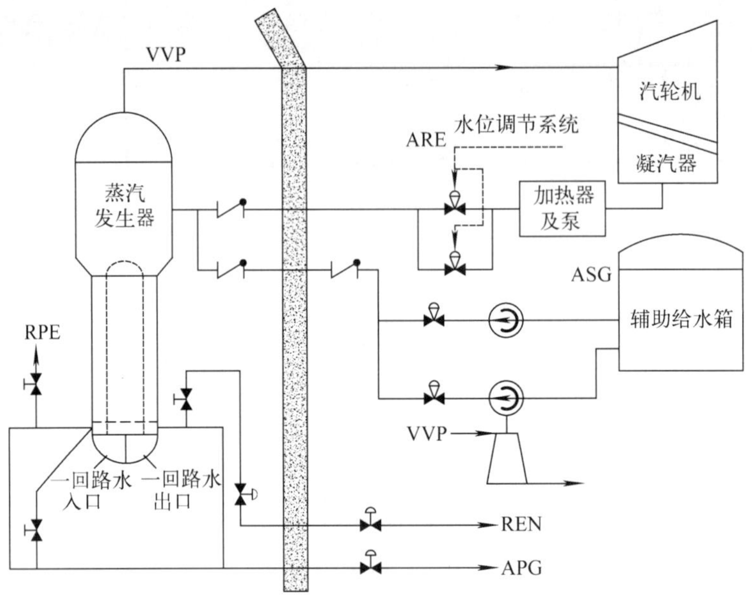


图 1-3-5 蒸汽发生器的排污示意图

### 1.3.4 蒸汽发生器的主要参数

蒸汽发生器的主要参数见表 1-3-1。

表 1-3-1 蒸汽发生器主要参数

| 参数 | 数值 |
|---|---|
| 一次侧 | |
| 设计压力 MPa/(绝对) | 17.2 |
| 设计温度/℃ | 343 |
| 运行压力/MPa(绝对) | 15.5 |
| 反应堆冷却剂温度(最佳估算) | |
| 进口/℃ | 327.2 |
| 出口/℃ | 292.8 |
| 反应堆冷却剂流量(最佳估算)/($m^3$/h) | 24 290 |
| 压降/MPa | 0.31 |
| 反应堆冷却剂容积/$m^3$ | 31.12 |
| 热负荷/MW | 1/2 ×1 936 |
| 二次侧 | |
| 设计压力/MPa(绝对) | 8.6 |
| 设计温度/℃ | 316 |
| 蒸汽压力/MPa(绝对) | 6.71 |
| 蒸汽温度/℃ | 282.9 |

续表

| 参　　数 | 数　　值 |
| --- | --- |
| 给水温度/℃ | 230 |
| 流量率(最佳估算)/(t/h) | 1 951 |
| 一般数据 | |
| 蒸汽最大湿度(重量百分比)/% | 0.25 |
| 总换热面积/$m^2$ | 5 630 |
| 总高度/m | 20.864 |
| 上部外径/mm | 4 487.8 |
| 下部外径/mm | 3 465.1 |
| 管板厚度/mm | 585 |
| U 形管数目/根 | 4 640 |
| 名义直径/mm | 19.05 |
| 壁厚/mm | 1.09 |
| 材料 | 因科镍-690 |
| 总质量(无水)/t | 338 |
| (充满水)/t | 530 |

# 1.4　反应堆冷却剂泵

## 1.4.1　作用和设计考虑

反应堆冷却剂泵又称主泵(见图 1-4-1),它是反应堆冷却剂系统中唯一高速旋转的设备,用于驱动高温高压、具有放射性的冷却剂,使冷却剂以很大流量(每台泵约 24 290 $m^3/h$)通过反应堆堆芯,把堆芯中产生的热量传送给蒸汽发生器。

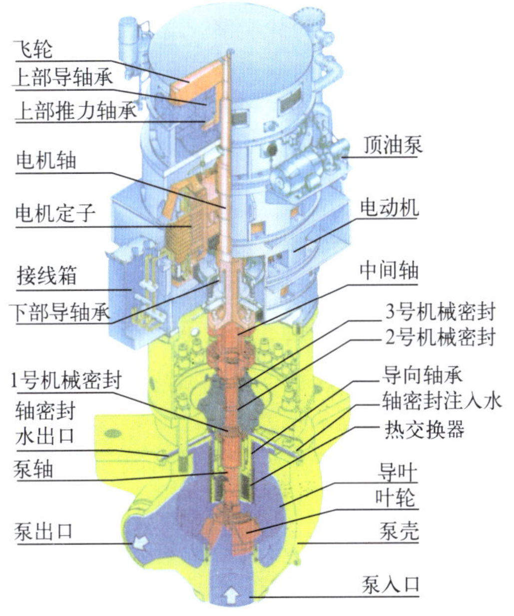


图 1-4-1　反应堆冷却剂泵的构成

反应堆冷却剂泵按输送足以满足堆芯冷却的流量设计。泵的总压头取决于反应堆冷却剂环路(反应堆压力容器、蒸汽发生器和管道)内的压降。

泵的电动机按以下考虑设计:

——最频繁的运行方式是在热态中运行,在冷态中运行限于电站启动期间。

——泵电动机转子组件必须具有足够的惯性,以便在由于断电引起反应堆紧急停堆时,能帮助建立自然循环冷却堆芯而避免出现偏离泡核沸腾。

## 1.4.2 设备描述

### 1.4.2.1 泵的水力部分

见图1-4-2,可分为:

(1) 泵壳:由不锈钢铸成的泵壳包容了泵的液力部件。泵壳包括3只整体铸成的脚以及吸入和排放喷嘴。泵壳的吸入和排放喷嘴焊缝坡口加工面焊接到反应堆冷却剂系统管路。

(2) 叶轮:带有7块整体叶片的不锈钢铸件,它对进入泵吸入处的反应堆冷却剂给予一个速度头。从泵的顶部看,叶轮是设计成逆时针转动的。叶轮用锥体冷缩装配,键和锁定的攻螺纹螺母固定到泵轴的下端。

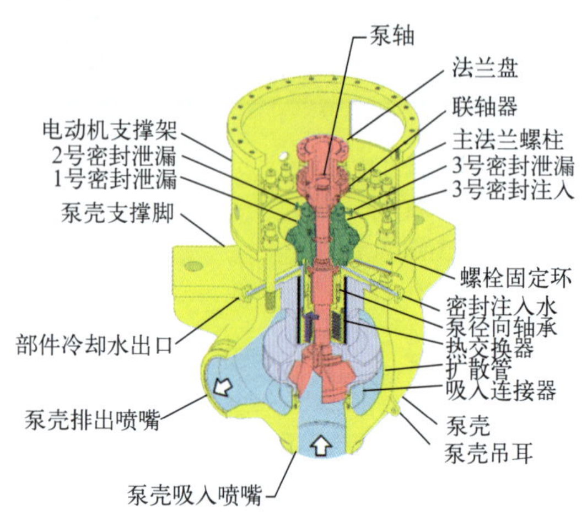


图1-4-2 主泵泵体

(3) 导叶组件:由一不锈钢铸造的导叶和一锻制铸造的导叶法兰组成。导叶组件从叶轮接受排水,并将部分速度头转换成压头。导叶由16块整体叶片组成,也含有一组迷宫密封,它与叶轮的上部防磨环接触,以尽量减少回流进叶轮的盖板区。导叶是周边焊接到导叶法兰,它用泵壳和热交换器法兰之间弹性金属垫片来密封,形成一反应堆冷却剂保压边缘。

(4) 吸入连接器:为一不锈钢铸件,在吸入喷嘴处用螺栓固定在泵壳的内侧,它限制叶轮吸入口和泵壳之间的泄漏。导叶的下端连在连接器中,二者之间的间隙是非常小的,使得从泵排出口到进口的回流受到限制。为了进一步限制回流,吸入连接器内径上的迷宫密封与叶轮下部的下防磨环相匹配。

### 1.4.2.2 热屏

热屏及轴承见图1-4-3。

热屏装置的目的是在泵的上部和泵的下部之间进行隔热。泵的上部为轴承和联轴器等,要求保持在90 ℃以下;而泵的下部为高温高压的冷却剂(正常运行时)。

这种冷却器是由不锈钢管组成的,设备冷却水系统(RRI)的水在管内流动,进口温度35 ℃,流量为8.5~9.1 $m^3/h$。这样布置是为了使热屏上方维持在72 ℃左右。

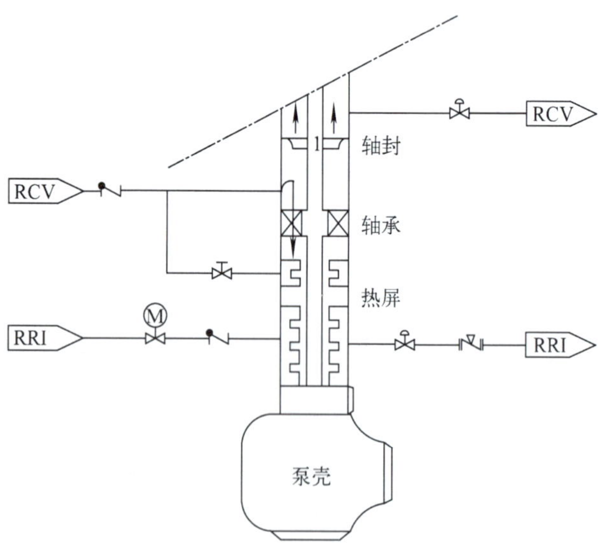


图1-4-3 热屏及轴承

热屏上方有一后座密封,当拆下电动机时,泵的转动部分暂放在这个后座密封上(这可使回路保持充满水的状态)。

#### 1.4.2.3 主泵轴承

电机-泵组件装有3个轴承,两个装在电机上,第3个为泵轴承。泵轴承浸在水中,用水润滑轴承,安装在热屏和轴封之间。它包括不锈钢轴颈和由几个石墨环构成的壳体,轴颈在壳体内旋转。轴承安装在环型箱中,该箱能校正轴的偏心度。

#### 1.4.2.4 轴密封部件

由轴封系统来保证主泵轴向的密封。该系统由1号、2号和3号轴封三级串联组成,通过连续的三级泄漏,将系统压力过渡到大气压。

由RCV系统来的高压冷却水注入到泵径向轴承和1号轴封之间,其作用是:

(1) 保证主泵轴承的润滑。

(2) 通过三个串联的轴封,保证一回路水不向外泄漏。

(3) 在RRI系统暂时断水时,保证主泵轴承和轴封的短时应急冷却。

由RCV系统供给的轴封水压力为15.8 MPa(绝对),略高于一回路压力,流量约1.82 $m^3/h$,其中通过轴封约0.68 $m^3/h$,其余流入一回路。

(1) 1号轴封

1号轴封是密封系统中最重要的元件,它是一种全液膜密封,如图1-4-4所示。它由两个不锈钢覆盖氧化铝的环构成,下边为动环,与轴联结在一起,随泵轴旋转;上边是静环,与定子联结在一起不转动,但可以上下移动。两个环的端面不接触,构成曲面型液膜密封件。

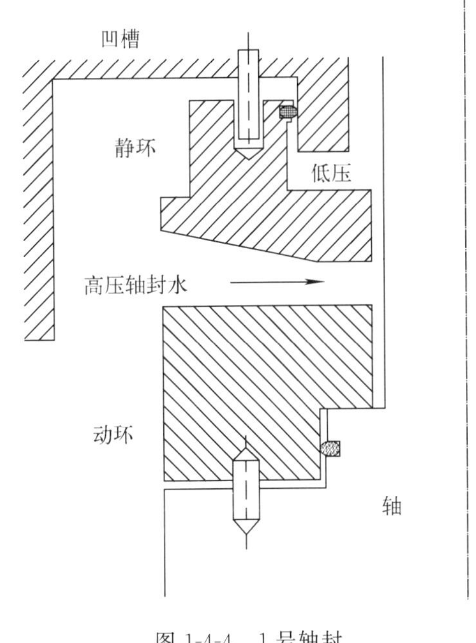


图1-4-4 1号轴封

在正常运行时,在两环之间形成液膜,液膜是由密封两端的压降产生的。动环和静环的两个端面在液膜两侧相对滑动,不会产生磨损。泄漏是由外侧流向内侧,密封件处于自动平衡状态,保持间隙为0.1 mm左右。两端的压差为15.5 MPa(绝对),背压约为0.31 MPa(绝对),通过密封水流量为680 L/h,入口温度为26.9~73.9 ℃。其泄漏量大部分返回RCV系统。

为保证1号轴封的正常工作,在启动主泵时必须由RCV系统供给轴封水,而且要求反应堆冷却剂系统压力(绝对压力)不得低于2.40 MPa,1号轴封上的差压足够($\Delta P \geqslant 1.9$ MPa),以保证抬起静环,使静环与动环之间的间隙进入可调节状态。

(2) 2号轴封和3号轴封

2号轴封是常规设计的压力平衡型密封,3号轴封是一种机械端面密封。如图1-4-5所示,是用弹簧组压紧的表面摩擦轴封。其动环是不锈钢覆盖一层氧化铝。静环由石墨组成,通过弹簧压紧在动环上并与泵的定子连成一体。

2号轴封的作用是阻挡1号轴封的泄漏。它的润滑是由1号轴封水泄漏量的一部分保证。2号轴封设计成在应急情况下，无论是转动状态或者静止状态，都能在密封面两端承受全系统压力下运行。此时它可以代替1号轴密封，并且像全液膜密封那样工作。在1号轴封发生故障时，能在一回路额定压力下工作(旋转或不旋转)约30 min，以便设备停运。

正常运行时，2号轴封泄漏量为≤110 L/h，背压45 kPa，两端压差0.16 MPa。轴封泄漏水被送往RPE系统。

3号轴封的作用是阻挡2号轴封的泄漏。它由双密封组成，在双密封之间由REA系统注入密封水，其最大压力(表压)为114 kPa，正常流量为0.8 L/h。它只是满足对密封的润湿，以很小的流量冲刷轴封，避免硼酸在密封处结晶，其排水送往RPE系统。

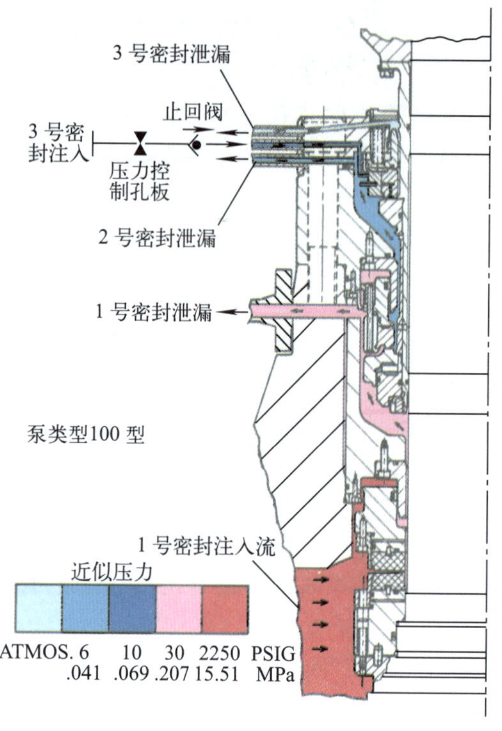


图1-4-5 1号、2号和3号轴封的结构

为了使3号轴封有恰当的润湿，在向3号密封水注入管上垂直地安装有一根立管(又称3号轴封润湿蓄水管)。立管置于3号密封标高以上，并在3号密封面之间形成一股重力注入流。这股注入流分成两部分：一部分进入2号密封引漏管线，另一部分沿3号密封向上流动，通过3号密封引漏管线直接引到RPE系统。

如图1-4-6所示，正常运行时立管内水位高出2号轴封约10.5 m，以保证3号密封注入水注入3号轴封有足够的压头。

如果2号轴封损坏，泄漏量增加，管内水位上升，给出报警信号“水位高”，并能向外溢流。

主泵立管内水位下降，当水位下降到低水位时，给出“水位低”信号，由REA系统提供补给除盐水，补到高水位时，发出“高水位”信号，停止补水。

3号立管内装有水位变送器，有“水位高高”和“水位低低”报警信号。

### 1.4.2.5 驱动电动机

驱动电动机是空气冷却鼠笼式感应电动机，其额定功率为6.5 MW，由6.0 kV母线供电。采用开式空气冷却。为防止安全壳内空气升温，在冷却回路出口装有两台冷却器，由RRI系统冷却。电动机设有电加热器，在泵停运时加热，使线圈保持一定温度，防止凝结水。为了便于维修主泵和电动机，在泵轴与电动机轴之间由400 mm长的短轴刚性连接。

在电动机定子上有6个测点，监督线圈温升，温度不允许超过120 ℃。在冷却器出口装有RRI系统流量测点，流量低于25 $m^3/h$时，给出报警信号。

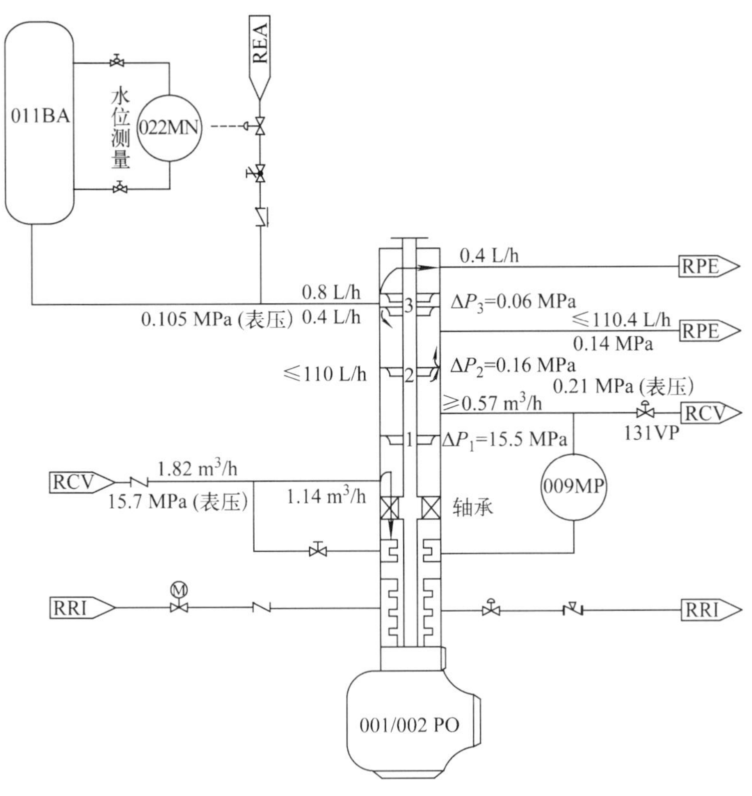


图 1-4-6 轴封注水运行原理

(1) 电动机下部轴承

电动机的下轴承用油润滑。轴承箱内储存的油通过装在轴承箱上的一个盘管冷却器冷却。下轴承有以下测量仪表：

1) 轴承温度测量，正常运行时约为 60 ℃，不许超过 88 ℃。

2) 轴承箱内油温测量。

3) 电动机机身振动测量，各点双振幅不应超过 75 μm，超过时报警。

4) 轴位移测量，在下轴承上设两个互为 90°角的传感器。

5) 转速测量，测量线路包括两个传感器和一个转换开关。

6) RRI 冷却水流量，当流量低于 25 $m^3/h$ 时报警。

(2) 电动机上部轴承即止推轴承

止推轴承是金斯伯利型推力轴承，由压力油润滑，润滑油用外置热交换器进行冷却。推力轴承设有一个油增压装置，它包括在启动主泵之前用以循环的 1 台小型辅助油泵。

止推轴承具有以下两个作用：

1) 正常运行时，流体作用在泵上的动力推力大于泵转子的重量，因而止推轴承受到大约 45 t 的力而向上紧贴；

2) 在停运和启动时，泵转子的重量超过流体的推力，止推轴承承受大约 25 t 的重量而向下贴紧。

主泵在启动之前，应启动辅助润滑油泵，把止推轴承顶起来，使电动机轴略微抬起。

辅助油泵运行额定油压为 9 MPa,最小油压为 4.2 MPa,在主泵完全启动后至少 50 s 才能停止该油泵。

辅助润滑油泵从控制室启动,油压超过 4.2 MPa 才能启动主泵。

上轴承和止推轴承设有温度测点,当温度超过 88 ℃时给出报警信号。轴承油箱油位就地测量,当油位高或低时发出报警信号。在 RRI 系统冷却水出口管上装有就地流量测量,当流量降至 50 $m^3/h$ 以下时发出报警信号。

(3) 惯性飞轮

在电动机轴的顶端装有一个质量为 6～6.5 t 的飞轮,其总转动惯量为 3 800 kg·$m^2$(飞轮转动惯量为 2 500 kg·$m^2$)。

飞轮用来增加泵的转动惯量,以便提供充分的惯性运动的时间,在断电事故时能促进堆芯自然循环的建立,保证反应堆堆芯的冷却。

电动机上附有一个防倒转装置。设置这个装置是为了当 1 台泵不运行而另 1 台泵仍在运行时,停转泵的转子不会由于冷却剂的回流而发生倒转。这个装置是按照单向离合器的原理设计的,它由一个固定的棘轮和一套支点在飞轮上的棘爪构成。当制动时,棘爪嵌入棘轮齿中,防止了倒转。当启动后,它们在棘轮齿上滑行,这些棘爪在约 60 r/min 时由于离心力的作用而完全脱开。容纳棘爪的环配有阻尼装置。

### 1.4.3 运行

主泵是大功率转动设备,为确保正常运行,在启动时必须遵守某些基本原则,其中主要有以下几项:

(1) 在主泵启动前必须供给轴封水。

(2) 在主泵启动前必须启动顶轴油泵,进行顶轴。油压必须高于 4.2 MPa(绝对)。

(3) 启动主泵前一回路压力必须大于 2.4 MPa(绝对),2.4 MPa(绝对)压力相当于 1 号轴封1.9 MPa(绝对)的压差,并相应于大于50 L/h的泄漏量。

(4) 主泵停运后再启动,要等待电动机线圈冷却后才能再启动。如果电动机在再启动前处于停运状态,则连续启动的时间间隔至少为 45 min;在 2 h 内启动主泵或尝试启动主泵的次数不能超过 3 次;如果在 2 h 内启动主泵或尝试启动主泵 3 次,则第 4 次启动时可采用以下任一种方法启动:① 第4 次启动后电机必须运转 60 min;② 保持静止不动 135 min 来进行冷却后再进行第 4 次启动。

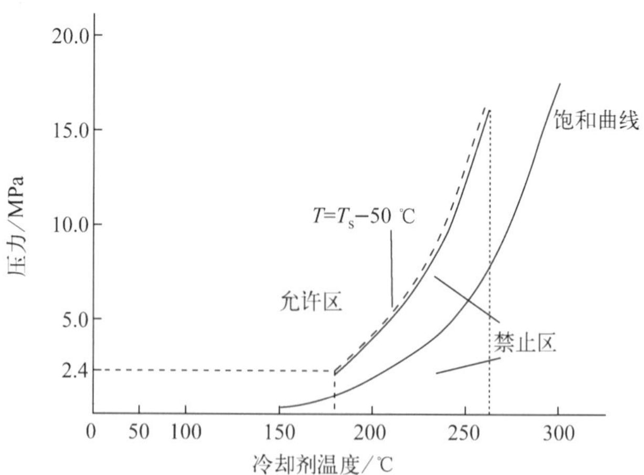


图 1-4-7 主泵的运行条件

(5) 主泵绝不允许被汽蚀。因此只有在允许的吸入压头条件下投入运行,即必须遵循图 1-4-7 所示曲线允许区内的运行条件。

(6) 为了阻止主泵上部被一回路水加热升温，热屏中至少要由 RRI 保持 9 $m^3/h$ 的流量。

### 1.4.4　反应堆冷却剂泵主要参数

如表 1-4-1 所示。

表 1-4-1　反应堆冷却剂泵主要参数

| 主要参数 | 数值 |
|---|---|
| 泵 | |
| 设计压力/MPa(绝对) | 17.2 |
| 设计温度/℃ | 343 |
| 名义流量/($m^3/h$) | 24 290 |
| 名义流量下的压头/$mH_2O$ 柱 | 91.0 |
| 轴功率(名义流量和压头下) | |
| ——冷态运行/kW | 7 066 |
| ——热态运行/kW | 5 236 |
| 吸入水压力/MPa(绝对) | 15.5 |
| 吸入水温度/℃ | 293 |
| 最低入口压力/MPa(绝对) | 2.4 |
| 电动机 | |
| 电动机电压/V | 6 000 |
| 电机功率(从电网吸入) | |
| ——额定功率/kW | 6 390 |
| ——冷态功率/kW | 7 945 |
| 同步转速/(r/min) | 1 500 |
| 泵机组 | |
| ——总的惯性矩/($kg\cdot m^2$) | 3 800 |
| ——飞轮惯性矩/($kg\cdot m^2$) | 2 505 |

## 1.5　稳压器

### 1.5.1　作用及设计考虑

稳压器的主要作用，是将一回路(RCP)的压力维持在 15.5 MPa(绝对)的整定值上，以防止冷却剂水在一回路中汽化。稳压器内贮有两相状态的水，水和蒸汽都处在确定的压力所对应的同一温度上，依靠喷淋阀和加热器进行压力调节，同时可缓冲一回路系统水容积的迅速变化。

稳压器的设计应能调节由于负荷瞬动引起的压力波动，即能维持水和蒸汽在饱和状态下的平衡。它的容量必须有足够的水容积和足够的蒸汽容积。

### 1.5.2 设备描述

(1) 容器

稳压器的构造如图 1-5-1 所示。它是一个立式的圆筒,上下分别是半球形的封头,内表面有不锈钢覆盖层。稳压器总高 12.103 m,最大外径 2.342 m,底部以波动管与一环路热管段相连。稳压器下部有电加热器、多孔滤屏和取样口,稳压器上部有喷淋管道,以及能提供超压保护的安全阀组。

稳压器中装有两个测温装置:

· 一个在液相中,RCP 010 MT。

· 一个在汽相中,RCP 009 MT。

当温度超过 352 ℃时,它们中的每一个都会使一个主控制报警黄色信号灯亮:

· RCP436AA"稳压器液相温度高",通过 RCP 010 MT 传送信号。

· RCP437AA"稳压器汽相温度高",通过 RCP 009 MT 传送信号。

(2) 波动管路

波动管路接在 1 号环路的热管段,以交换反应堆冷却剂系统 RCP 和稳压器内的水。稳压器的底封头中装有多孔滤屏和阻滞节,用以阻止一回路水直接回升到水-汽交换面。

波动管路上装有一只温度探测器 RCP 004 MT,当温度低于 300 ℃时,控制室中 435AA"稳压器波动管温度低"黄色报警信号灯亮。

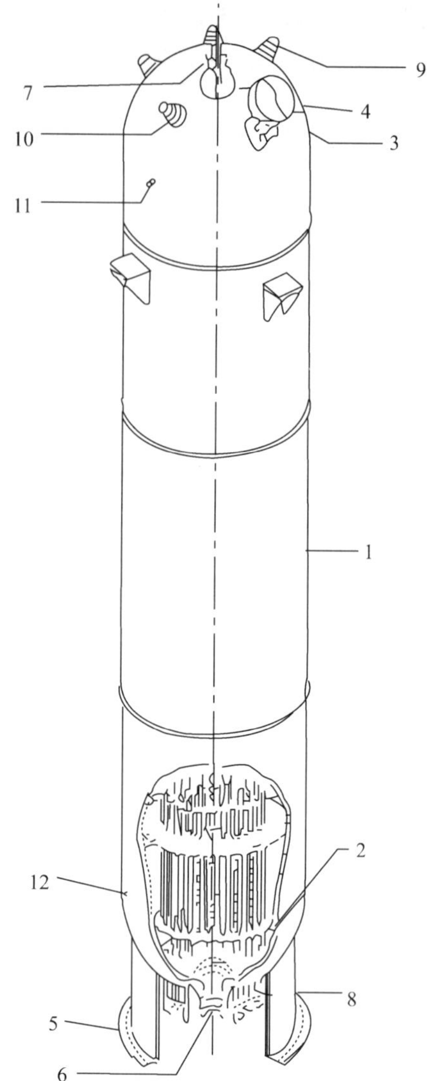


图 1-5-1 稳压器

注:1—壳体;2—下封头;3—上封头;4—人孔盖;5—支撑裙;6—波动管接头;7—喷淋管接头;8—电加热元件;9—安全阀组保护管接头;10—先导式安全阀脉冲管接头;11、12—水位表管接头

(3) 电加热器

电加热器由 60 根直管护套型电加热元件组成(共安装 63 根,其中 3 根备用,每根的功率是 24 kW)。共分 6 组,通过稳压器的下封头插入稳压器中。

加热元件的护套管上端用塞焊密封,下端由连接管座密封。加热元件的镍铬合金电热丝放在管状不锈钢护套中心,周围用压紧的氧化镁粉末绝缘。

电加热器共分 6 组,其中 4 组为通断式(恒定输出式),两组为比例可调式(比例输出式),总功率为 1 440 kW,其分配如下:

· 1 组和 2 组为通断式,每组 216 kW。

· 3 组和 4 组为可调式,每组 216 kW。

· 5 组和 6 组为通断式，每组 288 kW。

通断式电加热器主要用于反应堆启动或瞬态过程，可调式在稳压器内压力小幅度波动时起作用，在稳态功率运行时，一方面补偿热量的损失，另一方面补偿因连续喷淋导致的蒸汽的冷凝，可调式电加热器每组有 9 根电加热元件。

(4) 喷淋管路

稳压器喷淋管线分别接到一回路两个环路的冷段管线组成。每个管线上有一个自动控制的气动阀门。阀门带连续喷淋的小挡块，保持一股小流量连续喷淋。

喷淋管一端在稳压器内顶部设有喷淋头。喷淋管另一端进口伸入到一回路冷段管内呈勺形，以便利用环路中流动的速度头增加喷淋的驱动力。

喷淋管公共管段 001VP/002VP 后到接近最高段处布置成一个水封，用来防止蒸汽集聚在喷淋阀的后面，在打开喷淋阀时引起水锤。

另外设有由 RCV 系统供水的辅助喷淋，喷淋阀下游与辅助喷淋管连接，供主泵停运时控制压力或停堆后冷却稳压器用。

连续喷淋的作用是：

1) 保持稳压器内的水温与化学成分的均匀性；

2) 限制在大流量喷淋启动时对喷淋管的热应力和热冲击；

3) 使比例电加热器以一个基值进行调节。

在每条喷淋管上设有一个测温装置，温度过低表示连续喷淋流量不足。具体情况，见图 1-5-2 所示。

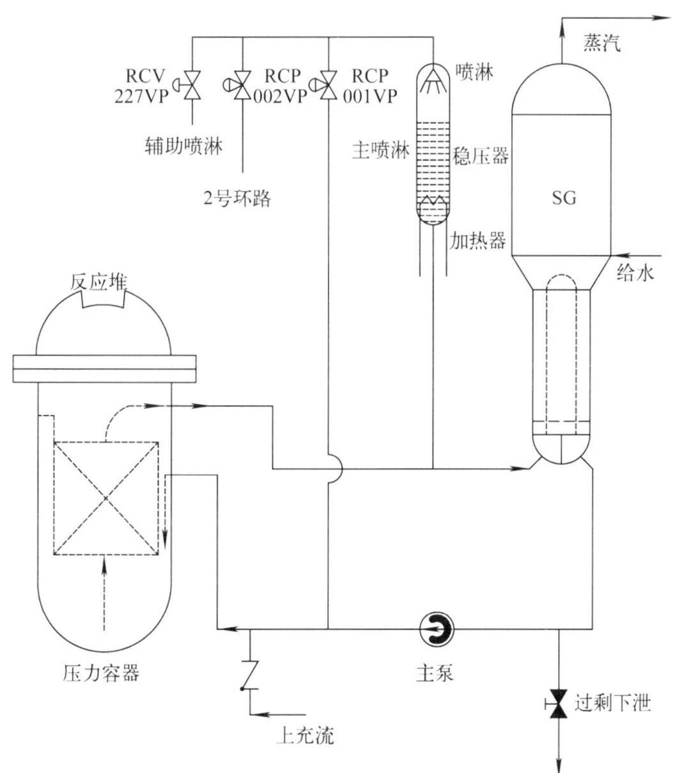


图 1-5-2　稳压器喷淋系统

(5) 安全阀组

由 3 个安全阀组提供稳压器的超压保护。每个阀组由串联安装的两个阀门组成,即 1 台提供卸压功能的上游阀门,称为保护阀,和 1 台提供隔离功能的下游阀门,称为隔离阀。

在正常运行期间,保护阀关闭,隔离阀开启。如果保护阀开启之后回座失效时,则隔离阀关闭,防止一回路进一步卸压。

当稳压器的压力超过安全阀的整定值时,安全阀开启,将稳压器内的蒸汽迅速排至卸压箱中,使稳压器卸压,起到超压保护作用,安全阀的整定压力如表 1-5-1 所示。

1) 安全阀的结构

稳压器安全阀是先导式阀门。每 1 台安全阀由两个主要部分组成:阀门的先导部分和主阀部分。如图 1-5-3 和图 1-5-4 所示。

**表 1-5-1　安全阀整定压力(绝对)/MPa**

| 阀　门 | 开启 | 关闭 |
|---|---|---|
| RCP017VP 隔离阀 | 14.6 | 13.9 |
| RCP018VP 隔离阀 | 14.6 | 13.9 |
| RCP019VP 隔离阀 | 14.6 | 13.9 |
| RCP020VP 保护阀 | 16.6 | 16.0 |
| RCP021VP 保护阀 | 17.0 | 16.4 |
| RCP022VP 保护阀 | 17.2 | 16.6 |

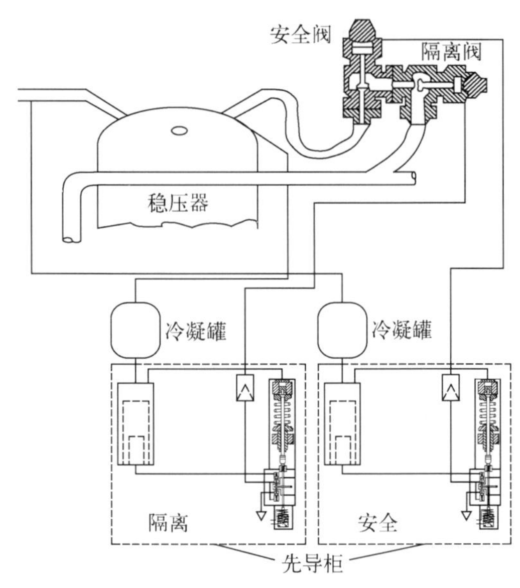

图 1-5-3　先导式安全阀组

主阀部分是一个液压启动阀,提供卸压功能。它包括:

① 一个装有喷嘴的下阀体,主阀瓣就座在喷嘴上。

② 一个装有活塞的上阀体,活塞使阀瓣压到喷嘴上,而且活塞的表面积比阀瓣的表面积大。

阀门的先导部分起压力传感和控制的作用。它由受稳压器压力作用的活塞构成。活塞自身又启动 1 根由一个调节弹簧定位的传动杆,而传动杆借助于一个凸轮启动两个先导阀盘 R1 和 R2。

阀门的先导部分与主阀部分及稳压器实体隔离。它由脉冲阀及先导管线与稳压器和主阀连接,在稳压器与先导阀之间装有一个冷凝罐,保护先导阀不受高温蒸汽的影响。

在先导阀的底部装有一个电磁线圈,它直接作用在传动杆和凸轮上,而凸轮用于操纵两个脉冲阀。这个电磁线圈提供一种使先导阀头直接卸压的方法,以便远距离手动强制开启阀门。

2) 安全阀运行原理

当稳压器压力低于先导阀的整定压力时,先导阀的传动杆在上面位置,先导盘 R1 开启,使主阀活塞上部与稳压器接通,由于主阀活塞的表面积比阀瓣的大,因此安全阀关闭。

当稳压器压力升高时,它作用在先导活塞上,并且使先导传动杆向下,先导盘 R1 关闭使主阀活塞与稳压器隔离,此时安全阀仍保持关闭。

当稳压器压力达到先导阀的整定压力时,先导传动杆进一步向下,先导盘 R2 开启,主阀活塞上部容纳的流体排出,作用在主阀阀瓣上的稳压器压力使安全阀开启。

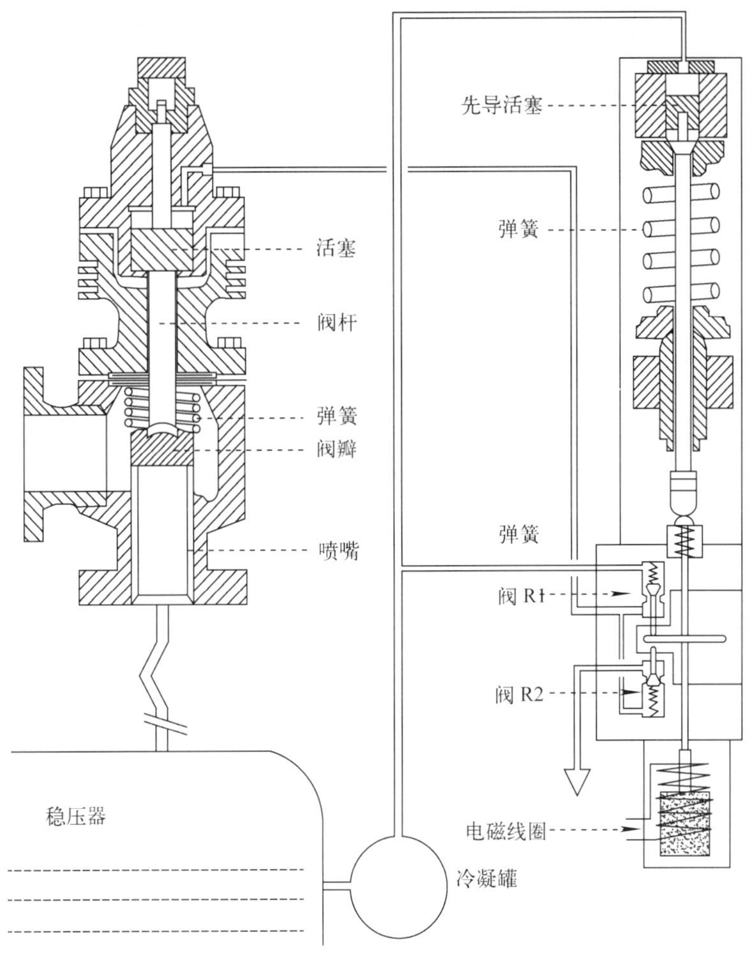


图 1-5-4　先导式安全阀运行原理

当稳压器压力降低时，先导传动杆上升，首先关闭先导盘 R2，开启先导盘 R1，然后使主阀活塞上部与稳压器接通，于是安全阀关闭。

安全阀在低于其整定压力下，通过使电磁线圈通电，可以强迫“开启”。

如果先导盘 R1 处于开启位置(压力低于先导盘 R1 的整定压力)，通过使电磁线圈断电，在主阀活塞上可以重新建立压力并关闭安全阀。相反，如果先导盘 R1 维持关闭(压力高于 R1 的整定压力)，则不能重新建立压力，而且安全阀维持开启状态。

### 1.5.3　稳压器的压力调节

核电厂正常运行时，稳压器内液相与汽相处于平衡状态。因而，稳压器中的压力等于该时刻温度下水的饱和蒸汽压力(见图 1-5-5)。

运行时，为避免冷却水在一回路内产生沸腾，冷却水温度应低于稳压器饱和蒸汽温度，因而，

$$P_{RCP} = P_{PZR}$$

$$T_{avg} < T_{PZR}$$

冷却剂平均温度由下式得出：

$$T_{avg} = \frac{T_{热段} + T_{冷段}}{2}$$

从图 1-5-5 水的饱和蒸汽曲线可知，稳压器内的水用加热器加热时，水的汽化将会使压力增加（第一种方式）；而当冷管段引来的冷水向蒸汽喷淋时，水的降温（冷凝）使压力降低（第二种方式）。

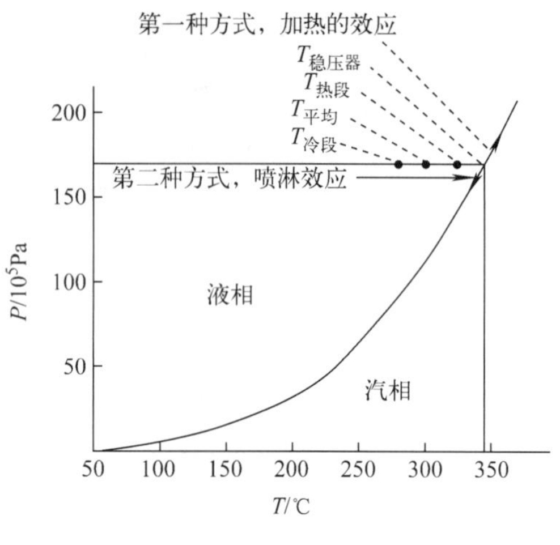


图 1-5-5　稳压器的作用

当稳压器的蒸汽空间存在时，由稳压器压力控制系统控制反应堆冷却剂系统压力。外负荷的变化会引起反应堆功率和汽轮机负荷之间失配，从而引起水容积膨胀或收缩。

如果反应堆功率超过汽轮机负荷，则水容积膨胀并压缩蒸汽，引起的波动将由冷管段引来的喷淋水通过喷淋而使蒸汽凝结。

当超压时，由稳压器安全阀组、卸压箱和反应堆高压停堆提供超压保护。

如果汽轮机负荷超过反应堆功率，则容积收缩且稳压器蒸汽空间扩大，引起的降压将由电加热器的投入使水蒸发加以补偿，直至压力整定值的重新建立。如果超过稳压器的低压停堆整定值，就要停堆。在稳态运行过程中，可调式加热器是工作的，以补偿连续喷淋和稳压器的热损失。当稳压器充满水时，由化学和容积控制系统低压下泄阀控制其压力。

稳压器压力控制回路（表 1-5-2）包括：

（1）压力变送器 RCP005,006,013,014MP；

**表 1-5-2　反应堆冷却剂压力对应信号的整定值**

| 反应堆冷却剂压力(MPa表压) | | 变送器位号 | RCP005,006MP<br>RCP013,014MP | RCP005,006MP<br>RCP013,014MP | RCP005,006MP<br>RCP013,014MP | RCP039MP | RCP037MP |
|---|---|---|---|---|---|---|---|
| | | 量程(MPa表压) | 11.0～18.0 | 11.0～18.0 | 11.0～18.0 | 0～20.0 | 0～20.0 |
| 高 2 | 16.45 | 反应堆紧急停堆 | | 4取2 | | | |
| | 16.1 | 稳压器泄压管隔离阀关闭 | RCP111VY | | RCP111VY | | |
| 高 1 | 16.0 | 报警 | AA | | AA | | |
| 基准定值 | 15.4 | 喷淋阀(RCP001,002VP)启动<br>比例式电加热器(RCP003,004RS)<br>报警，恒定式电加热器投入 | P−Pref<br>+0.6<br>+0.52　100%　50%　+0.17<br>+0.1<br>−0.1<br>−0.17<br>AA | | (不能与控制信号同时选取同一台变送器) | | |
| 低 1 | 15.1 | 报警 | | | AA | | |
| | 14.8 | 稳压器喷淋阀关闭 | | | RCP001VP | 002VP | |
| 低 2 | 13.8 | 允许信号P11 | | 4取2 | | | |
| 低 3 | 13.0 | 与P7信号同时有效时反应堆紧急停堆 | | 4取2 | | | |
| 低 4 | 11.8 | 安全注入 | | 4取2 | | | |
| | 2.9 | 在RRA系统运行中高压报警 | | | | AA | |
| | 2.7 | 打开RRA吸水隔离阀联锁 | | | | RRA001VP<br>RRA021VP | RCP212VP<br>RCP215VP |
| | 2.3 | 在反应堆冷却剂泵运行中低压报警 | | | | | AA |

(2) 比例-积分-微分压力控制器 RCP401RG;

(3) 稳压器加热器组 RCP001,002,003,004,005,006RS;

(4) 喷淋控制阀 RCP001,002VP。

稳压器压力由压力变送器 RCP005MP,006MP,013MP 和 014MP 测量。来自压力变送器的测量信号经控制室的切换开关选择其中一路至 PID 控制器中,然后输出信号送到 4 个函数发生器:

——用于启动比例功率输出加热器组的两个相同的函数发生器(RCP404MR GD1 和 GD2 功能块);

——用于启动喷淋阀的另两个相同的函数发生器(RCP402 和 403RG),每个喷淋阀配有一个手动操作器。

在低压时,控制器的信号还用来接通恒定功率输出加热器组(RCP001,002,005 和 006RS)。

图 1-5-6 表示 RCP005MP,006MP,013MP,014MP 测量通道的作用。

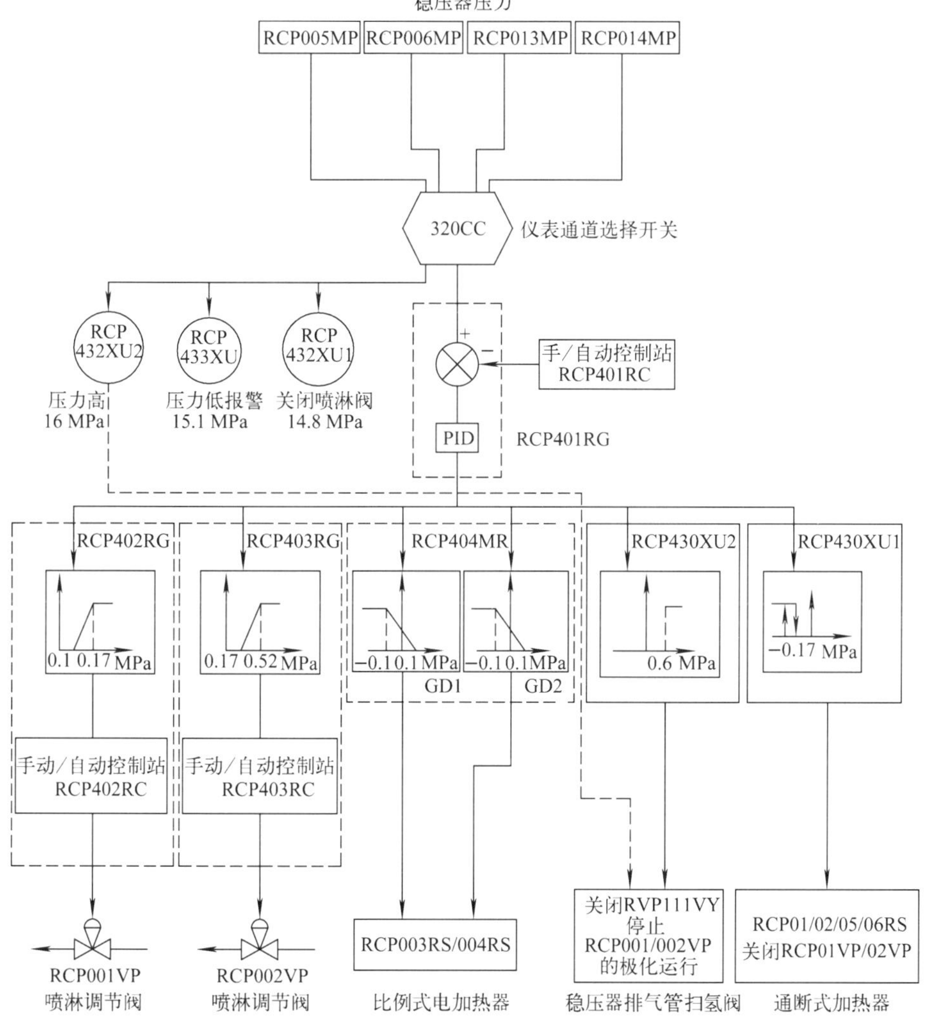


图 1-5-6 稳压器压力控制原理图

### 1.5.4 稳压器的水位调节

核电厂正常运行工况下，一回路平均温度的变化，将引起稳压器水位的变化。而引起一回路平均温度变化的因素很多。如功率运行时二回路系统热功率的变化，蒸汽发生器二次侧给水的突然增加或减少，反应堆功率控制系统的超调；当反应堆启动或者停闭时，一回路水温由60 ℃升到290.8 ℃（或由290.8 ℃降到60 ℃），就要引起一回路水容积的变化；当反应堆从热备用到功率运行，一回路平均温度从290.8 ℃提高到310 ℃，也要引起一回路水容积的变化。

当稳压器内水位过高时，稳压器将失去对一回路系统压力控制的能力，而且安全阀组有进水的危险；如果水位过低，加热器电阻加热元件有裸露于汽相中的危险。为此，必须对稳压器进行水位调节，以保持稳压器的水位在正常的运行范围内。

稳压器水位整定值与一回路平均温度呈线性关系：即水位从290.8 ℃时的25.3%变到310 ℃时的59.6%，如图1-5-7所示。

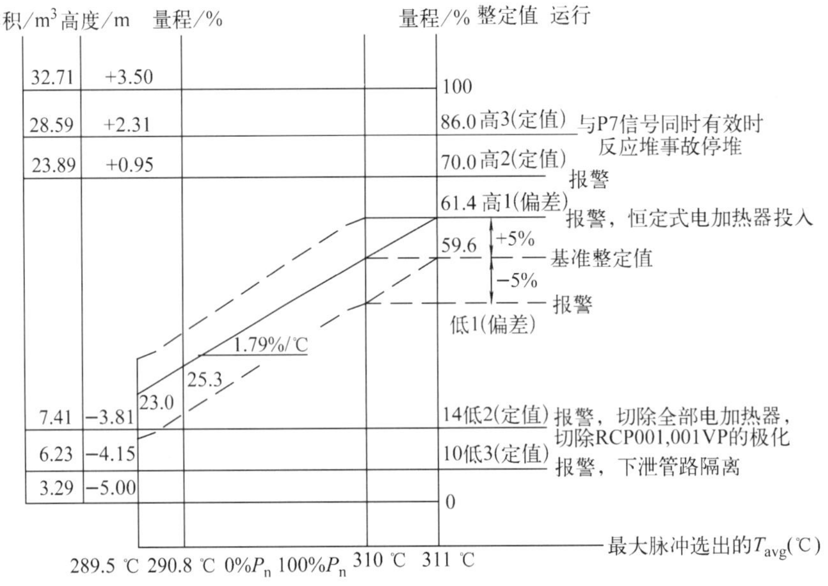


图1-5-7 稳压器水位整定值与一回路平均温度的关系

整定值是在化学和容积控制系统没有下泄流量和当功率负荷从0变到100%额定功率的条件下，使稳压器能承受一回路水容积的变化而计算确定的。

稳压器上装有4个水位测量回路（见图1-5-8）。

一个测量通道（012MN）是在冷态下标定，只适用于反应堆启动和停堆。它的测量结果被传送到控制室的控制台P9上，用指示仪441ID显示。其他的3个测量通道（007MN，008MN及011MN）用于水位调节和反应堆保护。

对于某一个给定的功率负荷（它包括在零到额定功率之间），调节系统计算出水位整定值$N_{ref}$，并且用调节RCV系统上充流量的方法来保持水位在这一整定值。

如果水位超过整定值$N_{ref}$，从（$N_{ref}$+5%）开始，加热器投入运行，用以加热一部分冷水，

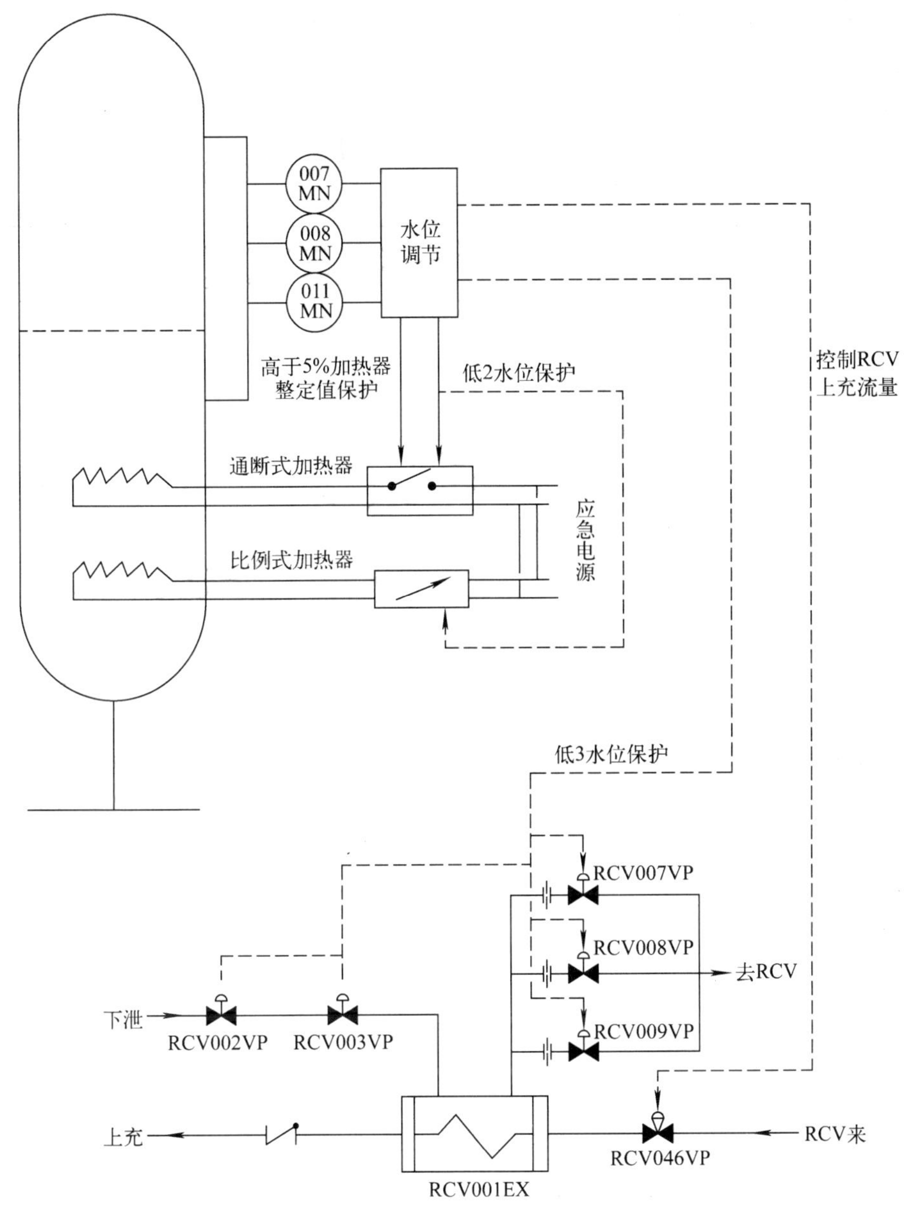


图 1-5-8　稳压器水位调节原理

并发出 451AA“稳压器的水位比整定值大 5%”白色报警信号。

稳压器水位大于 70%时，称为高 2 报警，水位大于 86%时，为高 3 报警信号，由反应堆保护系统发出的信号使反应堆紧急停堆(与 P7 联锁)。

如果水位低于整定值 $N_{ref}$，从($N_{ref}-5\%$)开始，发出报警信号 450AA “稳压器的水位比整定值小 5%”。

稳压器水位降到 14%，低 2 水位，发出白色报警信号 447AA“稳压器低水位”，全部加热器切除关闭。

稳压器水位降到 10%，低 3 水位时，发出白色报警信号，这时，下泄管线隔离阀

(RCV002VP,003VP)以及下泄孔板隔离阀(RCV007,008和009VP)被关闭。

### 1.5.5 稳压器主要参数

稳压器主要参数见表1-5-3。

表1-5-3 稳压器主要参数

| 主要参数 | 数值 |
| --- | --- |
| 设计压力/MPa(绝对) | 17.2 |
| 设计温度/℃ | 360 |
| 运行压力/MPa(绝对) | 15.5 |
| 运行温度/℃ | 345 |
| 额定功率下蒸汽容积/$m^3$ | 14.4 |
| 额定功率下水容积/$m^3$ | 21.6 |
| 淹没加热器要求的水容积/$m^3$ | 5.32 |
| 稳压器总容积/$m^3$ | 36 |
| 喷淋速率/($m^3$/h) | 151～200 |
| 波动速率/($m^3$/h) | 3 010 |
| 连续喷淋流量/(L/h) | 230 |
| 辅助喷淋流量/($m^3$/h) | 9.5 |
| 稳压器喷淋阀(RCP001VP/002VP):设计压力/MPa(绝对) | 17.2 |
| 设计温度/℃ | 360 |
| 运行压力/MPa(绝对) | 15.5 |
| 运行温度/℃ | 292 |
| 特性曲线 | 等百分比 |
| 名义流量/($m^3$/h) | 72 |
| 名义流量下的压降/MPa(绝对) | 0.07 |
| 启动时间/s | <3 |
| 失效安全位置 | 关闭(在连续喷淋的下挡块上) |
| 稳压器加热器/根 | 60(安装63根,其中3根备用) |
| 加热器功率/kW | 1 440 |
| 1组(恒定输出)/kW | 216 |
| 2组(恒定输出)/kW | 216 |
| 3组(比例输出)/kW | 216 |
| 4组(比例输出)/kW | 216 |
| 5组(恒定输出)/kW | 288 |
| 6组(恒定输出)/kW | 288 |
| 稳压器安全阀: | |
| 保护阀RCP020VP/021VP/022VP | |
| 隔离阀RCP017VP/018VP/019VP | |
| 设计压力/MPa(绝对) | 17.2 |

续表

| 主要参数 | 数值 | |
|---|---|---|
| 设计温度/℃ | 360 | |
| 在17.2MPa(a)下的名义流量(一个串联阀组)/(t/h) | 170 | |
| 安全阀组整定压力/MPa(绝对) | 开启 | 关闭 |
| RCP017VP(隔离阀) | 14.6 | 13.9 |
| RCP018VP(隔离阀) | 14.6 | 13.9 |
| RCP019VP(隔离阀) | 14.6 | 13.9 |
| RCP020VP(保护阀) | 16.6 | 16.0 |
| RCP021VP(保护阀) | 17.0 | 16.4 |
| RCP022VP(保护阀) | 17.2 | 16.6 |

## 1.6　卸压箱

### 1.6.1　作用及设计考虑

当稳压器超压时，卸压箱接收通过安全阀排放的蒸汽，使之冷凝和降温，以确保一回路压力边界的完整性，防止一回路流体对反应堆安全壳造成污染。同时也用于收集冷凝RRA系统安全阀、RCV系统安全阀的排放物和一回路阀门的阀杆填料装置的泄漏物。

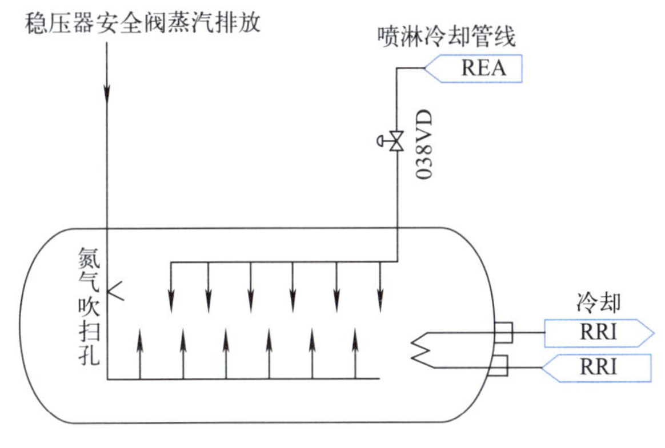

图1-6-1　卸压箱原理

卸压箱的原理如图1-6-1所示。

从稳压器排放的蒸汽，排放到卸压箱（见图1-6-2）的冷水中而冷凝。在蒸汽排放之前，卸压箱内水温被维持在40 ℃，在蒸汽排放之后，水温增加，但不会超过93 ℃。

卸压箱内的冷凝水，由下列方式降温：

(1) 卸压箱的喷淋水来自REA系统，它是经过处理后的除盐水（RCP038VD是在T12盘上手动控制的）。

(2) 卸压箱液体里的蛇形管，由RRI系统提供冷却水（不间断地提供冷却水）。

卸压箱按照满功率运行工况下，能接收110%的稳压器蒸汽容积的蒸汽设计；但是卸压箱不能连续接收稳压器的蒸汽排放。

卸压箱上部空间覆盖有氮气，氮气的容积按一次排放后限制最大压力达到0.45 MPa（绝对）设计。卸压箱上的爆破盘具有等于稳压器安全阀联合排放量的释放能力，卸压箱设计压力（爆破盘的整定压力）为选定的氮气设计压力的两倍。

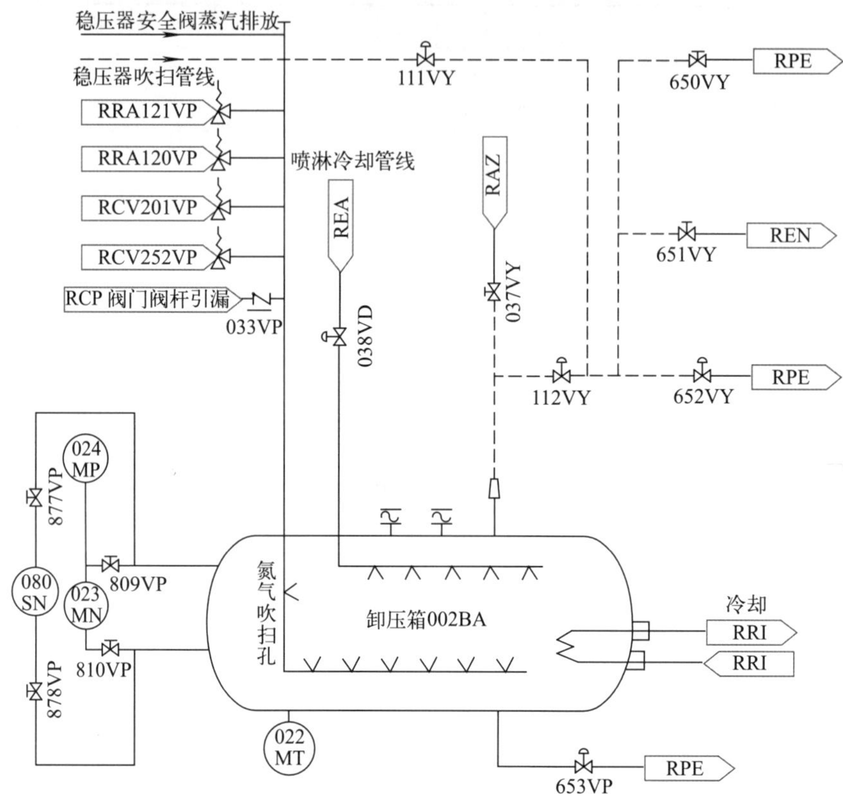


图 1-6-2 稳压器卸压箱

## 1.6.2 设备描述

(1) 稳压器卸压箱的主要特性(见表 1-6-1)

| | |
|---|---|
| 总容积 | 37 $m^3$ |
| 水容积 | 25.5 $m^3$ |
| 气容积 | 11.5 $m^3$ |
| 运行压力(绝对) | 0.12～0.45 MPa |
| 蒸汽排放后的压力(绝对) | 0.45 MPa |
| 运行温度 | 20～93 ℃ |
| 蒸汽排放后的温度 | 93 ℃ |
| 最大 REA 喷淋流量 | 13.6 $m^3/h$ |

(2) 温度测量装置 022 MT

1) 作用

① 监测稳压器卸压箱的水温。

② 如果这个温度超过 60 ℃则报警。

③ 如果温度超过65 ℃,将阀门653VP闭锁在关的状态,控制向RPE的排放,以保护

RPE 001 BA，避免超温。

2）仪表

① 022MT 的测量信号被送到主控制室，在指示仪 431ID 上显示（在仪表盘 T11 上）。

② 黄色报警信号。

如果温度超过 60 ℃，则有黄色报警信号：440AA“稳压器卸压箱温度高”。

(3) 水位测量装置 023 MN 和 080 SN

1）作用

① 测量稳压器卸压箱内的水位。

② 如果水箱内水位过低或者过高时，则报警。

2）仪表

① 测量装置 080SN 是就地测量。如果水位低于 1.96 m 或者高于 2.42 m 的话，则黄色报警信号灯亮：441AA“稳压器卸压箱水位高或低”。

**表 1-6-1 稳压器卸压箱主要参数**

| 设计压力(内部)/MPa(绝对) | 0.8 |
|---|---|
| 设计温度/℃ | 170 |
| 运行压力(绝对)/MPa | 0.12～0.45 |
| 运行温度/℃ | 20～93 |
| 总容积/$m^3$ | 37 |
| 正常水容积/$m^3$ | 25.5 |
| 正常气容积/$m^3$ | 11.5 |
| 喷淋系统(REA) | |
| 最大流量率/($m^3$/h) | 13.6 |
| 冷却系统(RRI) | |
| 流量率/($m^3$/h) | 1 |
| 入口温度/℃ | 35 |
| 出口温度/℃ | 45 |
| 爆破盘 | |
| 数量/个 | 2 |
| 爆破压力(绝对)/MPa | 0.8 |

② 由传感器 023MN 所提供的测量信号被传送到控制室，在指示仪 430ID 上显示（仪表盘 T11 上）。如果水位低于 1.86 m 或者高于 2.49 m 的话，则黄色信号 441AA 亮。

(4) 压力测量装置 024MP

1）作用

① 监督稳压器卸压箱内的压力。

② 如果压力超过 0.05 MPa（表压）发出“RCP 002 BA 压力高”报警 442AA，并把排气阀 RCP 652 VY 闭锁在关闭位置，该阀能控制向 RPE 系统排放蒸汽。事实上，在稳压器排放蒸汽的情况下，应该防止从稳压器来的蒸汽直接地通到 RPE 系统中去。

③ 如果这个压力超过 0.20 MPa（表压），则发出报警信号。

2）仪表

① 在控制室的自动记录仪 RCP407EN 上记录其压力值（在仪表盘 T12 上）。

② 如果压力超过 0.15 MPa（绝对），则发出黄色报警信号 442AA“稳压器卸压箱 002BA 压力高”。

## 1.6.3 运行

在正常状态下，卸压箱内水位为总高度的 65%，箱内水温维持在 40 ℃，水是经过处理的除盐水，由反应堆硼和水补给系统（REA）供给，其余空间充满氮气，其额定压力是为了完全阻止空气的进入，防止排放的蒸汽中含有的氢气与空气中的氧气形成爆炸，氮气由核岛氮气分配系统（RAZ）供给。

当稳压器安全阀开启时，蒸汽经卸压管路进入卸压箱，从鼓泡管均匀喷入水中，被水冷却和混合。在这过程中，卸压箱中水升温，但不会超过 93 ℃；水位增高，但不应超过总高度的90%;箱内压力增高,但不应超过0.8 MPa(绝对)。当压力增加到一定值时,卸压箱的排放阀自动开启,将汽水混合物排放到RPE系统;如果压力继续增高到0.8 MPa(绝对)时,卸压箱上部的爆破盘爆破,直接将蒸汽排放到安全壳内,作为超压保护。

为了恢复正常状态,使卸压箱降温,把来自REA系统的除盐水经喷头喷入卸压箱内,其最大喷淋流量为13.6 $m^3/h$,卸压箱的水则同时由蛇形管内的设备冷却水不间断地进行冷却,如水位过高,就打开卸压箱底部的疏水阀向RPE系统排水。秦山第二核电厂卸压箱的REA喷淋水流量在调试时过大,所以在RCP038VD上游增加了一个限流孔板。

由上述可见,机组从冷停堆状态启动时,卸压箱就应投入运行,当机组处于维修冷停堆或换料冷停堆时,卸压箱可退出运行。在退出运行之前或者在运行中卸压箱气体中的氢或氧的浓度超过限值时,必须进行排气。

# 1.7 反应堆冷却剂系统的测温旁路

## 1.7.1 功能

用于温度测量的旁路可以测量每个环路的热段和冷段的流体温度。从这些测量中就能产生下列信号。

$T_{avg}$:主回路冷却剂平均温度。

$$T_{avg} = \frac{T_{热段} + T_{冷段}}{2}$$

$\Delta T$:主回路冷却剂在热段与冷段间的温差。

$$\Delta T = T_{热段} - T_{冷段}$$

为了反应堆的控制与保护,这些信号是必不可少的。

## 1.7.2 温度测量

见图1-7-1。

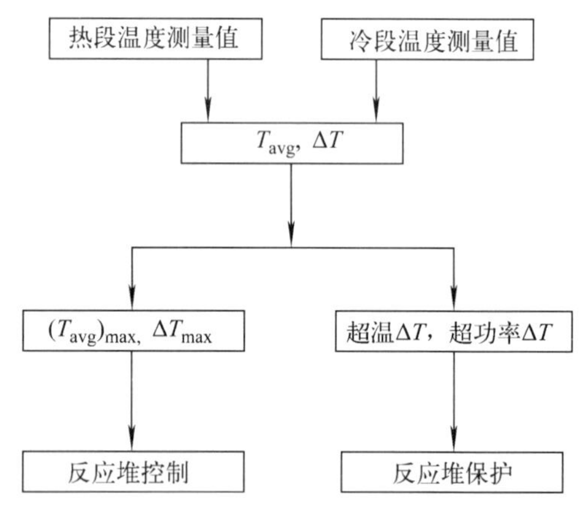


图1-7-1 测量信号的处理

### 1.7.2.1 测量原理

设计了旁路管线以得到采样水,使采样水的温度能代表垂直于取样管嘴的一回路冷却剂的平均温度。在每一个热管段的一回路管道的一个截面上,有3个取样管嘴互相呈120°,这3个管嘴能取得采样水。

冷管段旁路管线的循环流量是在泵的出口端抽取。为了测得有代表性的平均温度,利用泵出口端存在的涡流,在一回路管道上只用一个采样管嘴就能满足平均温度的测量要求。

对于每一个环路,旁路的两条管线连接到位于蒸汽发生器和冷却剂泵间的公共返回管线上。为了得到小于1 s的传递时间(在采样管嘴和探测器之间)而设计了管线的布置和走向。

#### 1.7.2.2　测量点

在每条环路的旁路上，设置了 8 个电阻式温度计，它们是：4 个热段的温度计（2 个工作，2 个备用），4 个冷段的温度计（2 个工作，2 个备用）。

为了能在一回路水不排空的情况下，更换温度计或者检修温度计，两个手动隔离阀串联地装在每条旁路管线上。为了能使旁路管线排空水，在每条管线上设计了向 RPE 系统的排放管线。温度测量不直接在控制室里记录，但它能用于产生几个使设备能良好运行的必要信号。

### 1.7.3　信号处理

（1）信号 $T_{avg}$和 $\Delta T$

这些信号用于反应堆的控制和保护。从这些信号可以产生：

① 用于反应堆控制的信号：$(T_{avg})_{max}$和$(\Delta T)_{max}$；

② 用于反应堆保护的信号：超温 $\Delta T$ 和超功率 $\Delta T$。

（2）信号$(T_{avg})_{max}$和$(\Delta T)_{max}$

$(T_{avg})_{max}$表示最热的环路的冷却剂平均温度，这一数值用于：

① 稳压器水位的调节，用于产生稳压器的水位整定值 $N_{ref}$；

② 控制棒束组件的控制；

③ 通向冷凝器的蒸汽旁路的调节（GCT-C 系统）。

$(\Delta T)_{max}$是两个环路的冷热段温差的最大值，这个数值用于计算控制棒束组件的插入极限值（RGL 系统）。

（3）超温 $\Delta T$ 和超功率 $\Delta T$ 信号

测量回路（对于 1 号环路是 RCP030MT 和 RCP033MT，RCP031MT 和 RCP034MT；对于 2 号环路是 RCP045MT 和 RCP048MT，RCP046MT 和 RCP049MT；采用四取二模式）产生超温 $\Delta T$ 和超功率 $\Delta T$ 信号，这些信号为堆芯保护通道所使用。

1）超温 $\Delta T$ 的定义及作用

根据一回路冷却剂的平均温度（$T_{avg}$），稳压器内的压力以及中子注量率的分布形状，计算出温差整定值 $\Delta T_c$。该值是为了避免与燃料包壳表面接触的一回路水产生偏离泡核沸腾。计算回路将测得的信号 $\Delta T$（测量）与计算值相比较，如果 $\Delta T$（测量）$=\Delta T_c$（计算值），则反应堆要紧急停堆。

2）超功率 $\Delta T$ 的定义及作用

超功率 $\Delta T$ 通道产生了另一个 $\Delta T$ 的整定值 $\Delta T_c$，即与燃料线功率密度有关的超功率（$\Delta T_c$），这个整定值用下列参数计算：

——$T_{avg}$的变化速度

——中子注量率的分布形状

——反应堆功率

该通道把整定值与测量值相比较，当超功率 $\Delta T_c=\Delta T$ 时，就阻止控制棒的进一步提升，进而反应堆紧急停堆。这样就避免了有害热点的产生，以保持燃料包壳的完整性。

(4) 旁路管线上的流量测量

在热管段的旁路和冷管段的旁路返回的公共管线上，流量测量线路发出一个能传递到控制室的信号。来自流量传感器 036MD、051MD(分别对应于环路 1、环路 2)的信号送到控制盘 T12 盘上，发出“环路测量旁路返回流量低”报警，并送到 KIT 系统产生 464EC、465EC。

### 1.7.4 在一回路上一些其他参数的测量

(1) 温度测量(见表 1-7-1)

除了在旁路上测量温度以外，在每条环路的主管道上直接测量热段和冷段的冷却剂温度。这些测量是在启动和停堆期间或反应堆冷却剂泵停止时进行的，这些通道都包括在事故后监测系统(PAMS)中。

**表 1-7-1 热段和冷段的冷却剂温度测量表**

| 环　路 | 温度测量 | 探测器 | 控制室 |
|---|---|---|---|
| 1 | 热段温度 | 028MT | 在控制室 T12 盘上的 406EN 自动记录仪 |
| | 冷段温度 | 029MT | |
| 2 | 热段温度 | 043MT | 在控制室 T12 盘上的 405EN 自动记录仪 |
| | 冷段温度 | 044MT | |

(2) 压力测量

在 RCP 系统和 RRA 系统的连接管线上，测量一回路的压力。

该连接管线的隔离阀由压力测量线路所控制。

(3) 流量测量(见表 1-7-2)

流量测量是在蒸汽发生器出口处进行。测量一回路弯头端部的压力，并推出相对于额定流量的百分比流量。

每个环路有 3 个测量点，而且能传送到控制室。这种流量测量是不精确的，只是用于显示其流量的变化。

**表 1-7-2 流量测量表**

| 环　路 | 测量仪器 | 控制室的指示器 |
|---|---|---|
| 1 | 025MD | 在控制室 T12　404ID1 |
| | 026MD | 404ID2 |
| | 027MD | 406ID |
| 2 | 040MD | 在控制室 T12　407ID1 |
| | 041MD | 407ID2 |
| | 042MD | 409ID |

低流量信号用于反应堆紧急停堆(与 P7 信号连锁)。

## 1.8 反应堆冷却剂系统的运行工况

### 1.8.1 运行模式

反应堆冷却剂系统的运行工况分两种：正常运行工况和异常运行工况。对于正常运行工况，有下列几种运行模式：

——换料冷停堆；

——维修冷停堆；
——正常冷停堆；
——单相中间停堆(RRA 连接)；
——双相中间停堆(RRA 连接)；
——正常中间停堆(RRA 退出)；
——热停堆 $P=0$；
——热备用 $P\leqslant 2\%P_n$；
——功率运行 $2\%P_n\leqslant P\leqslant P_n$；
——反应堆冷却剂系统的运行状态见表 1-8-1。

**表 1-8-1　反应堆冷却剂系统运行状态表**

| 序号 | 运行模式 | 反应堆状态 | | 反应堆冷却剂系统 | | | 主要辅助系统 |
|---|---|---|---|---|---|---|---|
| | | 堆芯临界状态偏离 | 控制棒位置 | $T_{avg}$/℃ | 压力(绝对)/MPa | 运行主泵/台 | |
| 1 | 换料冷停堆 | ≥5 000 pcm 和 $c_B$[1]≥2 100 mg/kg | 全部插入 | 10～50 | 常压 | 0 | RRA，PTR |
| 2 | 维修冷停堆 | ≥5 000 pcm 和 $c_B$≥2 100 mg/kg | 全部插入 | 10～70 | 常压 | 0 | RRA，PTR |
| 3 | 正常冷停堆 | ≥1 000 pcm | S,B,C 提出 | 10～90 | 0.1～3.0 | 0 | RRA<br>至少 1 台 ASG 泵和一路电源可运行，对应的 SG 可用 |
| 4 | 单相中间停堆(RRA 连接) | ≥1 000 pcm | S,B,C 提出 | 90～180 | 2.4～3.0 | 0/1/2 | RRA |
| 5 | 双相中间停堆(RRA 连接) | ≥1 000 pcm | S,B,C 提出 | 120～180 | 2.4～3.0 | 2 | RRA |
| 6 | 正常中间停堆(RRA 退出) | ≥1 000 pcm | S,B,C 提出 | 160～290.8 | 3.0～15.5 | 2 | |
| 7 | 热停堆 $P=0$ | ≥1 000 pcm 且停堆裕度大于规定值 | S,B 提出 | 290.8(+3,−2) | 15.5 | 2 | |
| 8 | 热备用 $P\leqslant 2\%P_n$ | 临界 | S 提出，A,B,C,D 重叠棒位在插入限值以上 | 290.8(+3,−2) | 15.5 | 2 | |
| 9 | 功率运行 $2\%P_n\leqslant P\leqslant P_n$ | 临界 | S 提出，A,B,C,D 重叠棒位在插入限值以上 | 290.8～310 | 15.5 | 2 | |

注：1) $c_B$ 为硼浓度，习惯用语，其单位为 ppm。相应规范用语为硼的质量浓度，单位 mg/kg。

## 1.8.2 功率运行

### 1.8.2.1 定义

一回路的正常运行相应于电厂的功率运行。反应堆应设计成对额定功率 $P_n$ 的 2%和 100%之间的任一功率的各种稳定工况均能带功率运行。从运行观点来看,可以分成两种运行方式。

低功率运行方式,此时:

(1) 反应堆为临界;

(2) 功率处于额定功率的 2%~15%。

功率运行,此时:

(1) 反应堆为临界;

(2) 功率处于额定功率的 15%~100%。

### 1.8.2.2 功率运行下的 RCP 特性

(1) 温度

热段温度、冷段温度、平均温度和蒸汽温度、蒸汽压力与负荷(在额定功率的 0%~100%)的函数变化关系见图 1-8-1。

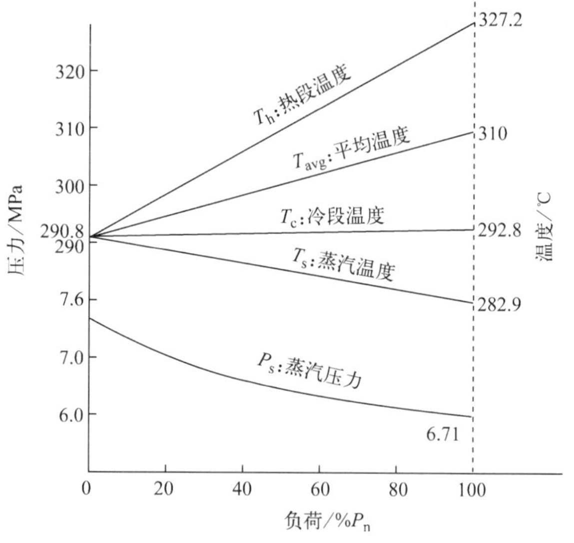

图 1-8-1 RCP 温度与负荷的关系

(2) 压力

稳压器的压力调节系统自动调整到 15.5 MPa(绝对)。

(3)稳压器的水位

稳压器的水位在 25.3%(当 $T_{avg}$= 290.8 ℃时)和 59.6%(当$T_{avg}$=310 ℃时)之间变化(见图 1-8-2)。

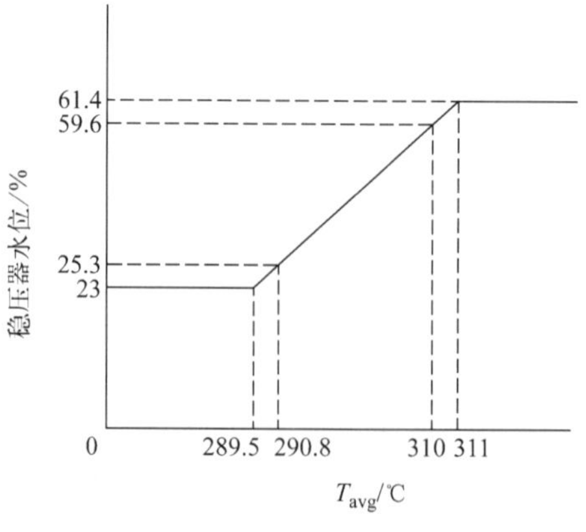

图 1-8-2 稳压器水位的变化

# 第二章　专设安全设施

## 2.1　概　述

专设安全设施包括安全注入系统、安全壳喷淋系统、辅助给水系统、安全壳隔离系统和ETY氢复合子系统。

这些系统的主要功能是在设计基准事故情况下，紧急停闭反应堆，为反应堆提供冷源，排出堆芯余热，实现安全壳隔离和在安全壳内喷淋，确保安全壳的完整性。

设计基准事故包括反应堆冷却剂管道破裂，蒸汽发生器传热管断裂，主蒸汽、主给水管道破裂，失去厂外电源等，专设安全设施的及时正确动作能限制事故的发展。对某些超设计基准事故（如严重事故），专设安全设施的及时正确动作也能减轻事故的后果。

这些系统都由两个独立的系列组成，任何一个系列发生故障，都不会导致该系统安全功能的丧失。

## 2.2　安全注入系统

安全注入（简称安注）系统（RIS）由高压安注（HHSI）、中压安注（MHSI）和低压安注（LHSI）3个分系统组成。高压安注和低压安注（LHSI）的流程如图2-2-1所示，中压安注（MHSI）如图2-2-2所示。

按照注入冷却水所采用的动力划分，安注系统采用了能动注入系统和非能动注入系统，前者采用电动泵这类能动设备，后者靠加压氮气使冷却水注入堆芯。高压安注和低压安注为能动注入分系统，具有足够的设备和流道冗余度，即使发生单一能动或非能动故障，仍能保证运行安全的可靠性和连续的堆芯冷却。中压安注为非能动注入分系统，它包括两个单独的安注箱及注入管线，每条连接到反应堆压力容器的对应的一条注入管线上。

### 2.2.1　RIS系统的功能

#### 2.2.1.1　主要功能

在反应堆冷却剂系统发生失水事故或主蒸汽系统发生管道破裂事故时，安全注入系统（RIS）完成堆芯应急冷却功能。

(1) 在失水事故情况下，通过向堆芯注入冷却水，防止燃料包壳熔化，并保持堆芯的几何形状和完整性；

(2) 在主蒸汽管道破裂事故工况下，安注系统向反应堆冷却剂系统快速注入浓硼溶液，以补偿由于不可控地产生蒸汽致使反应堆冷却剂过冷而引起的容积变化和反应性的增加，从而可以使反应堆迅速安全停堆，并防止反应堆重返临界；

(3) 在失水事故后的再循环注入阶段，安注系统的部分承压边界作为安全壳的延伸，起安全壳屏障作用。

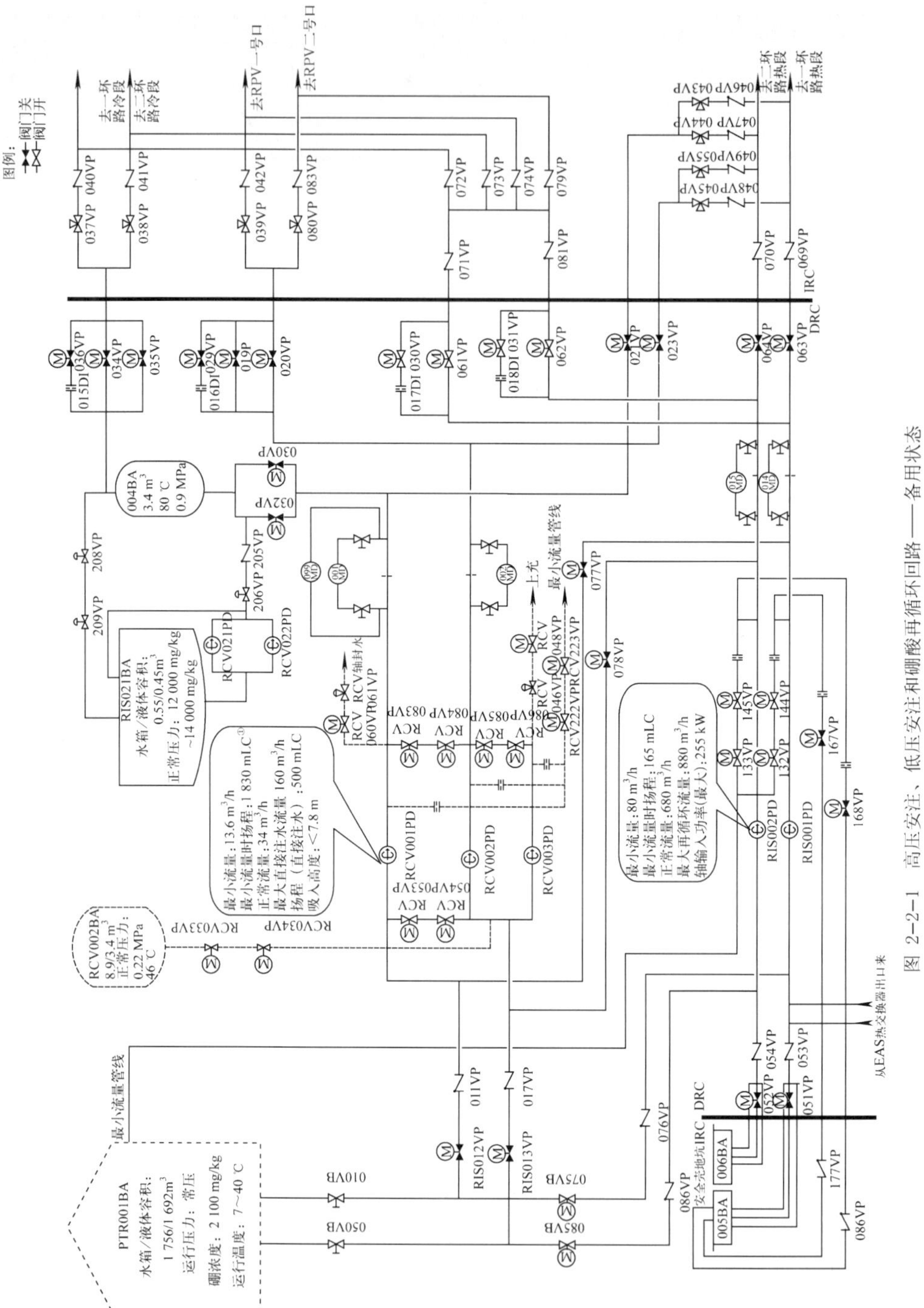

图 2-2-1 高压安注、低压安注和硼酸再循环回路——备用状态

① 单位 mLC：meter Liquid Columniation，特指“米水柱”

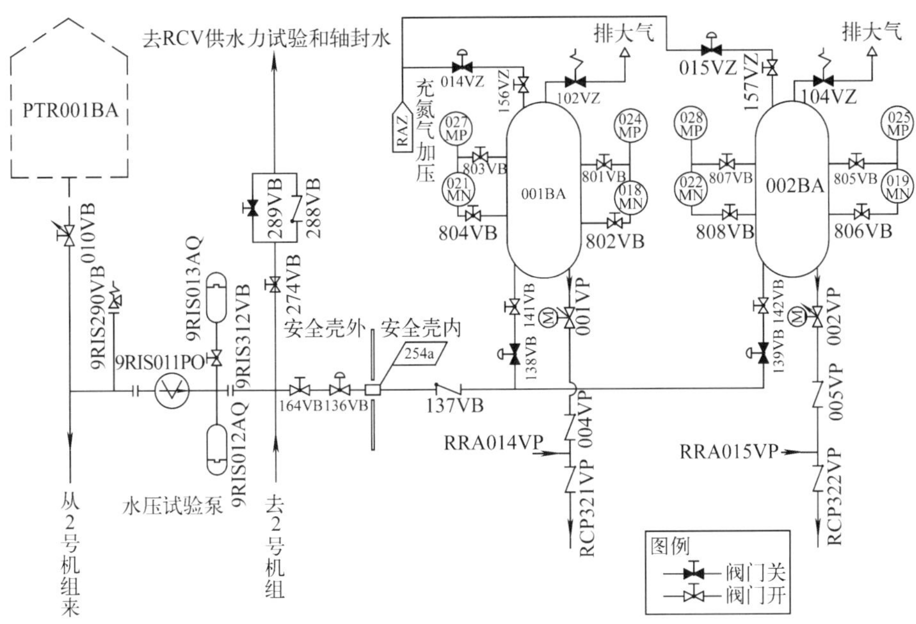


图 2-2-2　中压安注分系统

### 2.2.1.2　辅助功能

(1) 在换料冷停堆期间,向反应堆换料水池充水;

(2) 对反应堆冷却剂系统进行水压试验;

(3) 在失去全部电源时,向反应堆冷却剂泵提供应急轴封水。

## 2.2.2　系统描述

RIS 系统包括:

——高压安注分系统(HHSI);

——低压安注分系统(LHSI);

——安注箱注入分系统;

——硼酸再循环回路。

### 2.2.2.1　高压安注分系统

高压安注分系统包括:

——3 台 HHSI 泵(卧式多级离心泵)和相关的管道;

——硼酸注入箱;

——通向 RCP 系统的注入管线。

在一回路出现泄漏或二回路蒸汽管道破裂引起一回路温度和压力下降到一定值时,立即投入高压安注系统,以补偿泄漏并注入浓硼酸溶液。

(1) 高压安注泵(RCV001,002,003PO)

高压安注泵是利用化学和容积控制系统(RCV)的 3 台上充泵。在电厂正常运行时,它们作为RCV系统上充泵，在事故工况下，作为RIS系统的高压安注泵，其中001PO由LHA供电，002/003PO由LHB供电，002/003PO中只可以有1台泵投运，通过联锁钥匙进行供电切换。正常运行B系列的1台泵，万一发生事故，备用列的HHSI泵自动启动，两台HHSI泵自动将吸入口与换料水箱连通，这些泵由LHSI泵来增压，在再循环期间，地坑水经LHSI泵增压后供给HHSI泵。这些泵克服RCP系统的压力把流体注入到堆芯。

高压安注泵为卧式多级离心泵，其额定流量为34 $m^3/h$，额定流量下的总压头为1 760 ～1 802 m，轴输入功率(最大)700 kW。

(2) 硼注入箱(RIS 004 BA)

硼注入箱(BIT)位于高压安注泵的出口，使用容积3.4 $m^3$。正常运行时它充满$c_B$＝12 000～14 000 mg/kg的浓硼酸溶液。在事故情况下，根据安注信号打开隔离阀，由高压安注泵将硼溶液注入一回路冷段。

为防止硼结晶，硼注入箱隔热，并由两组分别由A、B系列电源供电的电加热器加热，保持温度在49～54 ℃。

(3) 通向RCP系统的注入管线

HHSI泵可以通过4条管线中的任意一条将含硼水输送到RCP系统。

1) 通过硼注入箱(BIT)的冷段注入管线

在接收到安注信号后该管线即投入运行，用HHSI泵从换料水箱吸水通过硼注入箱注入RCP环路冷段，并将浓硼酸溶液带入以便迅速向堆芯提供负反应性。

正常运行时硼注入箱的入口隔离阀RIS 032/033 VP和其出口隔离阀RIS 034/035/036 VP是关闭的，在接到安注信号后除了阀门RIS 036 VP保持关闭以外，这些阀门都将自动打开。

带有节流孔板的出口隔离阀旁路允许在冷热段同时注入阶段通过阀门RIS 036VP以小流量注入，此时RIS 034/035 VP关闭，BIT入口隔离阀开启。两条冷段注入管线上的止回阀RIS 040/041 VP用作反应堆冷却剂系统第二道隔离阀。

2) 注入反应堆压力容器的另一条管线

这条管线在接到安注信号后延时3 min自动投入运行，向反应堆压力容器直接注入。

管线上设置RIS 019/020/029 VP 3个隔离阀，安注信号出现3 min后，019/020 VP自动开启，029 VP仍保持关闭状态。带有节流孔板的旁路管线用于冷热段同时注入阶段，通过打开阀门029 VP，关闭019/020 VP，以小流量向压力容器注入。

3) 到热段的高压注入管线

这些管线是在长期再淹没阶段时使用，而且对确定的中等破口和小破口都需要这些管线。这两条管线是并联设置的，每一条管线都向两个热段注水。因此，该管线允许单一能动或非能动故障。隔离阀RIS 021 VP和RIS 023 VP分别由系列A和系列B母线供电。这些阀门是常闭阀，由控制室手动操作。通过这些管线注入热段，相应各注入管线上的止回阀RIS 046/047/048/049 VP都是RCP系统的第二道隔离阀门。

### 2.2.2.2 硼酸再循环回路

(1) 硼酸再循环泵(RIS021/022PO)

为了保持硼注入箱内温度和硼浓度的均匀性，设有由硼酸再循环泵(RIS021/022PO)和硼酸波动箱(RIS021BA)组成的再循环回路。再循环泵为屏蔽式离心泵，泵轴承由泵送的流体润滑，其额定流量 4.6 $m^3/h$，泵轴输入功率(最大)8.8 kW。1 台泵连续运行，1 台泵备用。泵设在隔热的箱体内由冗余的电加热器加热。为了在需要时能迅速启动，备用泵用除盐水充满并连续加热。

(2) 硼酸波动箱(RIS 021 BA)

硼酸波动箱为硼酸再循环回路提供缓冲能力。其容积 0.55 $m^3$，与大气相通。波动箱装有两套电加热器、一个搅拌器和一个带粗过滤器的漏斗，使得在回路稀释后能补给硼。与波动箱相连的所有管线都有硼加热系统(RRB)的电加热器加热。在电站正常运行期间，波动箱具有与硼注入箱同样的硼酸浓度。

### 2.2.2.3　中压安注分系统

中压安注系统由两个安注箱组成，如图 2-2-2 所示。每个安注箱连到反应堆压力容器上。每条管线设置串联的两个止回阀和一个常开的隔离阀。为了对安注箱止回阀的泄漏进行试验，提供了试验管线。每个安注箱装设一个安全阀。使用水压试验泵(9RIS 011 PO)可以从换料水箱向安注箱充水并调节其水位。

中压安注系统为非能动系统，在失水事故情况下，一旦 RCP 系统压力降到安注箱正常压力以下时，就自动建立注入流量，能在最短时间内淹没堆芯，避免燃料棒熔化。

(1) 安注箱(RIS001BA，RIS002BA)

安全壳内两个安注箱分别接到反应堆压力容器上。每个安注箱总容积 48.2 $m^3$，内充 33.2 $m^3$的含硼水($c_B$＝2 100 mg/kg)，用压力 4.335～4.47 MPa(绝对)的氮气覆盖。在 RCP 压力降到安注箱压力以下时，由氮气将含硼水注入压力容器。每个安注箱能提供淹没堆芯容积的 50％。

(2) 安注箱的隔离

隔离是由每条注入管线的两个串联的止回阀来保证的。每条管线上设有一个手控电动隔离阀，正常运行时是打开的。当正常升压，降压和停堆期间一回路压力低于安注箱压力时，关闭此隔离阀来闭锁中压安注箱的硼水注入主回路，安注箱试验管线如图 2-2-3 所示。

(3) 水压试验泵(9RIS 011 PO)

水压试验泵为双缸往复式正排量泵。水力回路是包含两台泵的闭式回路，为了防止泵汽蚀，1 台泵用另 1 台泵增压。试验泵最大流量为 6 $m^3/h$，最大流量下的总压头为 24.0 MPa(绝对)。

水压试验泵是两机组共用设备，除用于一回路水压试验外，也用来从换料水箱吸水向安注箱充水。此外，在全厂断电时，水压试验泵还能为主泵提供应急轴封水。

### 2.2.2.4　低压安注分系统

低压安注系统由两个冗余系列组成，它们分别由两个独立的冗余电源供电。在电厂正常运行期间，泵的进出口电动隔离阀是打开的，两条管线由止回阀隔离，以使低压安注泵接到安注信号能迅速启动，从换料水箱吸水。当 RCP 系统压力低于低压安注泵出口压头时，开始向 RCP 系统冷段和压力容器或冷段和热段及压力容器注水。当换料水箱出现低水位信号时，转为从安全壳地坑吸水进行再循环注入。

(1) 低压安注泵

低压安注泵为带诱导轮的立式筒形离心泵，每台泵装有机械密封和球型止推轴承，传动

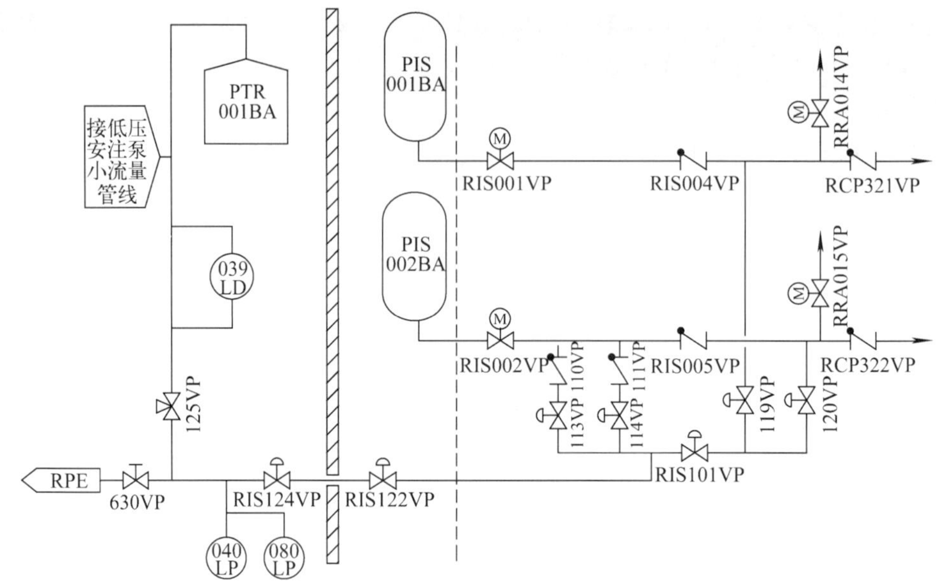


图 2-2-3 安注箱试验管线

轴由滑动轴承支承,该轴承由泵送的流体润滑。电机和轴承由设备冷却水系统(RRI)冷却。

低压安注泵额定流量 680 $m^3/h$,额定流量时最大总压头 100 mLC,轴输入功率(最大) 255 kW。

低压安注泵有以下两种运行工况:

1) 直接注入阶段,两台低压安注泵通过两条独立管线从换料水箱抽水。

2) 再循环注入阶段,两台低压安注泵通过两条独立管线从安全壳地坑抽水。

(2) 低压注入管线

每台低压安注泵的出口通过隔离阀 RIS 077 VP 和 078 VP 接到高压安注泵吸入母管上,通过这些管线为 HHSI 泵增压,以防止 HHSI 泵汽蚀。到冷段和压力容器注入管线的电动阀门 RIS 061/062VP 是常开的,在长期再淹没阶段开始时被关闭,此时打开阀门 RIS 030/031 VP,低压安注以小流量向冷段和压力容器注入。止回阀 RIS 071/081 VP 起到保护 LHSI 免受 HHSI 引起的超压,同时有隔离安全壳的作用。各条冷段注入管线及压力容器注入管线上的止回阀起到 RCP 系统第二道隔离阀的作用。

为了使 LHSI 泵在反应堆冷却剂系统压力高于泵的关闭压头情况下能起动,设计了通过换料水箱的小流量再循环管线。在进行低压安注泵试验时,也使用这条管线。另一条小流量管线允许泵在再循环阶段能通过安全壳地坑再循环。

## 2.2.3 设计基准事故工况下 RIS 系统的运行

### 2.2.3.1 事故描述

(1) LOCA 事故和弹棒事故

反应堆冷却剂通过破口向安全壳内喷放,使一回路压力迅速下降;释放到安全壳内的大量的流体质量和能量,导致安全壳内的压力和温度上升;蒸汽发生器压力逐渐下降。由于慢

化剂蒸发和密度减小会引起反应性减少。(见图 2-2-4)

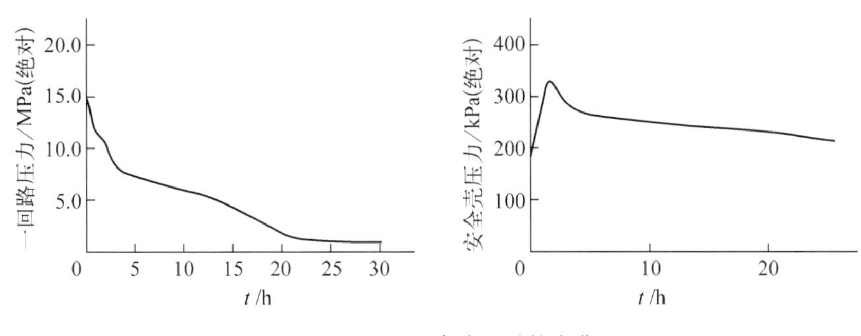


图 2-2-4 一回路破口后的变化

(2) 蒸汽发生器(SG)传热管破裂

稳压器压力和水位下降,但反应堆冷却剂系统压力会保持高于蒸汽发生器二次侧压力,损坏的蒸汽发生器水位会上升。蒸汽发生器排污系统(APG)和冷凝器(CEX)和凝汽器抽真空系统(CVI)的放射性增加,而安全壳压力不会上升。

(3) 主蒸汽管线破裂

蒸汽流量突然增加,会使反应堆冷却剂系统迅速冷却,稳压器水位和压力下降,相关的蒸汽发生器中蒸汽压力将下降,一回路温度的降低可引起反应性增大。

(4) 主给水管线破裂

蒸汽发生器给水不足使反应堆冷却剂系统的压力和温度升高,而二次侧蒸汽压力下降,相关蒸汽发生器水位下降。

### 2.2.3.2 安全注入控制信号

高压和低压安注系统由反应堆保护系统(RPR)响应冷却剂丧失和蒸汽管道破裂事故所产生的信号自动启动。如果自动控制电路故障,可由控制室手动启动。即使厂外电源丧失,所有电动启动器(水压试验泵除外)也可由柴油发电机应急供电。

中压安注系统不需要外电源或启动信号就能快速响应。当反应堆冷却剂压力降到低于安注箱的(绝对)压力(4.337～4.45 MPa)时就开始向反应堆压力容器注水,保证快速冷却堆芯。

安注信号是:

(1) 稳压器压力低低,阈值为 11.93 MPa(绝对)(2/4 逻辑,P11 信号出现后允许手动闭锁该安注);

(2) 蒸汽管道压力低(2/3 逻辑)+蒸汽管道流量高(1/2 逻辑);

(3) 一回路平均温度低低(2/4 逻辑,即 P12 信号)+蒸汽管道流量高(1/2 逻辑);

(4) 蒸汽管道压力低低(2/3 逻辑);

(5) 安全壳(绝对)压力高 2(0.13 MPa,2/3 逻辑);

(6) 手动安注信号。

一接到安注信号,就立即产生下列自动动作:

(1) 反应堆紧急停堆;

(2) 汽轮机停机;

(3) 安全壳 A 阶段隔离(CIA);

(4) 安注系统投入运行;

(5) 应急柴油发电机启动;

(6) 电动辅助给水泵启动,ASG 投入运行;

(7) ARE 主给水隔离;

(8) 主给水泵(APA)停运;

(9) RRI 和 SEC 泵启动;

(10) DVH(上充泵房应急通风系统)启动;

(11) DVK(核燃料厂房通风系统)和 DVW(安全壳外围设备间通风系统)切换到碘过滤器运行。

## 2.2.4 安注过程

### 2.2.4.1 第一阶段——冷段直接注入阶段

(1) 启动第 2 台 HHSI 泵;

(2) 开启换料水箱与高压安注泵之间的阀门(RIS012/013VP);

(3) 开启硼注入箱前后隔离阀(RIS032/033/034/035VP),硼酸再循环回路隔离(关闭 RIS206/208/209VP);

(4) 将容控箱 RCV002BA 与 HHSI 泵隔离,但反应堆冷却剂泵轴封水注入管线保持开启(关闭阀门 RCV033/034VP,关闭 RCV375/376VP);

(5) RCV 系统的正常上充隔离,HHSI 泵最小流量管线隔离(关闭 RCV222/223VP);

(6) 确认中压安注箱隔离阀(RIS001/002VP)开启,确认低压安注泵与 PTR001BA 之间阀门 RIS075/085VB 开启;

(7) LHSI 泵通向高压安注泵吸水母管的连接阀(RIS077/078VP)开启;

(8) 启动 LHSI 泵,确认返回 PTR001BA 的小流量管线畅通(RIS132/133/144/145VP 开启);

(9) 确认 LHSI 泵从安全壳地坑吸水管线上的隔离阀(RIS051/052VP)关闭;

(10) 3 min 后,接通另一条高压安注管线(开启 RIS019/020VP),直接注入压力容器,以提高注入流量。

安注启动以后要加以控制,首先判断安注是误安注还是真安注,然后判断安注是否有必要,再根据 PZR 水位和 $\Delta T_{SAT}$ 决定能否转入上充/下泄模式。在安注信号出现 5 min 后,闭锁消除,操纵员可以手动复位。

说明以下几点:

——当 RCP 压力下降到 4.337~4.45 MPa(绝对)时,即 RCP 压力低于安注箱压力时,安注箱内硼水开始注入 RCP 系统;

——当 RCP 压力下降到 1.5 MPa(绝对)左右时,即 RCP 压力开始低于 LHSI 泵出口压力时,低压安注管线开始有硼溶液注入到 RCP 系统冷段和压力容器中去;

——当 RCP 压力(绝对)下降到 1.5 MPa 时,手动关闭 RIS001/002VP,防止安注箱内的氮气进入一回路;

——当 LHSI 泵单泵流量足以满足泵的运行要求(RIS014/015MD 流量“高”)时,自动隔离小流量管线(关闭 RIS132/145VP),且 LHSI 泵到地坑的小流量管线将自动被隔离(关闭 RIS167/168VP);

——当 RWST 水位达到低 2 时,进入再循环过渡阶段,作以下调整,准备转到冷段再循环注入阶段,即:

· 自动关闭 RIS012/013VP;

· 自动开启 LHSI 泵到地坑的小流量管线,即开启 RIS167/168VP;

· 自动关闭 LHSI 泵到 RWST 的小流量管线,即关闭 RIS132/145VP。

以上动作是为了防止在再循环阶段高放射性液体污染换料水箱。但安注的情况并没有变化,仍是由高压安注泵通过低压安注泵增压后将硼水注入 RCP 系统。

#### 2.2.4.2 第二阶段——冷段再循环注入阶段

随着安注泵不断把换料水箱中的硼水注入到一回路中,换料水箱的水位持续下降。当换料水箱的水位降到低 3 时,如果此时仍需要安注,则需要将 LHSI 泵的吸水口切向安全壳地坑,即转入冷段再循环注入阶段。

状态特征有:

—— LHSI 泵从地坑吸水的阀门(RIS051/052VP)开启;

—— LHSI 泵从换料水箱吸水的阀门(RIS075/085VB)关闭;

—— LHSI 泵到换料水箱的小流量管线上另外两个隔离阀(RIS133/144VP)关闭;

—— 轴封注水管线继续保持运行。

#### 2.2.4.3 第三阶段——冷热段同时再循环注入阶段

安注动作开始,先是一直向一回路冷段注入,在 3 min 后同时向压力容器注入硼水,这硼水可能来自换料水箱或安全壳地坑。对于冷段破口,在堆芯顶部可能会有蒸汽积聚,蒸汽将通过热段从冷段破口喷放到安全壳内。随着冷段的连续注入,压力容器中的硼连续浓缩,从而可能导致压力容器内出现硼结晶,而地坑内的硼浓度不断下降。因此,必须向一回路热段注入,用冷却水反冲堆芯,以终止汽化和硼酸在反应堆容器内的浓缩,达到防止出现硼结晶的目的。

对于热段破口,压力容器硼浓度的增加是轻微的。如果转到热段注入,反而会使物理现象复杂化,为此,对于热段破口最好维持向冷段注入。

实际情况中,往往很难确定破口的位置,这时,一般采用冷热段同时注入的方法。即:安注动作 11.5 h 后,通过手动操作将安注切到冷热段同时再循环注入阶段。冷热段同时注入时,以热段注入为主,冷段注入为辅。

状态特征有:

—— LHSI 泵向热段注入的阀门(RIS063/064VP)开启;

—— LHSI 泵向冷段和压力容器注入的主通道阀门(RIS061/062VP)关闭,旁路阀(RIS030/031VP)开启;

—— HHSI 泵向热段注入的阀门(RIS021/023VP)开启;

—— HHSI 泵向冷段注入的阀门(RIS034/035VP)关闭,旁路阀(RIS036VP)开启;

—— HHSI 泵向压力容器注入的阀门(RIS019/020VP)关闭,旁路阀(RIS029VP)开启;

—— 两个系列 HHSI 泵出口分离，即 RCV083/084VP 关闭；

—— 轴封注水管线隔离(关闭 RCV060/076/077VP)。

同样，在 LHSI 泵的单泵流量足以满足泵的运行要求(RIS014/015MD 流量“高”)时，LHSI 泵到地坑的小流量管线将自动隔离，即关闭 RIS167/168VP。

#### 2.2.4.4 长期再循环注入阶段

安注动作 24 h 后，通过手动操作将安注转入到长期再循环注入阶段。与冷热段同时再注入阶段相比，该阶段的主要变化为两个系列 HHSI 泵的吸水口分离，即关闭 RCV053/054VP，及关闭 RCV373/374VP。在 HHSI 泵吸水口分离之前，如果有 1 台 LHSI 泵不可用，则相应系列的 HHSI 泵必须在实施分离之前预先停闭。

安注动作后的各阶段切换可由图 2-2-5 表示。

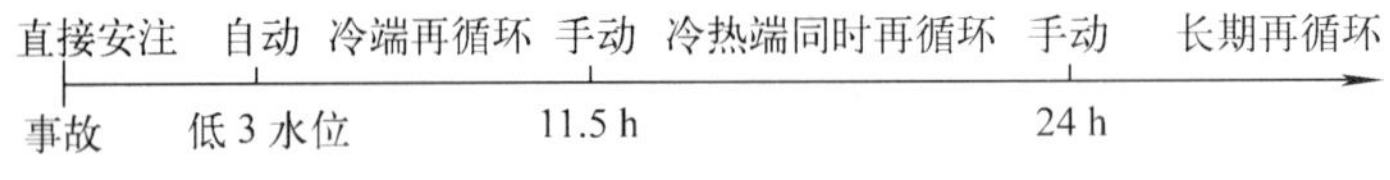


图 2-2-5 安注后各阶段的切换

## 2.3 安全壳喷淋系统

安全壳喷淋系统(EAS)是压水堆核电厂专设安全设施之一。当压水堆发生严重事故时，它可使安全壳降温和降低压力，以确保第三道安全屏障——安全壳的完整性。

### 2.3.1 系统功能

主要功能：

在一回路发生失水事故(LOCA)或安全壳内主蒸汽管道破裂的事故工况下，安全壳内的温度和压力升高时，本系统使安全壳内的温度和压力降低到可接受的水平，以保证安全壳的完整性。

辅助功能：

(1) 在一回路发生失水事故(LOCA)时，本系统也能降低安全壳内的气载放射性水平(尤其是碘)。

(2) 当反应堆冷停堆时，如果核岛消防系统失效，EAS 系统可用于消防功能，扑灭安全壳内发生的火灾。

(3) 在冷停堆期间，如果换料水箱内温度高于 40 ℃，该系统可将换料水箱内的水冷却。

(4) 发生 LOCA 后约 15 d，如果低压安注泵失效，可使用 EAS 系统作为 RIS 泵的备用。

EAS 系统还用来导出堆芯余热，它是专设安全设施中唯一带有冷源的系统，EAS 系统是大 LOCA 后唯一用于排出安全壳内的热量的系统。

### 2.3.2 系统描述

系统的设置是冗余的，由 A、B 两个系列组成，采用两个独立的系列供电(EAS001PO 由 LHA 供电，EAS002PO 由 LHB 供电等)，每个系列能提供 100%的喷淋冷却能力，并且两个系列的设备进行了实体(物理)隔离,但有部分共用设备(见图 2-3-1)。

每一个喷淋系列包含 1 个地坑、1 台立式筒形喷淋泵、1 台化学添加剂喷射器、1 台热交换器、位于安全壳拱顶下的两组喷淋集管及有关的阀门、管道、仪表等。此外还有一条泵试验管线。泵和电机由设备冷却水冷却。

每个系列设置有两个并联的安全壳隔离阀,以便当其中 1 个阀门损坏时,该系列的喷淋功能仍能保证。这样设计的目的是为了满足单一故障准则要求,从而确保喷淋系统的安全功能。

两个系列的公共部分包括:1 个换料水箱(PTR001BA);1 个化学添加系统,它主要有氢氧化钠添加箱、1 台搅拌泵和相关管线及阀门。

喷淋泵能从两个地方吸水,一个是换料水箱,另一个是安全壳地坑。喷淋泵的部分输出流量通过喷射器,带动氢氧化钠溶液与主流混合,然后经热交换器冷却后经喷淋管线进入安全壳空间。

系统的部分参数:

(1) 喷淋水质(见表 2-3-1)

(2) 喷淋泵(见表 2-3-2)

(3) 喷淋热交换器(见表 2-3-3)

(4) 化学药剂添加箱(见表 2-3-4)

**表 2-3-1　喷淋水质的参数**

| 硼浓度/(mg/kg) | 2 200±100 |
|---|---|
| 水温/℃ | 5～40 |
| pH | 9.5～9.7 |

**表 2-3-2　喷淋泵的参数**

| 额定流量(直接喷淋)/($m^3$/h) | 850 |
|---|---|
| 相应的总扬程/m $H_2O$ 柱 | 131 |
| 额定流量(再循环喷淋)/($m^3$/h) | 1 050 |
| 相应的总扬程/m $H_2O$ 柱 | 119 |
| 要求的 NPSH(再循环喷淋)/m $H_2O$ 柱 | 0.4 |
| 最大入口压力(泵停运)/MPa(绝对) | 0.56 |
| 最高入口温度/℃ | 120 |
| 零流量下的总扬程/MPa | 1.693 |
| 转速/(r/min) | 1 480 |
| 最大耗用功率(再循环喷淋)/kW | 460 |

**表 2-3-3　喷淋热交换器的参数**

| 管侧喷淋水(再循环最大值) | |
|---|---|
| 流量/($m^3$/h) | 1 014 |
| 最高入口温度/℃ | 120 |
| 壳侧 RRI 水 | |
| 流量/($m^3$/h) | 1 920 |
| 最高入口温度/℃ | 45 |

**表 2-3-4　化学药剂添加箱的参数**

| 有效容积/$m^3$ | 10 |
|---|---|
| 总容积/ $m^3$ | 11 |
| NaOH 浓度(质量)/% | 30 |
| 绝对压力 | 大气压力 |
| 温度/℃ | 40 |
| EAS003PO 的额定流量/$m^3$/h | 15 |

(5) 喷淋管及喷头

安全壳是一个带有拱顶的预应力混凝土的圆筒形构筑物,它的内表面有一层金属衬板。安全壳的设计温度 136 ℃,设计压力(绝对)0.45 MPa。

4 条环形喷淋管(每个系列两条)以堆厂房中心线为中心固定在安全壳的拱顶上,共有 503 个喷头,两个系列的喷头数分别为 253 个和 250 个。喷出水滴平均直径为 0.233 mm。在布置和定位时已考虑了每一系列能覆盖安全壳内的全部面积。

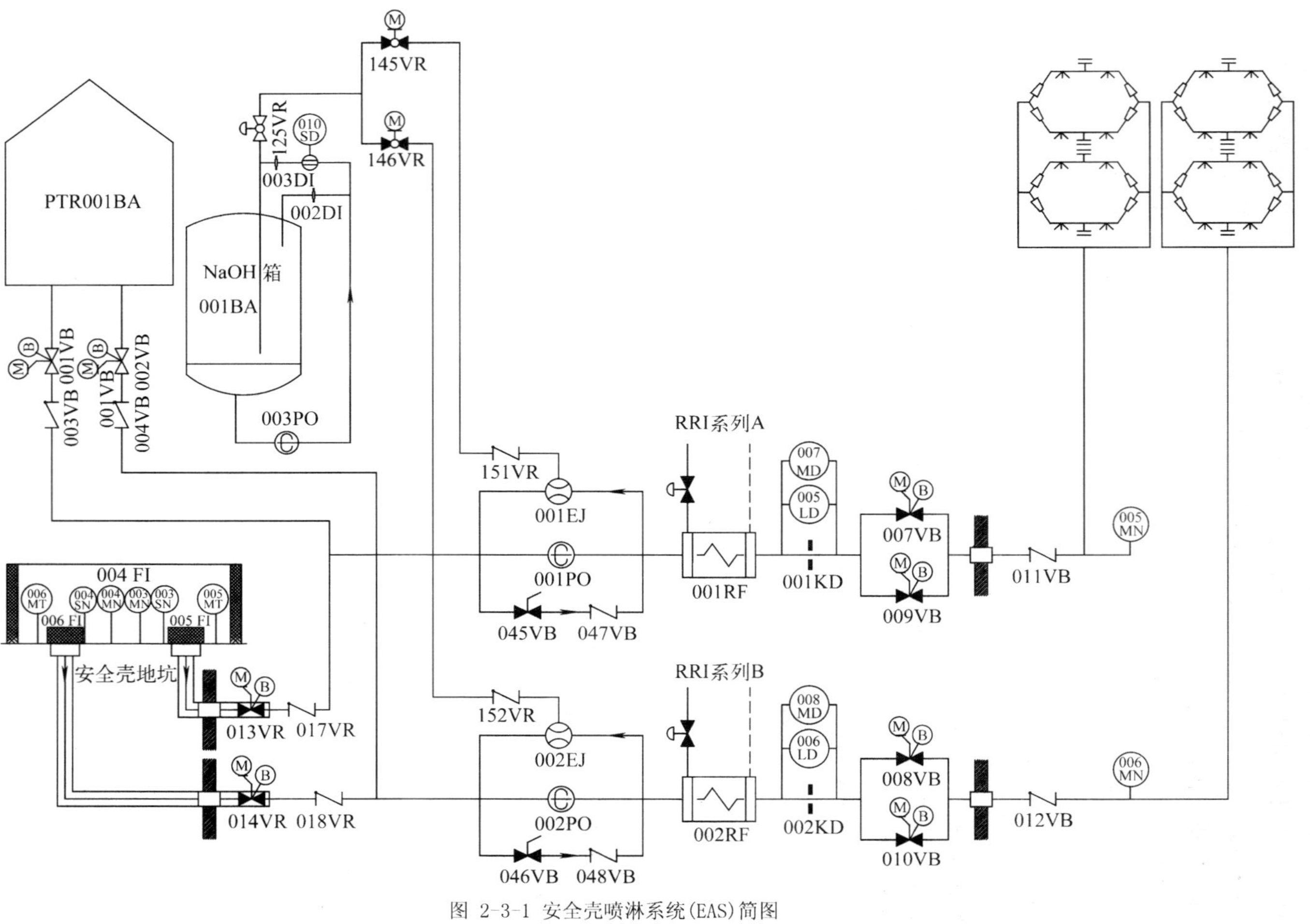


图 2-3-1 安全壳喷淋系统(EAS)简图

(6) 再循环地坑

地坑位于堆厂房环廊区域内，标高−3.5 m。地坑的过滤系统由大碎片拦污栅(为两个系列和 RIS 进水口公用)、每根进水管上的 3 道过滤筛网和飞射物防护罩构成。过滤系统的上部设有人孔，每次换料期间检查。

安全壳地坑的主要功能：

1) 收集安全壳内的泄漏水和喷淋水，保证坑内液面有一定高度，防止泵因为旋涡而吸收空气，从而保证水泵的正常运行。

2) 地坑上有拦污栅，起过滤作用，防止杂物进入地坑。

## 2.3.3 喷淋信号

EAS 启动信号来源有两个，一个是自动信号，一个是手动信号，即：

——安全壳压力高 4 信号(对应绝对压力定值：0.24 MPa)；

——手动喷淋。

需要说明的是：

(1) 安全壳的压力信号由 ETY 系统的 4 个探测器(ETY 101/102/103/104 MP)，按 2/4 的原则触发保护动作；

(2) 由安全壳压力高 4 信号触发的自动喷淋信号的手动复位(解锁)可以立即进行；

(3) 安全壳的压力保护定值及由此触发的主要保护动作见表 2-3-5。

(4) 为防止喷淋系统的意外手动启动，对于每个系列均设置两个按钮。必须同时按下同一个系列的这两个按钮，才能触发 EAS 的相应一个系列动作。

**表 2-3-5　安全壳压力保护信号**

| 信号 | 压力定值/MPa(绝对) | 触发的主要保护动作 |
|---|---|---|
| HI 1 | 0.12 | 报警信号<br>隔离 ETY |
| HI 2 | 0.13 | 安注启动<br>安全壳第一阶段隔离<br>紧急停堆<br>汽轮机停机注量率<br>应急柴油发电机启动<br>主给水泵跳闸<br>主给水隔离<br>ASG 启动 |
| HI 3 | 0.19 | 主蒸汽管道隔离 |
| HI 4 | 0.24 | 紧急停堆<br>安全壳第二阶段隔离<br>喷淋系统启动<br>应急柴油发电机启动 |

## 2.3.4 系统运行

### 2.3.4.1 备用状态

机组正常运行时，安全壳喷淋系统应该处于备用状态(试验期间除外)，等待启动信号。

备用状态系统的主要特征有：

(1) 换料水箱到喷淋泵入口之间的阀门(001/002 VB)保持开启状态；EAS001 BA 出口管隔离阀 125 VR 开启。

(2) 下列阀门均关闭：

1) 安全壳隔离阀(007/008/009/010 VB)；

2) 地坑到喷淋泵吸水口间的阀门(013/014 VB)；

3) 化学添加回路隔离阀(145/146 VR);

4) 热交换器冷却水侧 RRI 的阀门(RRI 035/036 VN);

5) 试验回路阀门(126 VR);

6) 试验阀(131/132/133/134 VB);

7) EAS/RIS 连接管隔离阀(041/042/043/044VB)。

(3) NaOH 溶液的搅拌泵(003 PO)间断运行(每 8 h 运行 20 min)。

电厂正常运行时,从安全壳地坑到喷淋泵的逆止阀之间的管内是被长期充满水的,目的是防止在喷淋泵入口管道内形成空气腔。

化学药剂回路中,从阀门 145 VR/146 VR 到喷射器 001 EJ/002 EJ 的一段管道内是被长期充满水的,目的是在喷淋系统启动中,防止空气从喷射器进入到喷淋泵的进口管。

EAS 001 PO,002 PO 和 PTR 水箱之间所有阀门都是开启的,因此安全壳隔离阀上游的管道均充满水,但安全壳隔离阀是关闭的,以防喷淋泵误启动引起的误喷淋。

### 2.3.4.2 直接喷淋阶段

喷淋信号产生时,喷淋系统启动。若此时换料水箱的水位不低于低 3 定值(对应水箱水位定值:+2.10 m),则 EAS 回路以"直接喷淋"方式启动,即喷淋水由喷淋泵从换料水箱抽取。该阶段的配置主要特征有:

——两台喷淋泵(EAS 001/002 PO)启动;

——安全壳隔离阀开启(007/008/009/010 VB);

——热交换器(001/002 RF)冷却水侧的阀门开启,即热交换器投入。

EAS 系统是自动启动,泵的电机的启动时间为 3 s,在 15 s 内达到额定特性,5 min 后,化学添加剂由喷射器注入,安全壳隔离阀在 21 s 内开启,因此对泵来讲不会引起零流量问题。在启动期间,如果化学添加剂处于"低"水位,则 145/146 VR 完全关闭,另外须注意,NaOH 注入回路的投入有 5 min 延迟,即 145/146 VR 延迟 5 min 开启。这 5 min 时间的延迟是为了操纵员诊断事故,判断喷淋系统的启动是由于一回路破口,还是二回路或者是误启动,从而确定 NaOH 的注入是否必要。

位于泵上方的电动机安装在由安注泵和安喷泵电动机厂房间通风系统(DVS)来通风的房内,在 EAS 启动时,运行人员启动该通风系统。

在注入阶段终止时(EAS001 BA 低液位)氢氧化钠注入回路自动隔离,即 EAS 145/146 VR 自动关闭。

化学添加箱内的液体约在 30 min 内排空,注入 NaOH 的目的是降低安全壳内气态裂变产物的浓度,尤其是降低碘浓度,从而降低气载放射性水平;另外,注入 NaOH 也可中和硼酸,从而限制对金属的腐蚀。

注入 NaOH 中和硼酸的道理容易理解,那么为什么注入 NaOH 可以降低气载放射性水平呢?

NaOH 不存在时,碘与水之间的反应如下式所示:

$$3I_2 + 3H_2O \rightleftharpoons IO_3^- + 5I^- + 6H^+ \qquad (2\text{-}3\text{-}1)$$

达到一种动态平衡。

加入 NaOH 后有如下反应:

$$2H^{+}+2(Na^{+},\ OH^{-})+IO_3^{-}+I^{-}\longrightarrow(Na^{+}_{(可溶)},\ I^{-})+(Na^{+}_{(可溶)},\ IO_3^{-})+2H_2O \tag{2-3-2}$$

即由于(2-3-2)式反应的存在，使得(2-3-1)式的反应平衡向右移动，即更多的碘溶于水中。这就是为什么加入 NaOH 可以降低气态放射性水平的原理。

#### 2.3.4.3 再循环喷淋阶段

直接喷淋阶段持续约 25 min。当换料水箱水位到达低 3 定值时，喷淋系统需自动转入再循环喷淋阶段，即喷淋泵由从换料水箱吸水转换到从地坑吸水。此时换料水箱到喷淋泵的隔离阀(001/002 VB)关闭，地坑到喷淋泵隔离阀(013/014 VB)开启，NaOH 注入回路隔离(145/146 VR 关闭)。

再循环喷淋阶段有时可延续几个月的时间，一回路释放到安全壳内的热量就是通过热交换器排向 RRI 系统，然后再由 SEC 系统排向大海的。而再循环水的特性为“多种”流体的混合物。大致包括：

——PTR 水箱的水；

——进入到喷淋水中的化学添加剂；

——溢入安全壳内的混有裂变产物以及放射性腐蚀产物的反应堆冷却剂；

——来自安注箱的水；

——RIS 的硼注入箱的水。

导出的热量包括堆芯剩余功率，一回路或二回路流体的显热，结构材料氧化放出的热量，还可能有锆-水反应放出的热量。即：

当温度达到 850～900 ℃时开始锆水反应：

$$Zr+2H_2O\longrightarrow ZrO_2+2H_2+热量$$

在接近 950 ℃时反应相当显著，然后每升高 50 ℃，反应速率(反应所释放的功率)将增加一倍。在 1 200 ℃，这种反应所产生的局部功率将等于剩余功率的好几倍。在燃料包壳温度突然升高到 1 200 ℃的极端情况下，其功率将大致等于堆的额定功率。

由于喷淋流量比较大，一定时间以后，运行一个系列就足够了。由于锆-水反应产生氢气，当安全壳内氢浓度达到 1%～3%启动氢复合装置(在 ETY 系统)进行消氢。

另外，EAS 热交换器是专设安全设施中唯一的冷源，所以当 RIS 处于再循环注入阶段时，需要 EAS 同时运行，以冷却安全壳地坑的水，导出热量。

#### 2.3.4.4 特殊稳态运行

当 PTR 001 BA 的水温过高时，可以用 EAS 的一个系列置于再循环来冷却 PTR 001 BA，以便使其温度维持在 40 ℃以下。

—— 至少开启一条试验管道 131/133 VB 或 132/134 VB。

—— 当 $T<40$ ℃时，可停泵，并关闭相应的试验阀。

#### 2.3.4.5 特殊工况

在一回路破口事故发生较长时间(15 d)后，全部丧失低压安注功能或安全壳喷淋功能时的事故作为该系统的特殊工况。当安全壳喷淋泵全部丧失时，利用低压安注泵从地坑吸水并经过安全壳喷淋系统的热交换器来排出余热，为减少吸入管道上的压力损失，需要旁通有故障的 EAS 泵。当低压安注泵全部丧失时,利用安全壳喷淋泵代替低压安注泵从地坑吸水,输送流体经过 EAS 热交换器到 RIS 系统,即所谓 H4 管线。

# 2.4 安全壳隔离系统

## 2.4.1 安全壳隔离系统的功能

为了保证安全壳作为第三道安全屏障的功能不受到损害,贯穿安全壳壳体的管道系统必须有适当的设施,以便在发生事故时接到安全壳隔离信号时能及时将安全壳隔离,这些设施组成了安全壳隔离系统(EIE)。

在发生 LOCA 事故时,放射性裂变产物有可能从堆芯释放出来,为确保安全壳的密闭性,设置了安全壳隔离系统,从而减少放射性物质的对外释放。

在主蒸汽管道发生破裂时,及时隔离蒸汽发生器以防反应堆冷却剂系统过冷和安全壳超压。

在安全壳内燃料元件装卸操作出现事故时,及时把安全壳内大气与外界隔离,控制放射性逸散到外部大气中。

隔离装置的目的是保持安全壳这个密封体的整体完整性,保证在正常运行和事故发生时安全壳的完整,或将有缺陷的系统与其压力源隔离。

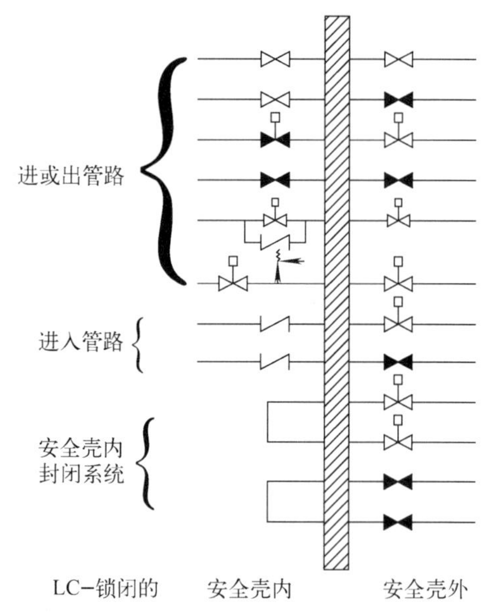


图 2-4-1 安全壳隔离系统隔离阀的典型配置

为安全阀;为逆止阀;为隔离阀

## 2.4.2 系统的描述

安全壳隔离系统使用以下类型的隔离阀门。其配置情况见图 2-4-1。

(1) 安全壳内侧一个手动隔离阀,外侧一个手动隔离阀;

(2) 安全壳内侧一个自动隔离阀,外侧一个手动隔离阀;

(3) 安全壳内侧一个手动隔离阀,外侧一个自动隔离阀;

(4) 安全壳内侧一个自动隔离阀,外侧一个自动隔离阀;

(5) 安全壳内侧一个止回阀,外侧一个自动隔离阀或手动隔离阀(仅用于进入管线);

(6) 安全壳外侧两个自动隔离阀或手动隔离阀(仅用于安全壳内闭合管线)。

在各隔离阀之间的管段中,当阀门关闭时,由于留在其中液体的热膨胀可能会形成超压,一般是在绕过安全壳内隔离阀的反向管线上设置止回阀或泄压阀进行超压保护。

### 2.4.3 系统的运行

#### 2.4.3.1 触发安全壳第Ⅰ阶段隔离时,对以下系统发生作用

(1) 安全注入系统(RIS):试验管线;

(2) 化学和容积控制系统(RCV):下泄管线,轴封水回水管线和 RRA 净化回水管线;

(3) 反应堆硼和水的补给系统(REA):补给水管线;

(4) 核岛排气及疏排水系统(RPE):反应堆冷却剂排放管线,工艺排水管线,地面排水管线,含氢排放管线;

(5) 设备冷却水系统(RRI):稳压器卸压箱和过剩下泄热交换器的冷却水管线;

(6) 蒸汽发生器排污系统(APG);

(7) 安全壳内大气监测系统(ETY);

(8) 核岛氮气分配系统(RAZ);

(9) 核取样系统(REN):除反应堆冷却剂取样所需管线外的所有管线。

#### 2.4.3.2 安全壳喷淋系统(EAS)启动时,实施安全壳第Ⅱ阶段隔离

这时对应的安全壳压力定值为 0.24 MPa(绝对)。对以下系统发生作用。

(1) 设备冷却水系统(RRI):反应堆冷却剂泵的冷却器的供水管线,控制棒驱动机构通风冷却器的供水管线,余热排出系统热交换器冷却水管线;

(2) 核岛冷冻水系统(DEG);

(3) 仪表用压缩空气分配系统(SAR);

(4) 核取样系统(REN):所有管线直至包括第Ⅰ阶段隔离时没有隔离的管线,在事故发生后为反应堆冷却剂取样所需的那些管线。

#### 2.4.3.3 其他工况

(1) 当安全壳压力低于安全壳第Ⅰ阶段隔离的压力值 0.13 MPa(绝对) 而大于 0.12 MPa(绝对)时,对安全壳内大气监测系统(ETY)发生作用;

(2) 安全壳压力在安全壳第Ⅰ阶段隔离和第Ⅱ阶段隔离压力之间时,压力定值为 0.19 MPa(绝对),对主蒸汽系统(VVP)发生作用;

(3) 安全壳气体高放射性信号对安全壳大气监测系统(ETY)和核岛排气及疏水系统(RPE)发生作用。

## 2.5 辅助给水系统

### 2.5.1 辅助给水系统的功能

#### 2.5.1.1 正常功能

辅助给水系统(ASG)作为失去主给水供应时向蒸汽发生器二次侧提供给水的后备系统。

在下列情况下 ASG 系统可代替主给水系统(ARE)。

(1) 反应堆启动和反应堆冷却剂系统升温;

(2) 热停堆;

(3) 热备用;

(4) 向冷停堆过渡时,将反应堆冷却到余热排出系统(RRA)能投入运行的状态。

此外,ASG系统的电动泵用于给蒸汽发生器二次侧充水和保持水位(初次充水和冷停堆后的再充水)。

该系统的除氧器装置用于向ASG系统和REA系统的水箱提供除盐除氧水。

#### 2.5.1.2 安全功能

辅助给水系统(ASG)属于专设安全设施。在任一正常给水系统(CVI,CEX,ABP,ARE,APA)发生事故时,ASG系统投入运行,导出堆芯余热,直到反应堆冷却剂系统达到余热排出系统(RRA)可投入的状态。反应堆冷却剂系统的热量通过由辅助给水系统供水的蒸汽发生器产生蒸汽,蒸汽通过汽轮机旁路系统(GCT)排向凝汽器或大气。

### 2.5.2 系统描述

辅助给水系统(ASG)的主要设备有:辅助给水箱,辅助给水泵,带有流量调节阀的给水管路,除气装置等。

(1) 辅助给水箱ASG 001 BA的特性。

ASG 001 BA是一个具有一定水质要求的永久性储水箱,水箱的顶部是以氮气覆盖的,压力维持在表压0.01~0.012 MPa。水箱上部装有一个呼吸阀作为高压和低压保护。

该水箱的温度通常保持在7~50 ℃,当温度低于7 ℃时有低温报警,当温度高于50 ℃时有高温报警。如果水箱的水温降到7 ℃以下,则必须用经过除氧器再循环的方法重新加热。如果水箱水温高,则可用板式热交换器用SRI水进行循环冷却。

ASG 001 BA的水位是不进行控制的,按照运行的类型,可以在高高水位和低低水位间变化。

低低水位时的水容积为56 $m^3$(有报警信号)。此时,如果不能用新的给水向水箱供水,则必须立即手动停运MAFP(ASG 001/002 PO)及TAFP(ASG 003/004 PO),否则就可能发生泵的汽蚀。

低水位时的水容积为525 $m^3$(有报警信号),对应于由热停堆向冷停堆过渡所必需的有效安全压头(有报警信号)。

高水位时的水容积为790 $m^3$。对应于正常的贮水量,可提供额定有效压头。在主控制室设置有非高水位报警,该报警信号的定值为10.20 m。

高高水位时的水容积为799 $m^3$(有报警信号),此时必须停止补水。

正常运行时,应维持ASG001BA的水位在高水位与高高水位之间。若出现非高水位报警,必须及时补水。

ASG 001 BA的充水(见表2-5-1)及补水水源有:

——CEX系统。这是第一选择水源,应尽可能使用另一机组或者本机组(若本机组正在运行的话)的凝结水系统(CEX)的凝结水泵进行充水或补水。这种做法的优点是速度快,不像使用除气装置那样在投入之前要进行一系列的准备工作,而且留下除氧器供可能出现硼水补给系统需求时使用。

表 2-5-1 ASG 001 BA 的正常储水量的设计依据

| | 失去主给水（工况Ⅱ） | 失去厂外电源（工况Ⅱ） | 主给水管道破裂（工况Ⅳ） |
|---|---|---|---|
| 破口隔离前的时间/h | | | 0.5 |
| 经过破口失去的水体积/$m^3$ | | | 100(200 $m^3$/h) |
| 热停堆工况的时间(运行人员延迟＋加硼)/h | 2 | 2 | 2.5 |
| 这段时间内所用的水体积/$m^3$ | 204 | 144 | 305 |
| 把反应堆冷却至 RRA 工况的时间/h | 4 (28 ℃/h) | 7.5 (15 ℃/h) | 4 (28 ℃/h) |
| RRA 准备的时间/h | 1.25 | 1.25 | (无准备) |
| 在这些时间内所用的水体积/$m^3$ | 364 | 375 | 283 |
| 要求的总容积/$m^3$ | 568 | 519 | 588 |
| 可供使用的容积/$m^3$ | 790 | 790 | 790 |
| 自主时间/h | ＞7.25 | ＞10.75 | ＞6.5 |

注:(1) 包括前面提到的破口隔离前的时间。
(2) 包括前面提到的经过破口流失的水体积。

——SER 的水经除氧器除气后向水箱供水。

——SER 的水直接向水箱供水。这种情况仅适用于比较紧急的工况。

(2) 辅助给水系统是压水堆核电厂专设安全设施之一。为满足单一故障准则,ASG 系统设计有两个系列,每个系列各有 1 台电动泵和 1 台汽动泵,每个系列有完全独立的电源,每个系列给 1 台蒸汽发生器供水。每台电动辅助给水泵和汽动辅助给水泵的容量均为 100%(相对于 1 台蒸汽发生器而言),每台泵流量各为 91 $m^3$/h,每台泵的出口各有一个小流量隔离阀和一个给水流量调节阀,正常时这两个阀是全开的。当有 ASG 的启动命令时,启动泵的同时还发出开启流量调节阀的命令,ASG 启动后,可以在主控或应急停堆盘(KPR)上手动操纵控制这些流量调节阀,以控制蒸发器的水位。A 列和 B 列有连接管线,使 A 列和 B 列可以相互备用。正常时是隔离的,当某一列失效时,开启连接阀,由另外一列向两台蒸发器供水。

(3) ASG 系统还有一套除氧装置,是两台机组公用的设备。用于 ASG001BA 的初次充水和补水,也用于 REA001/002BA 的初次充水和补水。除氧装置能使 ASG 给水中溶解氧的总含量保持在 0.1 mg/kg 以下。该子系统设备包括:1 台除氧器(9ASG001DZ);1 台再生热交换器(001EX);两台除氧器给水泵(9ASG005PO,9ASG006PO),用于泵送除氧水,1 台运行时,另 1 台泵备用,柴油发电机作为泵的应急电源,1 号机组的安全母线 A 系列为 005PO 供电,2 号机组的安全母线 A 系列为 006PO 供电。除氧装置用于处理 pH 为 9 的 SER 系统的除盐水供 ASG 水箱补水,需要时也可再处理辅助给水箱的水,辅助给水箱的水由 006PO 输送到除氧装置。此外除氧装置还可以处理 pH 为 7 的 SED 水,以供 REA 系统之用。

## 2.5.3 ASG 启动信号的产生

为便于下面的叙述,首先说明几个缩写符号的意思。它们是:

——MFP:电动主给水泵,即 APA 系统的泵;

——TAFP:汽动辅助给水泵;

——MAFP:电动辅助给水泵。

ASG系统的启动信号包括:

(1) 安注信号

安注信号直接启动两台电动辅助给水泵(MAFP)。同时安注信号使电动主给水泵(MFP)紧急停机并且隔离ARE系统的主给水阀和旁路给水阀。电动主给水泵(MFP)的紧急停机信号(延时5 s)再次发出两台MAFP的启动命令。

(2) 某台蒸汽发生器高高水位(P14出现)

当蒸汽发生器水位太高时,旋转叶片式汽水分离器及干燥器将无法正常工作,蒸汽可能带水进入汽轮机,导致汽轮机叶片损坏。当蒸汽发生器水位达到窄量程水位的75%(对应水位为+0.84 m)时,产生P14信号,触发汽轮机紧急停机、MFP紧急停机和ARE的主阀及旁路阀关闭,反应堆紧急停堆等。主给水泵的紧急停机信号(延时5 s后)将触发两台MAFP启动。

(3) MFP紧急停机

来自给水回路的保护信号引起MFP紧急停机。在确认MFP紧急停机之后延时5 s,两台MAFP将自动启动。

(4) LGA/LGB母线电压低

当LGA/LGB电源丧失时,凝结水泵停运,则一回路的过热将很严重。电压降低是通过对凝结水泵供电系统母线(LGA,LGB)的测量而获得的。

如果凝结水泵的供电母线失电($U=0.7U_n$),延迟6 s后,两台MAFP启动。

(5) 主泵转速低低

主泵供电母线失电后,转速将降低,由于主泵惯性飞轮的存在和自然循环的作用,一回路冷却剂流量将维持一定的时间,为了疏导余热,需要继续维持蒸汽发生器的给水,此时若堆功率大于$10\%P_n$则触发启动汽动辅助给水泵(TAFP)。如果堆功率$\leqslant 10\%P_n$,这一事故不会对机组产生危害,不会触发相应的泵启动。

(6) 某台蒸汽发生器水位低低

例如主给水泵紧急停机或凝结水泵丧失等正常给水丧失事故下,蒸汽发生器的导热能力下降。表征蒸汽发生器导热能力的参数可以是其水位或者其给水流量,因此当某台蒸汽发生器水位低低(窄量程水位的15%,对应水位为−1.32 m)信号出现后,延时8 min,两台MAFP及两台TAFP将自动启动。

(7) 某台蒸汽发生器水位低低且其给水流量低

此信号出现时,立即启动两台MAFP及两台TAFP。

(8) ATWT信号

ATWT又称ATWS,意为未能紧急停堆的预期瞬态(Anticipated Transient Without Trip/Scram)。该信号是两个信号的组合,一个是两台蒸汽发生器给水流量低信号,一个是中间量程测得的堆功率$>30\%P_n$信号。

ATWT信号出现后,启动两台MAFP和两台TAFP。

ATWT信号除可触发ASG启动外,可触发紧急停堆、汽轮机停机注量率和闭锁GCT第3组排放阀的开启。

(9) 手动控制

MAFP 及 TAFP 均可手动控制。

另外，需要说明的是，紧急停堆时 ASG 系统不一定启动。当发生紧急停堆时，汽轮机紧急停机，给水加热回路停运，进入蒸汽发生器的给水相对较冷，就维持一回路平均温度 $T_{avg}$ =290.8 ℃来说，给水流量显得过大，可能造成一回路过冷，因此，当紧急停堆并出现一回路平均温度低($T_{avg}$<295.4 ℃)信号时，隔离 ARE 的主给水调节阀，旁路调节阀极化运行，保持一定的开度(相应于 11.5% $Q_n$ 的给水流量)，但不会触发 ASG 启动。所有的 ASG 启动信号示于图 2-5-1 中。

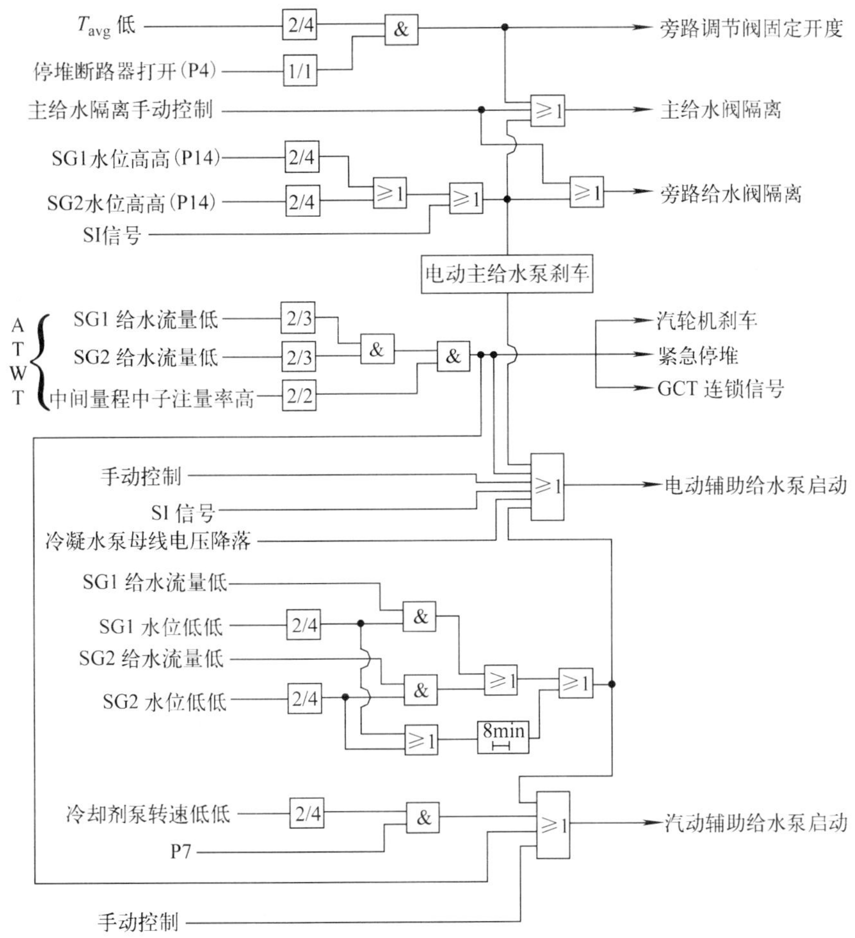


图 2-5-1 辅助给水泵启动逻辑图

## 2.5.4 ASG 的运行

机组在正常功率运行(反应堆正常运行，汽轮发电机并网)时，ASG 系统的 4 台泵应该处于备用状态，与泵相对应的 4 个调节阀(012/013/014/015 VD)保持 100%开度。

机组在正常的启动或停闭过程中，如前所述，在适当的情况下代替主给水向蒸汽发生器提供给水。

另外,ASG 系统的除气装置可投运也可停闭,视 REA 的需要或 ASG 水箱的需要而定。在这里,我们主要看一下 ASG 在事故情况下启动后的运行。

当 MAFP 接到启动命令后将引起下列动作:

——两台 MAFP(001/ 002 PO)启动;

——确认与两台 MAFP 相关的调节阀(012/014 VD)为 100%开度;

——蒸汽发生器排污系统隔离。

当 TAFP 接到启动命令后将引起下列动作:

——TAFP 汽轮机的两个进汽隔离阀(137/138 VV,105/106 VV)开启;

——确认与两台 TAFP 相关的调节阀(013/015 VD)为 100%开度;

——蒸汽发生器排污系统隔离。

ASG 系统启动后,便以最大流量向蒸汽发生器供水,因此操纵员有必要根据当时的实际情况调节辅助给水流量,或停运多余的泵,以维持蒸汽发生器的水位。

图 2-5-2 表示出了 ASG 处于备用状态的情况。

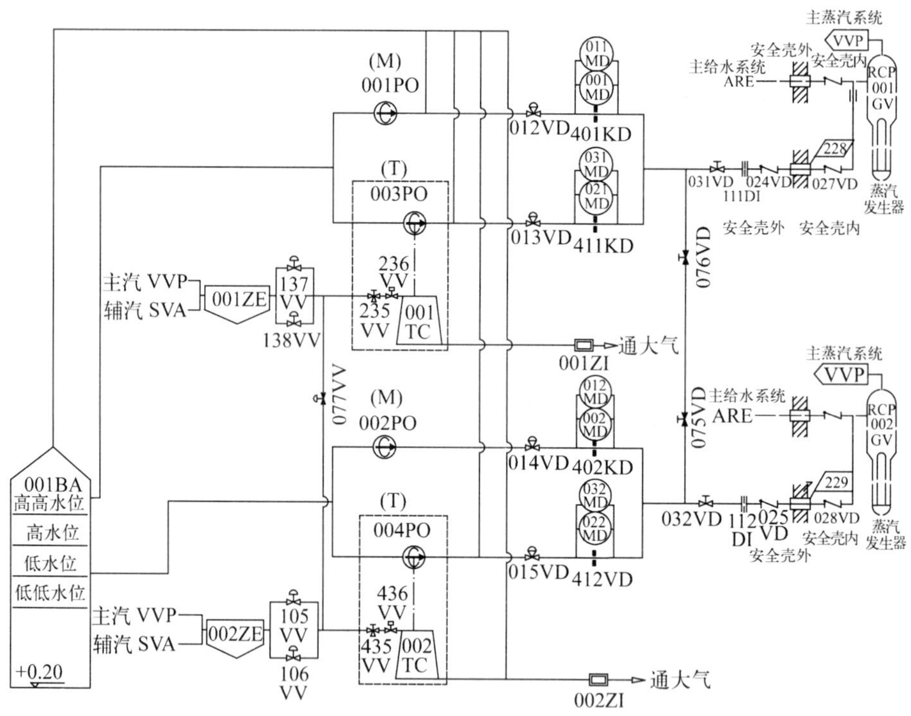


图 2-5-2 辅助给水系统(处于备用状态)

# 第三章 一回路主要辅助系统

## 3.1 概 述

一回路主要辅助系统包括安全厂用水、设备冷却水、化学和容积控制、余热排出等系统。这些系统的主要功能是向反应堆冷却剂系统和其他系统及其设备提供冷源或冷却水，对反应堆冷却剂系统进行容积控制和硼浓度控制、对一回路水包括换料水池水进行净化和水质调整等。

这些系统都按核3级设计，其中化容系统的高压安注部分作为专设安全设施，是与核安全直接相关的系统之一。余热排出系统虽然不作为专设安全设施，但在紧急情况下的堆芯余热排出仍然与核安全相关，因此该系统仍然按专设安全设施的要求进行设计，包括单一故障准则、100%的备用能力、应急电源和应急水源等。

## 3.2 化学和容积控制系统

化学和容积控制系统（RCV）是反应堆冷却剂系统（RCP）的一个主要的辅助系统。它在反应堆的启动、停运及正常运行过程中都起着十分重要的作用，它为反应堆冷却剂系统的水容积控制、化学控制和反应性控制提供了手段。

### 3.2.1 系统功能

#### 3.2.1.1 主要功能

（1）容积控制：通过上充和下泄功能维持稳压器水位，保持一回路水容积；

（2）反应性控制：与反应堆硼和水的补给系统（REA）相配合，调节冷却剂硼浓度以跟踪反应堆的缓慢的反应性变化；

（3）化学控制：控制反应堆冷却剂的pH、氧含量和其他容积气体含量，防止腐蚀、裂变气体积聚和爆炸；除去腐蚀和裂变产物，降低冷却剂的放射性水平。

#### 3.2.1.2 辅助功能

（1）为主泵轴封提供经过过滤及冷却的密封水，保证反应堆冷却剂泵的冷却和密封；同时收集反应堆冷却剂泵1号密封的引漏水。

（2）为稳压器提供辅助喷淋水。

（3）为RCP系统充水、排水和水压试验。

（4）需要时，上充泵可作为高压安注泵运行。

（5）一回路水实体时，控制一回路的压力。

## 3.2.2 系统功能描述

### 3.2.2.1 容积控制

所谓容积控制就是通过 RCV 系统容控箱吸收稳压器不能全部吸收的那部分一回路水容积变化的量,维持稳压器水位在一个整定的范围内。

一回路水容积变化的原因主要是温度的改变,如图 3-2-1 所示。

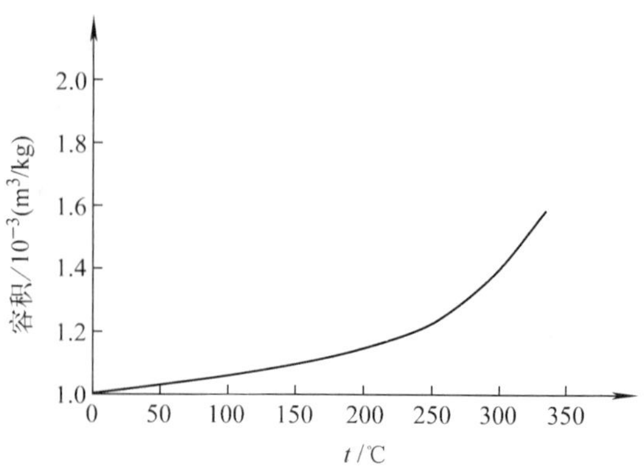

图 3-2-1 水的容积随温度变化曲线

从图 3-2-1 可见当反应堆冷却剂系统 RCP 从冷态(60 ℃)增温到热态(291 ℃)时,其比容增加将近 40%;正常运行时,冷却剂的平均温度随功率的变化而变化,从而比容也随之改变,也造成一回路中水的体积的改变。

另外,由于冷却剂系统处于 15.5 MPa 的高压下,也会不可避免地发生泄漏,需要补偿水容积的变化。容积控制原理见图 3-2-2。

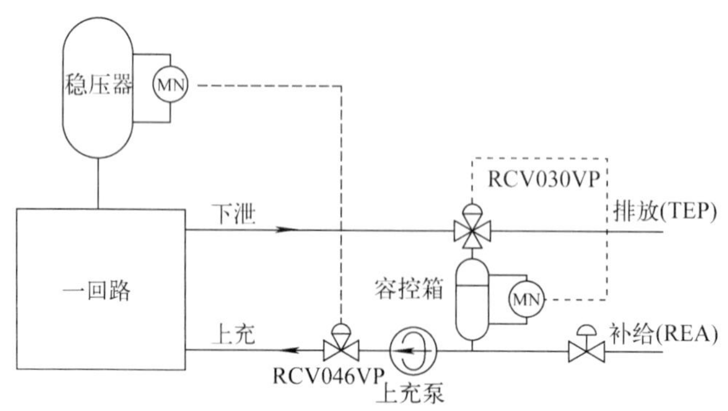

图 3-2-2 容积控制原理

化学和容积控制系统 RCV 从 RCP 2 号环路过渡段引出下泄流,经容控箱再由上充泵把上充流打回 RCP 系统,反应堆稳定运行时,上充流量与下泄流量一致。当温度变化引起一回路内水体积变化时,稳压器水位发生变化,当水位偏离设定值时,调节上充流量,使稳压器水位恢复到设定值。但容控箱容量有限,在 RCP 系统升温、降温过程,或其他瞬态,水容积发生很大变化时,可与其他系统配合,容控箱水位高时,可排放到硼回收系统(TEP),容控箱水位低时,可由硼和水补给系统(REA)按需要进行补给。

### 3.2.2.2 化学控制

由于冷却剂在一回路内循环流动,其水化学特性在整个回路中都相同:即由于水的温度增高,水中含氧量增加,及一回路水 pH 降低,都将导致一回路部件的腐蚀,而冷却剂通过堆芯时,由于中子的辐照,水中的腐蚀产物被活化,并且,也有可能带出元件包壳破裂处逸出的裂变产物。因此，为了把一回路所有部件的腐蚀限制在最低程度，避免杂质沉积在燃料元件表面而导致包壳因传热恶化而破裂，以及限制一回路水中腐蚀产物成为辐射源，就需要通过化学控制，维持一回路水的化学性质在规定的限值内。

化学控制原理见图 3-2-3。

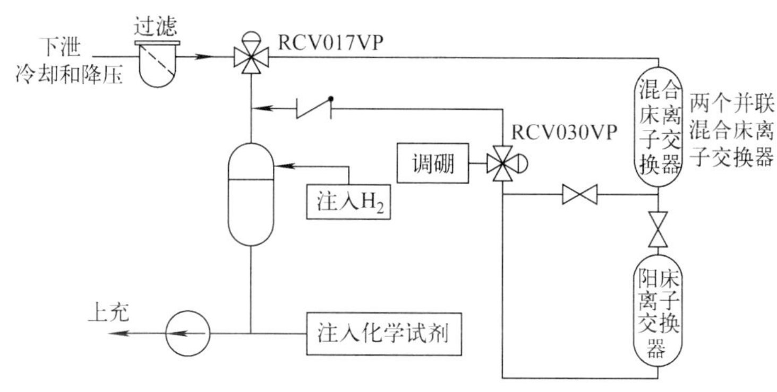


图 3-2-3　化学控制原理

（1）通过注入化学试剂，控制一回路水质而限制腐蚀，例如，在压水堆启动时，可在一回路冷却剂中注入联氨，以减少水中溶解氧的浓度。

在正常运行时，在冷却剂中添加控制剂氢氧化锂，以提高一回路冷却剂的 pH。

$$N_2H_4 + O_2 \longrightarrow 2H_2O + N_2 \uparrow$$

（2）使一回路冷却剂水流过净化系统进行净化，包括，经过过滤以除去冷却剂水中的悬浮状颗粒物，以及通过离子交换树脂以除去离子杂质。

离子交换器中的树脂不能承受超过 60 ℃的温度，所以下泄流必须先从 292 ℃以上的温度降至 45 ℃左右。另外由于与化学和容积控制系统相关联的其他系统都处于比较低的压力状态，所以必须将下泄流的压力从 155 MPa 降至 0.2～0.5 MPa。为避免水汽化，降压必须在降温后进行，共两次降温降压过程，如图 3-2-4 所示，每个冷却阶段之后进行一次降压，在运行过程中也应注意在任何时候工作点都应落在饱和曲线上方，即液态区。具体采用方式是，第一级为了回收部分热量使用再生式热交换器，冷却下泄流同时对上充流进行加热，然后下泄流经过下泄孔板降压；第二级再利用非再生式热交换器将下泄流冷却到 45 ℃，非再生式热交换器的冷却水为设备冷却水系统（RRI）的水，此时下泄流再经过正常下泄调节阀第二次降压。

化学控制净化一回路冷却剂还有其他附属功能：通过向外扫气，定期排放积聚在容积控制箱内的裂变气体产物；在设备预加热操作时，用氮气清除水中排出的溶解氧，或在反应堆停闭期间，使用氮气降低一回路水中氢气浓度。

### 3.2.2.3　反应性控制

反应堆在长期功率运行期间，影响反应性变化的因素主要有以下几点：

（1）燃耗，燃料温度变化引起多普勒效应；

（2）燃料元件中产生裂变产物，如氙-135、钐-149，它们是吸收中子的毒物，并且浓度随功率变化而改变；

(3) 一回路冷却剂由于温度变化的温度效应、功率亏损等。

反应性控制的目的是调节一回路水的硼浓度以保证在压水堆功率运行时,棒束型控制棒组件的调节棒组处于正常使用的调节带范围内,并能保证压水堆获得足够的停堆负反应性。

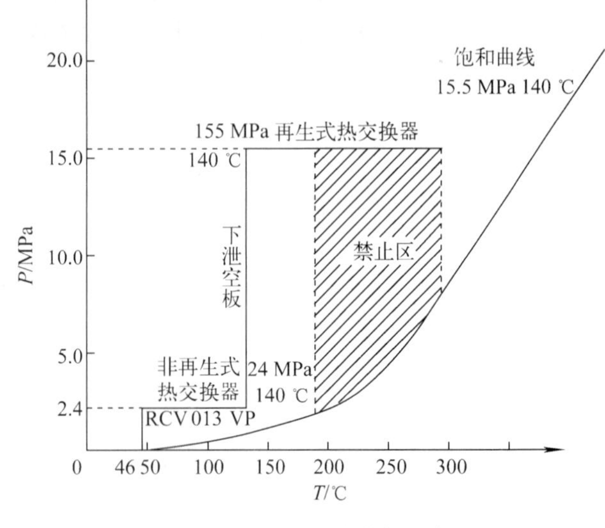

图 3-2-4 RCV 系统冷却和降压

利用 RCV 系统进行反应性控制,可采取如下措施:

(1) 加硼——在上充泵吸入口注入预先规定数量的硼,在正常功率运行时为了将调节棒组提升到正常使用范围,或为了增加停堆负反应性时,需进行加硼操作;

(2) 稀释——用等量除盐水代替一部分一回路冷却剂的水;

(3) 除硼——用离子交换树脂吸附一回路水中的硼。

(2)和(3)两种操作是为了将调节棒组降低到正常使用范围,或减少停堆负反应性。

表 3-2-1 给出进行中子毒物控制时,化学和容积控制系统的调硼操作内容。

**表 3-2-1 化学和容积控制系统的调硼操作**

| 操作 | 一回路硼浓度变化对运行的影响 | | | 水量变化 有 | 水量变化 无 | 操作选择 | |
|---|---|---|---|---|---|---|---|
| | 增加 | 降低 | 无变化 | 涉及容积功能 | | 手动 | 自动 |
| 加硼 | √ | | | √(排放) | | √ | |
| 稀释 | | √ | | √(排放) | | √ | |
| 除硼 | | √ | | | √ | √ | |
| 补给 | | | | √ | | | √ |
| 〈容积〉功能 | | | √ | (补给) | | | |
| 大量加硼 | √ | | | √(排放) | | √ | |

## 3.2.3 系统描述

RCV 系统流程简图见图 3-2-5。

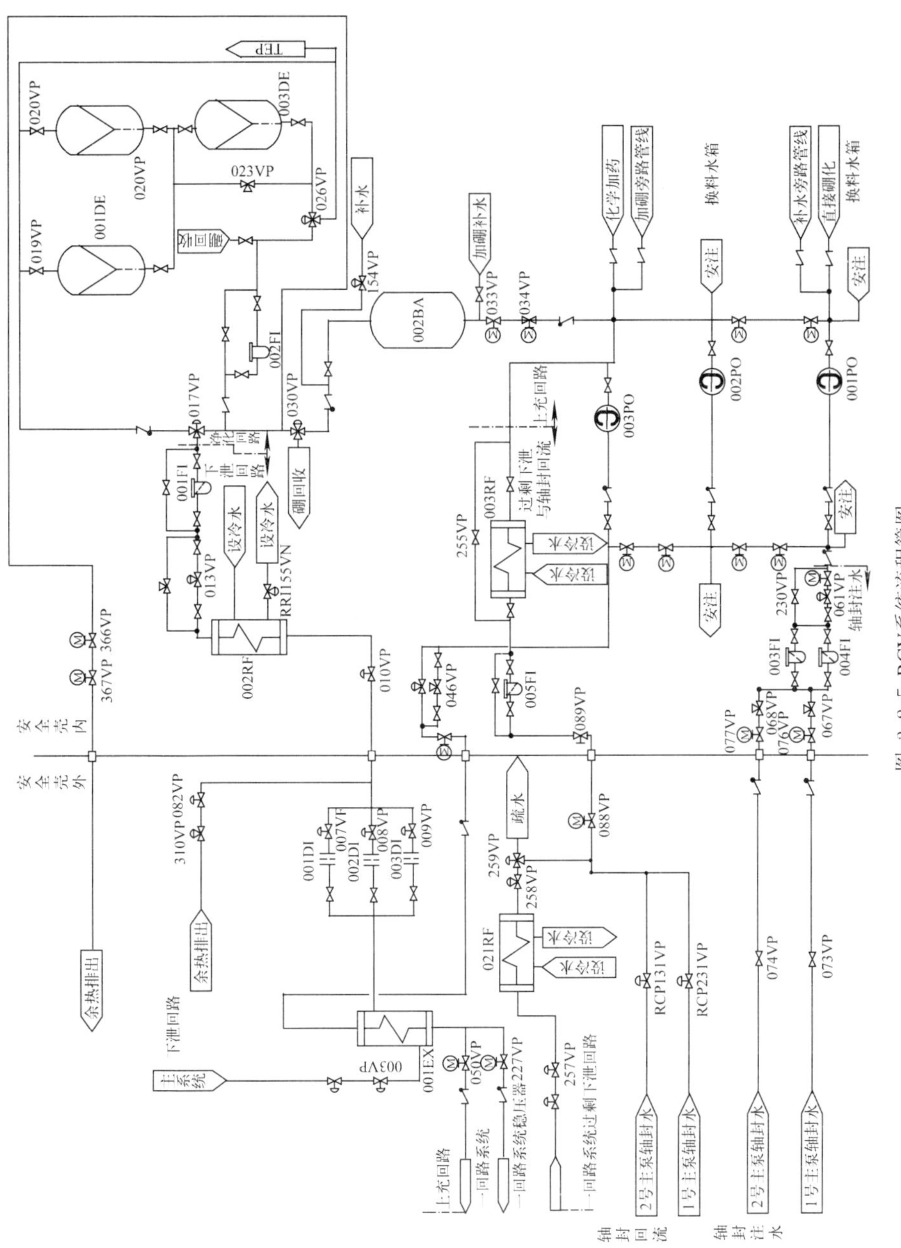


图 3-2-5 RCV系统流程简图

化学和容积控制系统(RCV)由下泄回路、净化回路、上充回路、轴封及过剩下泄回路4部分组成。

RCV系统正常运行时基本流程是:从反应堆冷却剂系统二环路过渡段引出压力为15.5 MPa、温度292 ℃、流量为13.6 $m^3/h$的下泄流体,经隔离阀RCV002VP,003VP进入再生热交换器RCV001EX壳侧,冷却到140 ℃,再由3组并联的降压孔板RCV001DI,002DI,003DI(正常时1组运行),把压力降到2.4 MPa;下泄热交换器RCV002RF及调节阀RCV013VP进行第二级降温降压,使温度降到46 ℃,压力降到2~3个大气压(以达到下游除盐床能适应的温度和压力),由过滤器除去冷却剂中直径大于5 μm的固体腐蚀产物,进入除盐床除去冷却剂中的裂变产物及腐蚀产物,然后进入容控箱RCV002BA,经上充泵升压到17.7 MPa返回冷却剂系统一环路冷段和轴封水回路。设备功能实现如下。

(1) 热交换器和孔板及调节阀RCV013VP

它们实现的是降温降压功能,热交换器分别设在孔板和调节阀之前,是防止先降压后降温会出现闪蒸现象。热交换器的流量按最大下泄流设计(27 060 kg/h),再生热交换器必须保持有最小上充流量率,以达到要求的出口温度(小于190 ℃)。孔板正常下泄时是1个或最多两个投入运行,反应堆冷却剂系统降压时,3个都要投入。孔板按正常下泄流设计(50%最大下泄流),正常下泄压降为13.1 MPa。

下泄流经过再生热交换器(RCV001EX),热量由返回冷却剂系统的上充水回收,达到加热上充流的目的;非再生热交换器也即下泄热交换器(RCV002RF)的冷却水来自设备冷却水系统RRI,下泄流的出口温度由一个调节冷却水流量的调节阀控制,使下泄流温度适宜离子交换器的运行。两热交换器的运行参数见表3-2-2。

**表3-2-2 热交换器的运行参数**

| 参数 | | 单位 | 正常下泄 | | 最大下泄 | |
|---|---|---|---|---|---|---|
| | | | 管侧 | 壳侧 | 管侧 | 壳侧 |
| 运行压力 | 再生热交换器 | MPa(绝对) | 16.7 | 16.6 | 16.7 | 16.6 |
| | 下泄热交换器 | | 2.8 | 0.8 | 2.8 | 0.8 |
| 流量 | 再生热交换器 | kg/h | 10 150 | 13 530 | 23 760 | 27 060 |
| | 下泄热交换器 | | 13 530 | 28 000 | 27 060 | 135 000 |
| 入口温度 | 再生热交换器 | ℃ | 54 | 293.3 | 54 | 293.3 |
| | 下泄热交换器 | | 140 | <35 | 145 | <35 |
| 出口温度 | 再生热交换器 | ℃ | 268.4 | 140 | 235 | 145 |
| | 下泄热交换器 | | 46 | 78.5 | 46 | 55 |
| 压降 | 再生热交换器 | MPa | 0.025 | 0.075 | 0.012 | 0.025 |
| | 下泄热交换器 | | 0.1 | 0.11 | 0.1 | |
| 传热量 | 再生热交换器 | kW | 2 636 | | 5 112 | |
| | 下泄热交换器 | | 1 490 | | 3 140 | |

(2) 除盐床

混床 RCV001,002DE 并联,互为备用,使用的交换树脂为锂型阳树脂和氢氧型阴树脂,能使大部分裂变产物浓度至少降低 10 倍,它们能处理一个换料周期 1%燃料破损率的下泄冷却剂,以最大下泄流设计。为避免稀释反应堆冷却剂,混床除盐装置在与 RCV 连接之前,应使树脂内所含硼酸饱和。

阳床 RCV003DE 为 H 型阳树脂,间断运行,以控制$^{7}Li$的浓度,$^{7}Li$主要来自$^{10}B(n,\alpha)$反应。即使在 1%燃料破损率的情况下,也能有足够交换能力维持反应堆中铯的浓度小于 $3.7\times10^{4}$ Bq/cm$^{3}$,见表 3-2-3。

向除盐装置充填树脂必须采用 SED 水。

表 3-2-3　除盐床运行参数

| 参　数 | 混　床 | 阳　床 |
|---|---|---|
| 设计压力/MPa | 1.48 | 1.48 |
| 设计温度/℃ | 110 | 110 |
| 工作压力/MPa | 1.13 | 1.13 |
| 容器容积/m$^{3}$ | 1.4 | 0.7 |
| 树脂容积/m$^{3}$ | 0.93 | 0.46 |
| 树脂工作温度/℃ | 46～62.5 | 46～62.5 |
| 正常流量/最大流量/(m$^{3}$/h) | 13.6/27.2 | 13.6 |

(3) 容控箱:RCV002BA

作为一回路的缓冲水箱,其在负荷瞬变时,可接收稳压器不能容纳的那部分冷却剂波动容积,当下泄流过多时可向硼回收系统 TEP 排放,不足时可由硼和水补给系统 REA 补充。

停堆期间,还用于冷却剂脱气,在打开主回路前,先用氮气吹扫,以清除溶解于一回路水中的气体;积聚在容控箱中的气体裂变产物均定期地向核岛废气和疏排水系统 RPE 排放;并作为上充泵的高位水箱能为上充泵提供足够的 NPSH;也是一回路冷却剂加氢除氧途径。

正常运行温度 40 ℃,压力 0.22 MPa(绝对),箱体容积 8.9 m$^{3}$。

(4) 上充泵:RCV001PO,002PO,003PO

功能:正常运行时保证上充和轴封流量,发生 LOCA 事故时进行高压安注。在上充运行时,每台泵必须供给以下流量的总和:最大上充流+正常密封水注入流+最小流量管线流量。

3 台并联的上充泵是离心式多级卧式泵,把容控箱来的水升压到 17.7 MPa,使经过净化的下泄流重新返回一回路系统,运行参数见表 3-2-4。

每台上充泵装有1台齿轮增速器驱动油泵(007PO,008PO,009PO分别对应001PO,002PO,003PO)和 1 台电动辅助油泵(004PO,005PO,006PO 分别对应 001PO,002PO,003PO)。正常运行时,用齿轮油泵润滑,在启动时用电动油泵提供顶轴油压。

表 3-2-4　上充泵运行参数

| | |
|---|---|
| 设计压力/MPa | 21.2 |
| 设计温度/℃ | 120 |
| 扬程/m($H_2O$) | 1 830 |
| 额定流量/(m$^{3}$/h) | 34 |
| 额定压头/m | 1 767 |

用上充泵作高压安注泵使用时,要求上充泵立即启动。设计上允许即使在电动油泵不可用和齿轮油泵未给出有效油流量之前仍能启动上充泵。

除正常下泄通道外,一回路系统还有另一条下泄通道——过剩下泄通道。当正常下泄通道不能运行时,即投入过剩下泄,使经主泵轴封注入的水得以疏出,维持主系统的总水量不变。过剩下泄通道从冷却剂系统 RCP 的一环路过渡段引出一股下泄流，经过剩下泄热交换器 RCV021RF 冷却后和轴封回流汇合，返回上充泵入口（见图 3-2-5）。轴封水回路经两台并联运行的过滤器 RCV003FI，RCV004FI 中的 1 台，除去尺寸大于 5 μm 的固体杂物后进入主泵 1 号轴封。轴封水一部分沿泵轴朝下冷却主泵轴承后进入一回路；另一部分则向上经过 1 号轴封结合面流出主泵作为轴封回流。轴封回流由轴封回流过滤器 RCV005FI 除去固体颗粒后进入轴封回流热交换器 RCV003RF，冷却后返回上充泵入口。

（5）过剩下泄热交换器：RCV021RF

设计流量等于额定密封水注入流量通过冷却剂泵热屏进入反应堆冷却剂系统的那部分流量（5 000 kg/h，出口温度 55 ℃）。过剩下泄管路仅在 RCV 上充管线与轴封注入管线一起运行时，当下泄管线发生故障或断裂的情况下使用。

（6）轴封回流热交换器：RCV003RF

被冷却流体是主泵 1 号密封引漏水和 021RF 来的过剩下泄流及上充泵最小流量，运行参数见表 3-2-5。

**表 3-2-5 轴封回流及过剩下泄热交换器运行参数**

| 参数 | 轴封热交换器 | | 过剩下泄热交换器 | |
|---|---|---|---|---|
| | 管侧 | 壳侧 | 管侧 | 壳侧 |
| 流量/(kg/h) | 19 030 | 24 880 | 5 000 | 75 000 |
| 进口温度/℃ | 61.5 | <35 | 293.3 | <35 |
| 出口温度/℃ | 47 | 46 | 54 | 52 |
| 工作压力/MPa(绝对) | 0.8 | 0.8 | 16.0 | 0.8 |

（7）几个重要阀门

RCV013VP：正常下泄调节阀，控制下泄孔板下游压力，由一压力调节器控制，在 RCP 系统满水运行时，启动该阀压力信号从 RRA 泵上游冷却剂压力信号取得。此阀可手动操作。

RCV017VP：由于除盐床的离子交换树脂的工作温度为 46～62.5 ℃，如果下泄流温度高于 57℃时，为防止树脂因高温而失效，RCV017VP 会自动切换，旁通除盐床而直接将下泄流导入容积控制箱 RCV002BA。

RCV026VP：净化床后三通阀，当需要减小一回路水中硼的含量时，用此阀把水导向硼回收系统 TEP，用 TEP 的离子交换器除去其中的硼。

RCV030VP：下泄三通调节阀，由容控箱水位控制，容控箱高水位时将下泄流切换到 TEP 前贮槽。

RCV046VP：上充流量调节阀，用以调整上充流量使之与稳压器程序水位相一致，有最大、最小流量两个限位开关：最小上充流量，必须大于 6 $m^3/h$，以充分冷却下泄流防止在下泄孔板下游汽化；最大上充流量（29 $m^3/h$），是反应堆冷却剂系统瞬态时 1 台上充泵能输送的最大流量，也是为了保证有一定的密封水流量。

系统设计的安全阀：

RCV201VP：保护下泄热交换器，排往稳压器卸压箱，容量等于 3 个下泄孔板的最大流量。

RCV203VP：容量同201VP，防止013VP到002BA之间这部分系统被隔离时超压。排往容控箱。

RCV114VP，214VP：防止容控箱超压，排往TEP前贮槽。

RCV384VP：防止由于止回阀383VP泄漏，RCV366VP关闭情况下RRA系统引起的超压。整定压力等于返回管线设计压力1.1 MPa。

RCV252VP：保护密封水返回管线免受安全壳隔离阀关闭引起的超压，排往稳压器卸压箱。其排放容量等于过剩下泄流与冷却剂泵密封故障时最大泄漏流之和。整定压力等于冷却剂泵密封可容许的最大背压1.03 MPa(绝对)。

RCV224VP：防止由于密封水热交换器RCV003RF被隔离而没有打开其旁路情况下，由于上充泵最小流量管线引起的超压。

## 3.2.4 运行

### 3.2.4.1 功率运行

稳态运行时，过剩下泄、低压下泄和辅助喷淋管线被隔离，由正常下泄管线引出一股下泄流经再生式热交换器、一组降压孔板、下泄热交换器和除盐器进入容控箱，再由上充泵把水注入一回路系统。化容系统至余热排出系统的返回管线保持开启使余热排出系统保持满水。化容系统完成反应堆容积控制、化学控制和轴封水供应。

负荷变化时，引起的水量变化大部分由稳压器来吸收，容控箱提供小部分补偿能力。容控箱水位高时，RCV030VP按水位控制要求分流一部分去硼回收系统TEP前贮槽，高液位时全去硼回收系统。容控箱水位下降到低液位时自动启动硼和水补给系统，使容控箱水位恢复正常。

若反应堆在一个新的功率水平下运行较长时间，则必须对反应堆硼浓度作相应的调整，补偿由于温度、氙毒变化而引起的反应性变化。

注意：下泄流量应$<28.6\ m^3/h$，超过该值就会引起再生热交换器不利的振动。再生热交换器下泄流出口温度不得超过195 ℃，以防止下泄孔板下游发生闪蒸。使下泄流温度小于195 ℃的最小上充流量为$8.8\ m^3/h$，为了使向泵热屏注入流量维持在可接受值，最大上充流量为$25.6\ m^3/h$，到$26.9\ m^3/h$发出上充流量大报警信号。

上充泵最小流量是$13.6 m^3/h$，下限是$4 m^3/h$，此时至多可维持1 h，上充泵吸入口温度小于25℃情况下，上充流量$6\ m^3/h$，则可维持10 h。泵的总压头必须$\geqslant 500\ mH_2O$。

### 3.2.4.2 冷停堆和热停堆

正常冷停堆时，通过低压下泄通道使一回路水得以净化，正常下泄管线仍开启以免一回路系统超压。只要一回路水超过主管道中心线，就应保证轴封水的供应。

换料或维修冷停堆时，净化后的水从RCV—RRA连接管线返回一回路系统而不通过容控箱和上充泵，净化流量约为$20\ m^3/h$，当一回路系统完全泄压时，轴封水由容控箱靠重力提供，轴封回流管线隔离。

热停堆时，化容系统的运行和反应堆正常运行时相同，应根据停堆的时间长短来调整硼的浓度。

#### 3.2.4.3 初始启动

上充泵由硼和水补给系统供水，通过正常上充管线将水注入一回路系统，对一回路系统进行重力充水排气(如果一回路系统完全泄压)，结束后关闭所有排气阀。用下泄控制阀控制一回路系统压力并逐步调整两条轴封水的流量。当一回路系统压力上升到 2.3 MPa 左右时，间歇地启动各主泵，把蒸汽发生器 U 形管上段的气体赶到一回路系统各排气口，一回路系统泄压，然后打开排气阀进行动力排气。

一回路系统排气结束后，压力重新升高到主泵的最小工作压力，启动主泵，投入稳压器的电加热器使一回路系统升温，升温速率由余热排出系统控制在≤28 ℃/h。

一回路系统温度在 90～120 ℃时，根据需要添加 LiOH 和联氨以调整 pH 和除去水中的溶解氧。水质合格后，在容控箱内充氢气以保证水中有一定浓度的氢。

冷却剂净化由 1 台混床来处理，轴封水流量维持在正常值。

当稳压器内的温度达到相应压力下的饱和温度时，稳压器内开始产生汽泡，此时把下泄控制阀投“自动”，压力控制从“RCP 模式”转换至“RCV 模式”，把上充流量调节阀转到“手动”控制，逐步减少上充流。当稳压器达到零功率液位时，稳压器操作开关投自动。

一回路系统温度升高到 180 ℃时，逐步减少低压下泄的流量，增大正常下泄的流量直至关闭低压下泄阀 RCV310VP，然后使余热排出系统和主系统隔离。手动调节稳压器压力使之升高，当主系统压力达到 8.5 MPa 时隔离一组下泄孔板。

在此期间，冷却剂由混床除盐器连续净化，调节 RCV061VP 使轴封水流量在正常范围内，每台主泵的轴封水流量通过就地调节 RCV067VP，068VP 来进行分配。

一回路系统达到热停堆状态(15.5 MPa，290.8 ℃)时，隔离另一条降压孔板使下泄流量达到正常值。

升功率之前，必须对冷却剂进行稀释，以补偿氙毒的积累。

#### 3.2.4.4 停堆

一回路系统降温降压之前必须使一回路水达到所需的冷停堆硼浓度。在硼化期间，开启两组下泄孔板使下泄流量达到最大值。

如果反应堆准备进入换料或维修冷停堆，则必须除去冷却剂中的氧。第一阶段由定期排放容控箱中的气体来进行；第二阶段余热排出系统投入运行，由 RCV030VP 把水引向硼回收系统进行除氧，除氧时应使下泄流达到最大值。

一回路的冷却最初是通过二回路的旁路排放系统进行。由于温度下降，一回路水收缩，必须靠增大上充流来维持稳压器水位，水的补充由硼和水补给系统根据容控箱水位自动补给，此时下泄流量和轴封水流量保持在正常值。

手动操作稳压器压力控制，使一回路系统压力降至 2.8 MPa。

当一回路温度下降到 180 ℃、压力 2.8 MPa 时，开启余热排出系统隔离阀，通过低压下泄管线对一回路系统进行第二阶段降温降压。虽然低压下泄管线已投入运行，但稳压器的汽腔有可能消失，为避免一回路系统超压，3 组降压孔板仍然保持开启。

当稳压器内汽腔完全消失时一回路系统压力由下泄控制阀控制。一回路系统温度达到 90 ℃时，属冷停堆状态，如果需要对设备进行维修或换料，一回路系统还须进一步冷却到 70 ℃或 60 ℃，即维修冷停堆或换料冷停堆。一回路系统温度达到 70 ℃时，停运最后 1 台主泵，继续由 RCV013VP 降低一回路系统压力，当压力降低到 0.3 MPa 时，停运上充泵，依靠容控箱的气压和位差保证轴封水的供应。

### 3.2.4.5　故障运行

(1) 密封水返回管线破裂

现象：有自动补给，容控箱水位仍继续下降。

引发动作：上充泵吸入口切换到换料水箱，密封水返回管线和上充泵最小流量管线被隔离，防止任何放射性物质释放到安全壳外，转入冷停堆。

(2) 密封水注入管线破裂

报警：密封水注入流量不足；密封水注入过滤器高压差。

动作：管线立即被隔离，冷却剂沿轴封向上流动(为防止泵轴磨损)，热屏保证充分冷却这股流体(RRI 水温度<35 ℃)，关闭 RCV076，077VP，防止放射性外泄。反应堆转入冷停堆。

(3) 稳压器辅助喷淋误动作

必须避免这种状态，因为它会产生严重瞬态。

若出现则尽快关闭 RCV 227 VP，若不能关闭，则隔离下泄和上充，启动过剩下泄。

(4) 设备失去 RRI 冷却水

RCV 002 RF：出口温度增高，RRI 冷却水必须尽快恢复。

RCV 003 RF：密封水注入温度足够低的话，失去 RRI 水可以接受，上充泵取水接到 PTR 001 BA。

RCV 021 RF：会立即在 RCV 258 VP 下游发生闪蒸，RRI 冷却水必须尽快恢复或隔离过剩下泄。

(5) LOCA

安注系统(RIS)自动启动。

1 台泵将始终保持运行，安注信号将启动第 2 台上充泵，容控箱、上充管线和最小流量管线被自动隔离。

1) 下泄管线破裂

若是降压孔板上游管道破裂，泄漏流量非常大，稳压器水位会迅速下降而导致自动隔离下泄。

若是降压孔板下游管道破裂，由于有降压孔板的节流，流量没有在孔板上游破裂大，需要手动隔离下泄管线。

以上两种情况都会使厂房内放射性剂量水平大大提高。如果上充泵继续运行，容控箱水位会不断降低而导致连续补水。

隔离下泄管线后，马上隔离上充管线，开通过剩下泄管线，上充泵继续运行给主泵提供轴封水。

根据技术规格书要求，系统破管后反应堆进入热停堆。如果泄漏量太大而引起上充泵汽蚀或影响主泵轴封水供应，则反应堆进入冷停堆。

2) 上充管线破裂

根据下列情况判断上充管线是否破裂：

- 上充泵出口压力低，下泄管线自动隔离；

- 上充流量不正常；
- 容控箱液位低引起连续补水。

如果上充管线破裂，应隔离管线破坏部分，投入过剩下泄，维持轴封水的供应，根据情况决定反应堆是否进入冷停堆状态。

# 3.3 反应堆硼和水补给系统

反应堆硼和水补给系统(REA)是化学和容积控制系统(RCV)的支持系统，为化学和容积控制系统主要功能的实现起辅助作用；同时，反应堆硼和水补给系统(REA)还有多项辅助功能。

## 3.3.1 系统功能

反应堆硼和水补给系统功能见图 3-3-1。

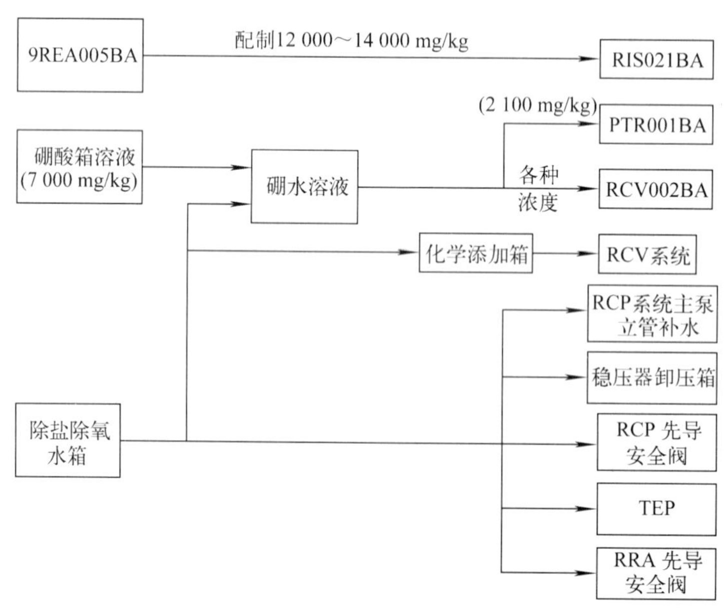


图 3-3-1 REA 的功能图示

### 3.3.1.1 主要功能

REA 系统的主要功能是制备、储存和供应反应性控制、容积控制和化学控制所需要的各种流体；为 RCV 系统主要功能的实现起支持作用。

(1) 容积控制：REA 系统为 RCV 系统提供所需的除氧除盐的含硼水，以补偿反应堆冷却剂系统的泄漏或补偿瞬态冷却引起的反应堆冷却剂的收缩。

(2) 化学控制：REA 为 RCP 系统制备和注入联氨($N_2H_4$)、氢氧化锂等化学药剂，以便调节反应堆冷却剂的含氧量和 pH。

(3) 反应性控制：为改变 RCP 系统含硼水浓度，REA 系统可提供硼酸溶液或除氧除盐水，从而调节反应堆冷却剂的硼浓度、控制反应性的慢变化。

#### 3.3.1.2　辅助功能

(1) 向反应堆冷却剂泵第 3 道轴封的立管供水；

(2) 向稳压器卸压箱提供喷淋水。

(3) 为 PTR 系统的换料水箱(PTR 001 BA)进行初始充水和补水[含硼浓度(2 100±100) mg/kg]。

(4) 为 RIS 系统硼酸波动箱(RIS 021 BA)初始充水和补水(含硼浓度 12 000～14 000 mg/kg)。

(5) 为 RCV 容控箱(RCV 002 BA)充水，以便清扫氢气。

(6) 向稳压器和 RRA 系统的先导式安全阀充水。

### 3.3.2　系统的组成

系统组成见图 3-3-2。

#### 3.3.2.1　补水回路

正常运行时，补给水由硼回收系统(TEP)供给，此水经过净化和除气，储存在两个容积各为 300 $m^3$的水箱(9REA 001 BA，9REA 002 BA)中，为两台机组共用。正常运行时，一个水箱对两台机组供水，另一水箱则处于充水或备用状态。一个水箱的容量(300 $m^3$)足以保证机组在寿期末(含硼 50 mg/kg)时 1 台机组从冷停堆状态启动至额定功率时稀释所需的水量。当水箱初次充水或 TEP 供水不足时，用核岛除盐水分配系统(SED)水经辅助给水系统(ASG)的除氧器除氧后供给除盐除氧水。

为避免箱内除盐除氧水与空气接触而覆氧，水箱顶盖采用浮顶式结构和隔膜密封。两个水箱均配有监测水位、温度的测量仪表。

REA 系统为每台机组配有两台补给水泵(1-2REA001，002PO)，每台泵的额定流量为 30.3 $m^3$/h(最大流量 34.1 $m^3$/h)，1 台泵足以满足反应堆运行的需要，另 1 台作为备用，这些泵均为间断运行，泵的启动和停运受反应堆冷却剂泵 3 号密封立管的液位及 REA 系统的不同补给模式的信号控制。

#### 3.3.2.2　硼补充回路

(1) 储存

4%硼浓度(7 000 mg/kg)的硼酸溶液储存在 3 个箱内。其中一个储存箱为两台机组共用(9REA 003BA)，另外两个储存箱则每台机组分别使用一个(1-2REA 004BA)。

每个储存箱的有效容量为 81 $m^3$。两个箱的总容量足以保证一个机组在寿期初冷停堆要求的硼酸溶液(36.73 $m^3$)量和另一个机组在寿期末的换料冷停堆所要求的硼酸溶液量(78.88 $m^3$)。

4%硼浓度(7 000 mg/kg)的硼酸溶液来自硼回收系统(TEP)或者硼酸溶液配制箱(9REA005BA)提供。

(2) 充注

硼酸储存箱内充注 4%的硼酸，通常是由硼回收系统(TEP)的蒸发器对一回路含氢废液浓缩后，所得到的硼酸溶液的再循环利用来实现的，也可由 005BA 储存箱制备的 4%硼酸新溶液作为补充。

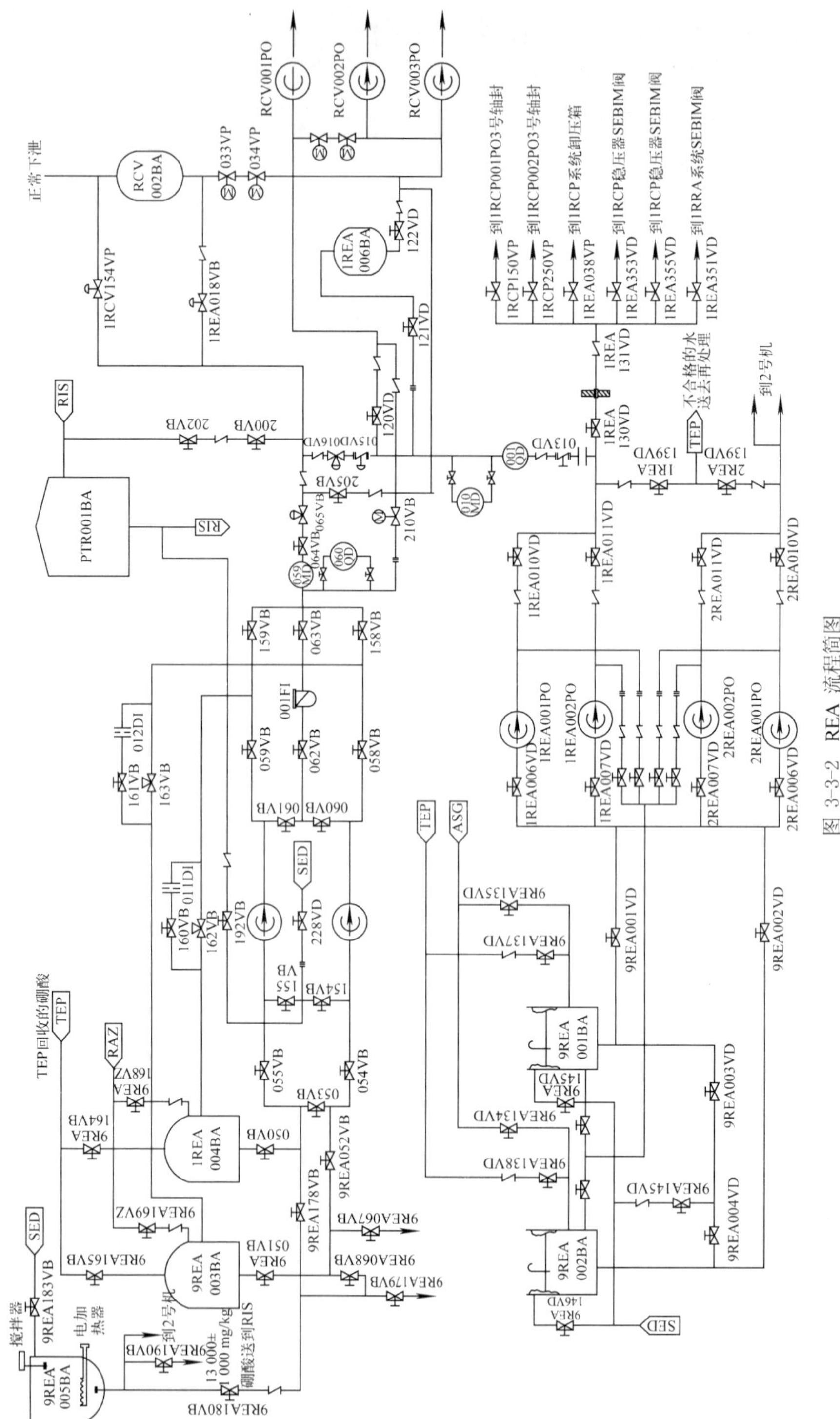

图 3-3-2 REA 流程简图

(3) 水供应

每台机组有两台硼酸泵(1-2REA003,004PO)向 RCV 系统提供硼酸,额定流量为 16.6 $m^3/h$,该泵除正常电源外,还有柴油机应急备用电源。

### 3.3.2.3 硼酸配制回路

7 000 mg/kg 和 12 000 mg/kg 浓度的硼酸溶液是在两个机组共用的硼酸溶液配制箱(9REA 005 BA)中配制的。该箱的有效容积 3 $m^3$,箱内装有电加热器和搅拌器。配制的方法是将结晶状的硼酸($H_3BO_3$)同 SED 系统的水相混(用搅拌器搅拌),同时加热使硼酸晶体溶解,得到相应浓度的溶液。

硼酸在水中的溶解是随温度的增大而增大的。所以为了配制和储存 7 000 mg/kg 和 12 000 mg/kg 溶液,必须将水或溶液加热到对应的溶解温度以上。硼酸配制罐装有电加热器,在可能容纳 12 000 mg/kg 浓度的硼酸溶液所有管道、阀门、部件与仪表接管都用硼加热系统(RRB)进行电加热器跟踪和保温,以防止硼酸析出。容纳 7 000 mg/kg 浓度的硼酸溶液的管线仅进行热跟踪和保温。

### 3.3.2.4 化学添加剂制备回路

在反应堆冷却剂系统(RCP)启动和运行过程中需要通过 RCV 系统输入联氨以除氧和输入氢氧化锂以调节 RCP 水的 pH。为此,REA 系统中每台机组各有一个化学添加箱(1-2REA006BA),其容积为 0.02 $m^3$。

需添加化学药物时,将化学药物手动倒入容器内,然后用 REA 的除盐除氧水冲到 RCV 上充泵的入口,由上充泵打入 RCP 系统。

所用氢氧化锂-7 同位素的丰度必须超过 99.9%。

表 3-3-1 为压水堆核电厂各主辅系统对水和硼酸的需求情况。

**表 3-3-1　水和硼酸的需求**

| 系统 | 最终用户 | 功能 | 流　体 | 流量/($m^3/h$) | 频率/(次/年) | 要求量/$m^3$(每次运行) |
|---|---|---|---|---|---|---|
| RCP | 反应堆冷却剂系统 | 首次充水 | 2 000 mg/kg 硼酸溶液 | 27.2 | — | 247.5 |
| | 稳压器卸压箱 | 首次充水 | 水 | — | — | 37 |
| | | 喷淋 | | 约 13.6 | 15 | 约 13.6 |
| | 反应堆冷却剂泵密封 | 补给水 | | 约 0.003 | 600 | |
| REA | 硼酸储箱 | 首次充水 | 7 000 mg/kg 硼酸溶液 | — | | 两个机组 210 |
| | | 补给 | | — | 例外充水 | 在 TEP 故障时 |
| | 化学混合罐 | 启堆 | 水+LiOH+联氨 | — | 3 | 约≤0.23 |
| PTR | 换料水箱(PTR 001BA) | 首次充水 | 2 200 mg/kg 硼酸溶液 | 约 27 | — | 1 700 |
| | | 补水 | | | 例外 | 约 30 |

续表

| 系统 | 最终用户 | 功能 | 流　体 | 流量/($m^3$/h) | 频率/(次/年) | 要求量/$m^3$（每次运行） |
|---|---|---|---|---|---|---|
| RIS | 硼注入箱与再循环回路 | 首次充水 | 13 000 mg/kg 硼酸溶液 | — | — | 4.5 |
| | | 补水 | | | 3 | 4.5 |
| | 安注罐 | 首次充水 | 2 200 mg/kg 硼酸溶液 | — | — | |
| | | 补水 | | 来自 PTR001136 | 例外 | 约 1.5 |
| RCV | 容控箱和到 RCP 的上充泵吸入口 | 负荷日循环 | 水 | 27.2 | 每年 | |
| | | | 7 000 mg/kg 硼酸 | | | |
| | | 换料 | 水 | 27.2 | 每年 | |

## 3.3.3　系统的运行

### 3.3.3.1　系统的备用状态和泵的启动

在反应堆启动之前，REA 系统已经处于备用状态。

(1) 1 台除盐水泵和 1 台硼酸泵选择在“AUTO”(自动)方式(接收到补给命令时才启动)，另 1 台除盐水泵和另 1 台硼酸泵都在“MANUAL”(手动)方式；

(2) REA015VD，016VD，065VB，018VB 都处于“自动”方式，RCV154VP 处于“手动”关闭位置；

(3) 与正常补给相关的手动阀门都打开，通向 RCP 和 RRA 系统的管线也开通，而补给旁路管线和 PTR 的连接管线被隔离，REA210VB 和 120VD 等也关闭。

选择在“自动”方式的除盐水泵在以下 4 个信号作用下自动启动：

1) 要求“稀释”的信号；

2) 由 RCV002BA 低水位触发的“自动补给”信号；

3) 要求“手动补给”的信号；

4) RCP 主泵轴封立管低水位信号。

选择在“自动”方式的硼酸泵在以下 3 个信号作用下自动启动：

1) 由 RCV002BA 低水位触发的“自动补给”信号；

2) 要求“手动补给”的信号；

3) 要求“硼化”的信号。

### 3.3.3.2　5 种正常补给的操作方式

5 种正常补给的操作方式是：慢稀释、快稀释、硼化、自动补给和手动补给。如图 3-3-3 所示。

为了降低一回路的硼浓度，以便增加反应性，将硼酸补给管线隔离(REA065VB 关闭)，用等量的除盐除氧水代替一回路水，这就是“稀释”。如果将水补充到容控箱中(RCV154VP 打开，REA018VB 关闭)，这就是“慢稀释”。如果将水同时从容控箱的上游和下游注入到 RCV 系统，以获得尽可能快的响应，这就是“快稀释”方式。根据经验，目前 RCV154VP 手动关闭。

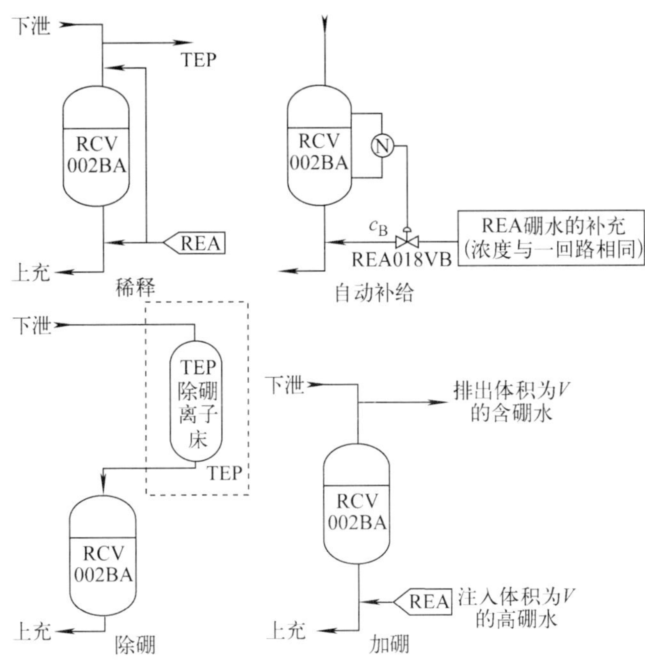


图 3-3-3　REA 的操作方式

如果将除盐除氧水管线隔离，而只让 7 000 mg/kg 的硼酸溶液注入到上充泵入口(RCV154VP 关闭)，以增加一回路的硼酸浓度，这就是"硼化"方式。

若容控箱 RCV002BA 水位低，要求补给与一回路相同浓度的硼水，而且补给的启动和停止都由容控箱水位控制，这就是"自动补给"方式。

为了给换料水箱 PTR001BA 充水或补水，或者为了提高容控箱 RCV002BA 的水位，以便排放箱内的气体，操纵员手动给定除盐水和硼酸的流量及容量，由操纵员发出指令启动，补给达到预调的容积时自动停止，或者由操纵员停止，这就是"手动补给"方式。

在主控室的 P9 控制盘上设有下列按钮，可以选择五种补给方式中的一种：

(1) REA017TO 按下，即"慢稀释"；

(2) REA018TO 按下，即"快稀释"；

(3) REA019TO 按下，即"自动补给"；

(4) REA020TO 按下，即"硼化"；

(5) REA021TO 按下，即"手动补给"；

(6) REA016TO 按下，即"启动"指令；

(7) REA015TO 按下，即"停止"指令。

017TO 至 021TO 中的一个按钮被按下之后，再按 016TO，所选择的方式才有效。"自动补给"还须容控箱低水位信号。更换方式之前须按 015TO 按钮解除原有方式。

REA014TO 发出"LAMP TEST"，即"灯的试验"指令，用于进行 017TO 到 021TO 的指示灯的试验。

### 3.3.3.3　慢稀释

操纵员根据一回路原有的硼浓度和需要降低的量，计算出需要注入的除盐除氧水量。

根据稀释速率的要求，计算出注入水的流量，然后按下 REA 017 TO 和 016 TO，发出“慢稀释”的指令，以下动作便自动而且同时进行：

(1) 启动1台除盐除氧水泵(REA 001 或 002PO)；

(2) REA 015VD 达到全开位置后，发出允许打开 REA 016VD 的信号，其调节器自动比较流量整定值与 010MD 测得的实际流量值，调节 016VD 的开度；

(3) 打开 RCV 154VP；

(4) 发出关闭 REA 065VB 的指令(实际上已在关闭位置)；

(5) 水表 REA 001QD 经过复零后开始累加注入的水量。

稀释所需水量的计算公式：

$$V = 165\ln\frac{c_i}{c_f}$$

式中：$c_i$—— 稀释前一回路的初始硼浓度；

$c_f$—— 稀释后一回路的最终硼浓度；

$V$—— 稀释水量。

这个计算公式只能适用于热停堆到满功率阶段，其他工况下的计算结果要乘以表 3-3-2 所列的修正因子 $K$。

**表 3-3-2 RCP 和 RCV 系统水质量的修正因子**

| 电厂工况 | | 稳压器水位 | 修正因子 $K$ |
|---|---|---|---|
| 压力/MPa(绝对) | 平均温度/℃ | | |
| 15.5 | 290.8～310 | 正常功率运行 | 1 |
| 11.1 | 260 | 没有负荷 | 1.05 |
| 2.6 | 180 | 没有负荷 | 1.18 |
| 2.6 | 150 | 没有负荷 | 1.20 |
| 2.6 | 150 | 水充满 | 1.35 |
| 2.6 | 93 | 水充满 | 1.43 |
| 2.6 | 38 | 水充满 | 1.48 |

#### 3.3.3.4 快稀释

快稀释的逻辑控制原理与慢稀释方式相比，只是在按下 REA018TO 和 016TO 之后，REA018VB 与 RCV154VP 同时打开，以获得更快的响应，其他动作都一样。在使用快稀释方式时，应密切监视一回路水的氢浓度。因为未经过容控箱的那部分水不含有溶解氢，使一回路水的氢浓度逐渐降低。

#### 3.3.3.5 硼化

操纵员根据一回路硼化后预期的硼浓度和原有的硼浓度以及 REA 硼酸储存箱中的硼浓度计算出需要注入到一回路的硼酸容积，根据硼化速率的要求计算出硼酸注入的流量，然后按下 REA020TO 和 016TO，发出“硼化”的指令，以下动作便自动且同时地进行：

（1）启动 1 台硼酸输送泵（REA003 或 004PO）；

（2）发出允许打开 REA065VB 的指令，其调节器便比较流量整定值与 059MD 测得的实际流量值，调节其开度；

（3）打开 REA018VB；

（4）根据流量计 059MD 的输出计算硼酸注入量的仪器开始工作。

与稀释过程相似，当注入的硼酸容积达到预定值时，硼酸输送泵自动停运，REA018VB 和 065VB 也自动关闭。操纵员也可以通过按 REA015TO（停止）按钮来提前结束硼化过程。

硼化所需的硼酸容积的计算公式：

$$V = 165\ln\frac{c_B - c_i}{c_B - c_f}$$

式中：$c_B$—— 在线的硼酸箱硼浓度；

$c_i$—— 硼化前一回路的初始硼浓度；

$c_f$—— 硼化后一回路的最终硼浓度；

$V$—— 硼酸容积。

同样，在其他工况下的计算结果也要乘以表 3-3-2 中所列的修正因子 $K$。

#### 3.3.3.6　自动补给

选择“自动补给”方式时，除盐除氧水的流量是恒定的，当一回路的硼浓度大于 500 mg/kg 时，水的流量整定值是 20 $m^3/h$，而一回路的硼浓度小于 500 mg/kg 时，水的流量整定值是 27.2 $m^3/h$。这个整定值 20 $m^3/h$ 或 27.2 $m^3/h$ 是由仪控人员在继电器架上切换选择的。

操纵员根据当时一回路的硼酸浓度和 REA 硼酸储存箱的硼浓度，计算出需要注入的硼酸流量，以便得到与一回路浓度相等的补给浓度，然后按下 REA019TO 和 016TO。当 RCV012MN 测得的容控箱 RCV002BA 水位低到 23％时，下列动作自动而且同时地进行。

（1）启动 1 台除盐水泵（REA001 或 002PO）；

（2）启动 1 台硼酸输送泵（REA003 或 004PO）；

（3）打开 REA015VD，018VB 和 RCV154VP；

（4）发出允许打开 REA065VB 的指令，其调节器比较流量整定值和 059MD 测得的实际流量值，调节其开度；

（5）REA015VD 达到全开位置后，发出允许打开 REA016VD 指令，其调节器比较流量整定值和 010MD 测得的实际流量值，调节其开度。

当 RCV012MN 测得的容控箱 RCV002BA 水位高到 35.5％时，水泵和硼泵都自动停运，REA015VD，016VD，018VB，065VB 和 RCV154VP 也同时自动关闭。操纵员也可以通过按 REA015TO（停止）按钮来提前停止自动补给方式。自动补给方式的硼酸注入流量计算公式：

$$Z = c_B\frac{X}{X + M}$$

式中：$c_B$—— 在线的硼酸箱的硼浓度；

$X$—— 需要注入的硼酸流量；

$M$——20 $m^3/h$ 或 27.2 $m^3/h$；

$Z$—— 一回路当时的硼浓度。

#### 3.3.3.7 手动补给

手动补给方式在以下两种情况下使用：

——为了提高容控箱 RCV002BA 的水位以进行排气操作；

——换料水储存箱 PTR001BA 补给或最初的充水。

当给 PTR001BA 补水或充水时，操纵员根据需要注入的除盐除氧水和硼酸的总量以及各自的流量，关闭 REA018VB 和 RCV154VP，打开 REA200VB 和 202VB，然后按下 REA021TO 和 016TO，1 台硼酸输送泵和 1 台除盐水泵自动启动，REA015VD，016VB 和 065VB 也自动打开，硼酸和水的累加器也开始累计注入的量。当水的容积达到预定值时，水的补给自动停止，水泵自动停运，REA015VD 和 016VD 自动关闭。当硼酸的容积达到预定值时，硼酸的补给自动停止，硼泵自动停运，REA065VB 也自动关闭。操纵员也可以通过按 REA015TO(停止)按钮来提前结束硼酸和水的补给，然后关闭 REA200VB 和 202VB。

当给容控箱 RCV002BA 充水时，操纵员根据当时一回路的硼酸浓度和需要的补给量，还有 REA 硼酸储存箱中的硼浓度，计算出所需注入的水量和硼酸量以及两者的流量，以避免改变一回路的硼浓度。然后手动打开 REA018VB 和 RCV154VP 之中的一个，或者两个都打开，再按下 REA021TO 和 016TO，泵和阀门的动作便与给 PTR 水箱补水时一样。补给的结束也是自动的，或者由操纵员进行，然后关闭 REA018VB 或 RCV154VP(若都是打开的，则一起关闭)。

手动补给方式的除盐除氧水的和硼酸的补给量及各自的流量的计算公式：

$$Z = \frac{c_B X}{X + Y}$$

式中：$c_B$—— 在线的硼酸箱的硼浓度；

$X$—— 硼酸流量或容积；

$Y$—— 水流量或容积；

$Z$—— 补给对象要求的硼浓度。

#### 3.3.3.8 其他运行

如果电厂带功率运行时卸压箱 RCP002BA 中的水温超过 60 ℃，可用 REA 的除盐除氧水进行喷淋冷却。这个过程由操纵员手动执行，没有自动启停信号。

当 RCP 泵轴封水立管(RCP011BA，021BA)两个之中的一个达到低水位阈值时，处于自动状态的 1 台除盐除氧水泵(REA001PO 或 002PO)自动启动，REA130VD，RCP150/250VD 自动打开，开始向 RCP 轴封水立管供水。当两个立管都达到高水位阈值时，REA 水泵自动停运，REA130VD、RCP150/250VD 也自动关闭。

对一回路水直接硼化的操作见相应的规程。给稳压器和 RRA 系统卸压阀的充水等，也见相应的规程。

根据运行实践经验，秦山第二核电厂在稀释时将 RCV154VP 置于手动状态，在 5 种正常补给的操作方式中，慢稀释方式将不再使用，快稀释和手动补给方式中有关 RCV154VP 的动作都不复存在。这样更改的目的是为了避免在进行稀释操作之后转为自动补给方式时，滞留在 RCV154VP 所在管段中的除盐除氧水(不含硼)进入一回路，产生意外的稀释。

由于管道布置的原因，自动补给方式下，RCV154VP 应放自动，以免造成水流量分配较少而使自动补给中断。当然，在进行稀释操作由此而产生的对一回路水的氢浓度的影响应该引起注意。

## 3.3.4　稀释和加硼计算举例

### 3.3.4.1　稀释计算

（1）目的

降低一回路硼浓度。

（2）实现

将自动补给置于“稀释 A”（或 B）挡；

在手操器 002RC 上显示出所要求的水流量整定值；

在加法器 003QD 上显示出注入一回路的水的容积。

（3）例子

一回路中硼浓度为 2 000 mg/kg；

所研究的最终硼浓度为 1 800 mg/kg；

所要求的浓度变化速率为 200 mg/(kg/h)。

计算：

- 注入水流量；
- 注入水总容积。

解：

- 注入水流量：约 17.38 $m^3$/h；
- 注入水总容积：约 17.38 $m^3$。

### 3.3.4.2　加硼计算

（1）目的

提高一回路硼浓度。

（2）实现

将自动补给置于“加硼”位置；

在手操器 401RC 上显示出硼酸流量整定值；

在加法器 401QD 上显示出硼酸容积整定值。

（3）例子

一回路中硼浓度为 1 000 mg/kg；

所要求的浓度为 1 100 mg/kg；

所要求的浓度变化率为 100 mg/(kg/h)。

计算：

- 注入硼酸流量（浓度为 7 000 mg/kg）
- 注入硼酸总容积。

解：

- 硼酸流量：2.77 $m^3$/h

· 硼酸总容积:约 2.77 $m^3$。

#### 3.3.4.3 对一回路补给

(1) 目的

提供一个与一回路相同浓度的补给流量。

(2) 实现

将自动补给置于“自动”档;

在手操器 401RC 上显示出 7 000 mg/kg 的硼酸流量;

在手动补给情况下,同样在手操器 002RC 上显示出水流量整定值。

(3) 例子

一回路中硼浓度为 1 500 mg/kg;

水流量整定值在 LX 厂房的整定值继电器上调整到 27.2 $m^3/h$。

计算:

· 7 000 mg/kg 的硼酸流量;

· 补给总流量。

解:

· 硼酸流量:约 7.4 $m^3/h$

· 补给总流量:27.2+7.4=34.6 $m^3/h$。

## 3.4 余热排出系统

余热排出系统(RRA)又可称停堆冷却系统,核安全的主要问题是要在任何情况下能够保证燃料的持续冷却,正常运行情况下燃料产生的能量由一回路通过蒸汽发生器向二回路传热来导出。反应堆停闭以后,核功率虽然消失,但是由裂变碎片及中子俘获产物的衰变所产生的剩余功率却缓慢下降。为了导出剩余功率,最初仍用二回路冷却,当二回路不能够再运行时,由余热排出系统保证反应堆的冷却。

### 3.4.1 系统功能

#### 3.4.1.1 主要功能

(1) 二回路停用时,由余热排出系统排出:1)堆芯的停堆余热;2)一回路及余热排出系统流体和设备的显热;3)主泵运行加给一回路的热量。

(2) 当反应堆在冷停堆状态,进行装卸料和维修操作时,余热排出系统排出堆芯余热,维持一回路温度低于 60 ℃。

(3) 当反应堆启动时,余热排出系统保证一回路水的循环。

停堆后的剩余功率见图 3-4-1,可以看出,运行于满功率的反应堆停堆后,由裂变碎片及中子俘获产物的衰变而产生的剩余功率缓慢下降。运行人员可以调节反应堆的核功率,但却控制不了剩余功率的释放。为了反应堆的安全,在任何时刻必须要将剩余功率导出。

#### 3.4.1.2 安全功能

余热排出系统不属于专设安全设施,但它在下列情况下冷却反应堆。

（1）在蒸汽发生器传热管破裂事故下，冷却反应堆。

（2）在 RCP 小破口事故下，如果 RCV 系统能够维持稳压器水位的话，使用该系统排出余热。

（3）在冷停堆期间，通过 RRA 的卸压阀防止 RCP 系统超压。

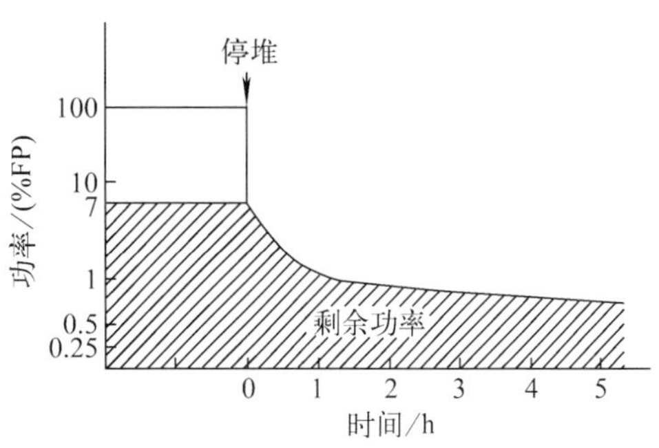

图 3-4-1　停堆后的剩余功率

3.4.1.3　辅助功能

（1）反应堆换料水池内硼水的传输

在换料以后，通过 RRA 系统将反应堆换料水池的硼水重新打入反应堆换料水箱（PTR001BA）。

（2）一回路容积控制

当一回路压力低到正常下泄管路失效时，RRA-RCV 联管保证在下述工况时净化一回路冷却剂。

1）一回路充水及静态排气；

2）升压及动态排气；

3）一回路加热过程；

4）为换料或维修而停堆。

（3）当 RCP 处于单相状态时，这条联管 RRA-RCV 也可用来防止一回路升压

（4）当主泵停运时，用 RRA 泵使一回路硼浓度均匀化

## 3.4.2　系统描述

反应堆余热排出系统（RRA）的原理图如图 3-4-2 所示。它是一个热量传递系统，由一管壳式热交换器（依靠设备冷却水系统 RRI 作为冷源）来实现。

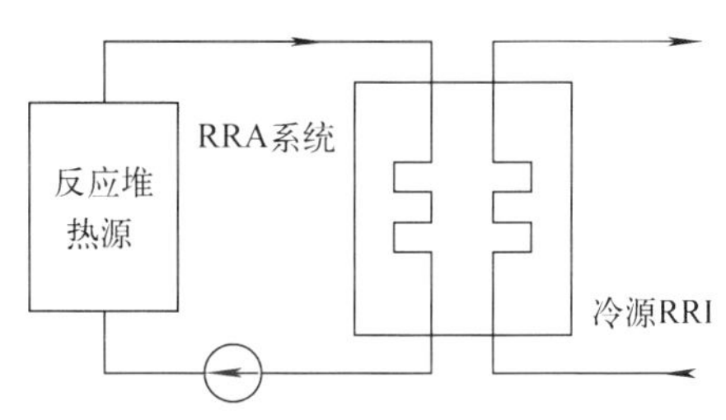

图 3-4-2　停堆余热的传递示意图

RRA 流程图如图 3-4-3 所示，余热排出系统由两台热交换器、两台余热排出泵及有关的管道、阀门和运行控制所必需的仪表组成。余热排出系统的进水管连接到反应堆冷却剂系统的 1 号和 2 号环路热段，而回水管线接到反应堆压力容器，这两根回水管也是安全注入系统（RIS）中压安全注入的管线。每条管线设置两个隔离阀，分别为 RRA001VP，RRA021VP，RCP212VP，RCP215VP。

吸入管线向两台并联的泵（001PO 和 002PO）供水。位于泵出口的联箱向两台并联的热交换器供水。在泵与热交换器之间的联箱上设置了两组安全阀，安全阀组的排出管线与稳压器卸压箱（RCP002BA）相连。

两台热交换器并联设置了一条旁路管线，该管线上有流量调节阀 RRA013VP。两台热交换器的流量分别由调节阀 RRA024VP 和 RRA025VP 控制，用以调节对一回路的冷却流量，从而控制一回路升降温速率，而 RRA 的总流量则由旁路调节阀 RRA013VP 控制。

余热排出系统（RRA）的主要设备：

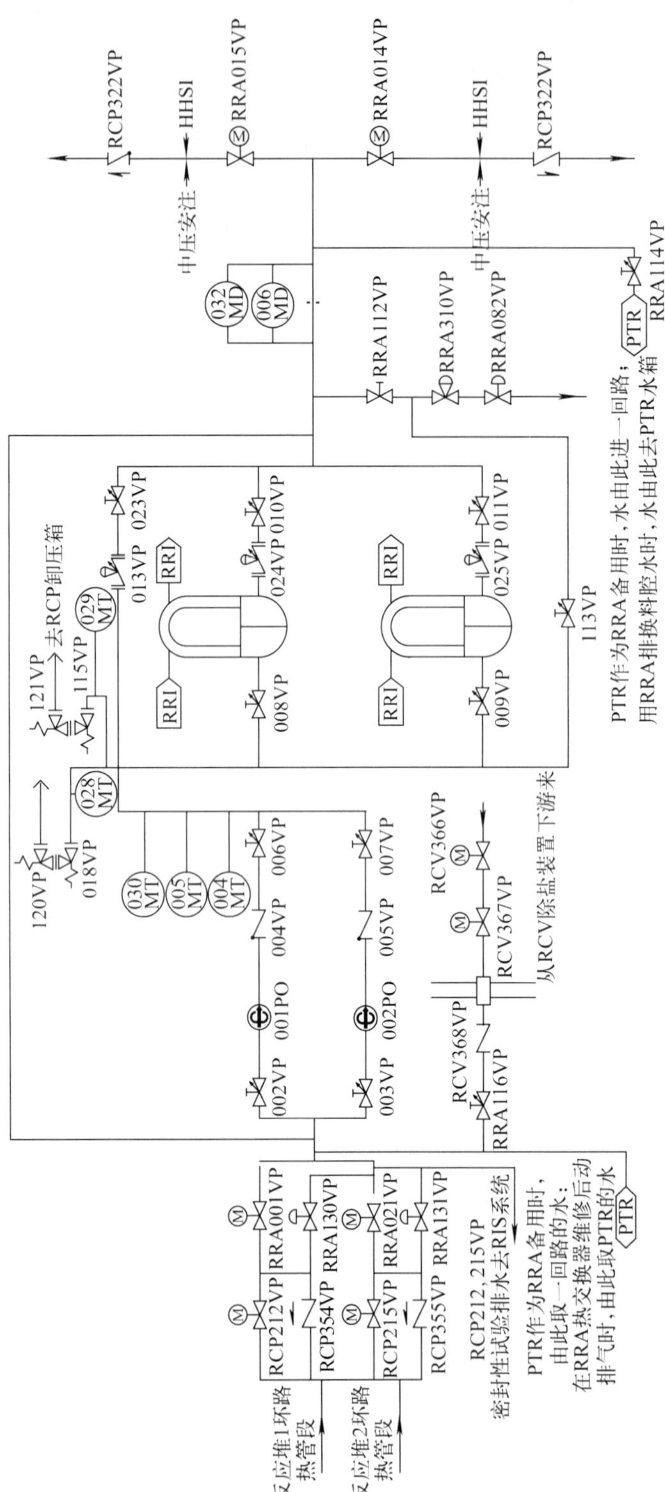


图 3-4-3 RRA 系统简易流程图

(1) 4个吸入口隔离阀是电动的，并以“全关或全开”的方式运行。其正常位置为“关闭”，它们是由应急电源供电的。

其中RRA001VP和RCP212VP串联，RRA021VP和RCP215VP串联，这样保证RCP和RRA泵吸水管线之间的隔离。

(2) 余热排出泵RRA001PO和RRA002PO

这些泵是单级卧式离心泵，每台泵都装有由反应堆冷却剂润滑的机械密封。润滑用的冷却剂通过辅助热交换器循环并由RRI水冷却，填料箱也由RRI系统冷却。

泵配有异步电机。要求该电机能够经受住主蒸汽管道破裂或RCP小破口事故并能保持其功能，特性参数见表3-4-1。

**表 3-4-1　余热排出泵特性参数表**

| 安全等级 | RCC-P 安全二级 |
| --- | --- |
| 抗震类别 | 1A |
| 设计压力/MPa(绝对) | 4.75 |
| 设计温度/℃ | 180 |
| 入口温度/℃ | 15～180 |
| 最大运行入口压力/MPa(绝对) | 3.0 |
| 关闭流量/($m^3$/h) | 80 |
| 额定流量下总压头/m $H_2O$ | 77 |
| 额定流量/($m^3$/h) | 610 |
| 额定流量下要求 NPSH/m $H_2O$ | 3.9 |
| 最大流量下轴吸收功率/kW | 206 |

(3) 余热排出热交换器(001RF和002RF)

余热排出热交换器为立式U形管壳式热交换器。U形管焊在管板上，管板被夹在壳体与流道封头法兰之间，流道封头内有隔板将进出口流道分开。冷却剂在U形管的管内流过，设备冷却水从壳体流过，特性参数见表3-4-2。

**表 3-4-2　余热排出热交换器特性参数表**

| 参　数 | 管侧 | 壳侧 |
| --- | --- | --- |
| 设计压力/MPa(绝对) | 4.75 | 1.15 |
| 设计温度/℃ | 180 | 93 |
| 入口温度/℃ | 180 | 40 |
| 最大运行入口压力/MPa(绝对) | 3.75 | 0.8 |
| 额定流量/($m^3$/h) | 610 | 680 |
| 额定入口温度/℃ | 60 | 35 |
| 额定出口温度/℃ | 50 | 44 |
| 额定热负荷/kW | 6 970 | |

(4) 调节阀门RRA013VP，024VP和025VP

阀门RRA024VP和RRA025VP用于控制通过相应的热交换器的RRA流量。操纵员根据控制升降温度速率或一回路的需要，手动给出开度整定值。而阀门RRA013VP可以自动或手动控制，用来维持通过RRA的总流量在预定值，以保证泵的输出流量恒定，

RRA013VP的设计能够保证该阀“故障全开”情况下，仍然有相当的流量通过热交换器。从而保证排出余热。

(5) 卸压阀RRA018VP，115VP，120VP和121VP

阀门RRA018VP和120VP串联，115VP和121VP串联，上游的阀门(018VP和115VP)起安全卸压作用，称为“保护阀”；下游阀门(“120VP和121VP”)起隔离作用，称为“隔离阀”；两组阀用以避免一回路和RRA系统超压。RRA120-121VP一般特性见表3-4-3。

表 3-4-3　RRA120-121VP 一般特性

| 参　数 | RRA018VP | RRA115VP | 120 或 121VP |
|---|---|---|---|
| RCC-P 安全级 | RCC-M 级 2 | RCC-M 级 2 | RCC-M 级 2 |
| 抗震类别 | 1A | 1A | 1I |
| 设计压力/MPa(绝对) | 4.75 | 4.75 | 4.75 |
| 设计温度/℃ | 180 | 180 | 180 |
| 整定开启压力/MPa(绝对) | 4.5±0.1 | 4.0±0.1 | 3.8±0.1 |
| 整定关闭压力/MPa(绝对) | 4.2±0.1 | 3.7±0.1 | 2.5±0.1 |
| 正常位置 | 关闭 | 关闭 | 开启 |
| 额定排放量/($m^3$/h) | 300 | 300 | 300 |

## 3.4.3　RRA 系统的运行

### 3.4.3.1　RRA 系统的备用状态和运行范围

电厂正常运行时,RRA 系统处于隔离和备用状态,其主要配置如下:

——RCP212VP,RCP215VP,RRA001VP,021VP,014VP,015VP,130VP,131VP 和 114VP 关闭,RRA 泵停运;

——RRA024VP 和 RRA025VP 被调定在 30%开度,013VP 全开;

——RCV082VP,RCV310VP 关闭;

——RCV366VP,367VP 和 RRA116VP 打开,使 RRA 始终充满水;

——RRI 冷却水处于备用状态,但与 RRA 系统隔离。

运行范围:

两相中间停堆到换料冷停堆都可用 RRA 系统(温度<180 ℃,绝对压力<3.0 MPa)。

### 3.4.3.2　RRA 的正常启动

RRA 系统的正常启动在反应堆从热停堆过渡到冷停堆的过程中进行。RRA 投入之前,一回路应该具备的主要条件如下。

——一回路平均温度在 160~180 ℃;

——一回路压力在 2.4~2.8 MPa(绝对);

——一回路压力若尚未降到 2.8 MPa(绝对),则 RRA 系统的 4 个入口阀(RRA001VP,RRA021VP,RCP212VP,RCP215VP)都被闭锁而不能打开;

——一回路压力的控制由稳压器进行,1 台反应堆冷却剂泵仍在运行。

RRA 的启动主要包括两大项操作:

(1) 升压和加热,避免压力和热冲击,以保护 RRA 泵和热交换器;

(2) 硼浓度的调整,防止在 RRA 系统内硼浓度低于一回路的硼浓度情况下误稀释一回路。

为了防止对大设备的热冲击以及泵体与叶轮之间由于不同的膨胀而出现相互接触或卡死现象,在 RRA014VP,015VP 打开之前,必须将反应堆冷却剂与 RRA 泵壳之间温度限制在 60 ℃以内。在加热过程中,只能有 1 台 RRA 泵运行,因为两台泵流量太大,不允许同时仅以最小流量循环运行。为了防止上述的接触或卡死现象，两台泵应交替启动。

按照 RRA 系统管线的主要阀门和 RRA 泵的操作顺序，RRA 的启动过程如下：

——关闭 RCV366、367VP，因为保持 RRA 充满水的使命完成。

——启动 1 台 RRA 泵，以最小流量管线循环约 10 min，然后打开与 REN 有关的取样管线的阀门进行取样，检验 RRA 系统的硼浓度，随后停运 RRA 泵，关闭取样阀门。若 RRA 的硼浓度低于 RCP，则用 REA 系统通过 RCV 上充管线给 RCP 加硼，使得 RRA 投入后 RCP 的硼浓度不变，若 RRA 的硼浓度高于 RCP，则不需调整。

——RRI 冷却水管线的隔离阀打开，使 RRA 泵和热交换器冷却水开通。

——在 RCV 下泄孔板下游的压力被调整到约 1.5 MPa(绝对)后，打开 RCV082，310VP，将 RRA 系统升压到下泄孔板下游的压力。

——关闭 RCV310VP，以避免打开 RRA 入口阀时下泄孔板下游的压力突然大幅度增加。

——打开 RCP212、215VP 和 RRA001，021VP，这一操作必须在一回路平均温度仍大于 160 ℃时进行。入口阀打开后，RRA 的压力便与 RCP 相同。

——启动 RRA001PO，开始进行 RRA 系统的加热。

——逐渐增加 RCV310VP 的开度，直到在 RCV 系统测得的下泄流量约达 28.5 $m^3/h$，以便引入适量的 RCP 水，较快地加热 RRA 系统。

——当 RRA 热交换器上游的温度比加热前升高了约 60 ℃时，停运 RRA001PO。隔 30 s 后，启动 RRA002PO。

——当上述温度又升高了 60 ℃时，停运 RRA002PO。隔 30 s 后，启动 RRA001PO。

——当 RRA 系统的升温速率低于 30 ℃/h 时，一回路与 RRA 泵壳之间的温度差就会小于 60 ℃。这时 RRA 的温度条件已具备，打开 RRA014，015VP。

——启动 RRA002PO。

——将 RRA013VP 置于自动控制状态。

——将 RRA024，025VP 的开度都调整到 20%。然后根据控制降温速率和控制一回路温度的需要调整这两个阀的开度，开度小于 30%时有警报信号。

至此，RRA 投入运行的操作过程完成。

#### 3.4.3.3　一回路冷却过程中 RRA 的运行

RRA 系统投入后，2 台泵和 2 台热交换器在运行。2 台蒸汽发生器至少有 1 台蒸汽发生器的水位仍在窄量程范围内。必要时，从 RRA 冷却转换到由蒸汽发生器冷却一回路是可能的，而且需要在约 1 h 内转换完毕。

在进行稳压器汽腔的消除操作过程之后，操纵员根据 28 ℃/h 的降温速率限制，调整 RRA024，025VP 的开度，将反应堆冷却到冷停堆状态。正常冷停堆要求一回路平均温度在 10～90 ℃。在冷停堆状态时，可以停运 1 台 RRA 泵。

在冷却过程中，在稳压器仍然处在两相时，由稳压器控制 RCP 的压力，稳压器满水之后，由 RCV013VP 控制 RCP 的压力。超压保护由 RRA 卸压阀实现。

#### 3.4.3.4　一回路加热过程中 RRA 的运行

在反应堆从冷停堆状态开始加热启动时，RRA 主要控制一回路的温度。升温速率控制在 0～28 ℃/h 范围内。

RRA 运行的最高温度是 180 ℃。在此温度前的加热过程中，泵一般都处于停运备用状态，RRI 始终供水。一回路平均温度达到 120 ℃而加药除氧操作尚未完成时，需要启动 RRA 泵阻止温度升高。通过控制 RCV 上充流量来调节 RCV082，310VP 的管线的流量，以保证 RRA 泵逐渐加热，以防止泵的叶轮与壳体接触。

### 3.4.3.5 RRA 的正常停运

RRA 系统的正常停运在反应堆从冷停堆过渡到热停堆的过程中进行。停运时的外部先决条件是：

——一回路平均温度在 160～180 ℃。

——一回路压力在 2.4～2.8 MPa(绝对)，压力大于 3.0 MPa(绝对)时有报警。

——稳压器可以控制 RCP 的压力。

——有两台反应堆冷却剂泵在运行。

——蒸汽发生器可用。

——应急柴油机可用，RIS 和 EAS 系统可用。

RRA 的停运过程主要包括 RRA 系统的降温、降压和压力检测等操作。根据 RRA 及相应的系统管线的主要阀门和 RRA 泵的操作顺序，RRA 的停运过程如下：

——如果 RRA 两台泵都在运行，那么停 1 台泵。

——关闭 RRA014VP 和 015VP。

——RRA 的温度降低到约 120 ℃时，逐渐减少 RCV310VP 的开度，直到 RCV 中测得的流量大约 15 $m^3/h$。

——当 RRA 热交换器上游的温度比原来降低了 60 ℃时停运 RRA 泵；30 s 后启动另 1 台泵。

——逐渐关小 RCV310VP，同时降低下泄孔板下游的压力到约 1.0 MPa(绝对)，以增加经过下泄孔板的流量。

——当 RRA 热交换器上游的温度低于 50 ℃时，RCV310VP 全关；关闭入口阀 RRA001VP 和 021VP。

——打开 RCV310VP 到约 10%的开度，使 RRA 减压到下泄孔板后的压力，然后关闭。

——监测 RRA 的压力约 15 min。如果 RRA 压力上升，表明 RRA001VP 或 021VP 有泄漏。出口阀 RRA014，015VP，一般不会泄漏，因为还有止回阀 RCP321VP，321VP 隔离。

——若监测未发现 RRA 系统的压力上升，则关闭 RCP212，215VP，打开 RRA001，021VP，再监测 15 min。若压力上升，表明 RCP212 或 215VP 有泄漏。用上述方法也可检测 001VP 和 021VP。

——RRA 压力监测完毕后，入口阀 RRA001，RRA021VP 和 RCP212，RCP215VP 都应该关闭。

——打开 RCV310VP 到约 10%的开度，以补偿 RRA 系统中水的冷却收缩。

——全开 RRA024 和 RRA025VP，全关 RRA013VP，以增加流经热交换器的流量。

——保持 RRA 泵运行约 1 h，停运这台泵。

——大约 1 d 后，关闭 RCV082，RCV310VP，以避免浪费压缩空气。

——隔离来自 RRI 的冷却水，以避免 RRI 中不必要的压力损失和可能产生的泄漏。

——将 RRA024,RRA025VP 的开度调整到 30%,RRA013VP 全开。

——打开 RCV366,367VP,以保持 RRA 系统始终充满水。

RRA 停运的操作结束。

#### 3.4.3.6　其他运行

(1) 用 RRA 泵排换料腔的水

反应堆换料操作完毕后,可利用 RRA 泵将换料腔的水送回换料水箱(PTR001BA)。

换料腔的水通过 RCP212,215VP 和 RRA001,021VP 进入 RRA 泵的入口。两台泵以大流量排水,沿 RRA114VP 所在管线(RRA014,015VP 关闭)将水送回到 PTR001BA。

(2) RRA 系统维修后的充水

当反应堆压力容器封头移开和反应堆冷却剂的水位在环路管道中心面以上时,RRA 系统通常是靠重力通过 RCP212,215VP 的管线充水。RRA014,015VP 也打开。

RRA 系统还可以用 PTR 系统进行充水。将 PTR001 或 002PO 的吸入管线与换料水箱 PTR001BA 相连通,将 PTR 泵的输出管线与 RRA114VP 所在管线连通,这样就可以利用 PTR 泵从 PTR001BA 取水,充满整个 RRA 系统(RRA 有关的排气阀打开,充满后关闭)。但是,利用 PTR 充水一般只在 RCP 压力等于大气压力且一回路打开的情况下进行。

RCP 压力大于 0.10 MPa(绝对)的情况比较特殊,可以利用 RCV310,RCV082VP 所在管线进行 RRA 的充水。但要防止下泄孔板压力过低而引起汽化的现象。

(3) RRA 泵或热交换器维修后的动态排气

RRA 泵(不是马达部分)或热交换器(由于倒 U 形管)在排空维修后,充水准备投入运行时,需要进行动态排气,以便排除泵壳或倒 U 形管上部的气体。

RRA 泵体或热交换器 RRA 侧的维修一般只在堆芯燃料组件卸出后的安全工况下进行。

RRA 泵的动态排气只需打开 RCV082,310VP 和 RCP212,215VP 所在管线,并打开所维修的泵前后隔离阀,进行充水和静态排气之后,启动该泵,很快即可完成。

RRA 热交换器倒 U 形管的动态排气可以用两种方式进行;一是打开 RCP212,215VP 和 RRA014,015VP 所在的管线,启动 RRA 泵将气排入一回路;另一种方式是打开 RRA 泵入口与 PTR001BA 的连接管线,并且打开 RRA114VP 至 PTR001BA 的连接管线,启动 RRA 泵,将气体排入 PTR001BA。

## 3.5　反应堆换料水池和乏燃料水池冷却及处理系统

反应堆换料水池和乏燃料水池冷却和处理系统(PTR)的作用主要就是保证乏燃料元件储存池的持久冷却、反应堆换料水池的注水、排水和净化。

### 3.5.1　系统功能

PTR 系统是为核燃料厂房的乏燃料水池和反应堆厂房的反应堆换料水池服务的。

#### 3.5.1.1　冷却

—— 冷却乏燃料储存水池,排出乏燃料水池燃料组件的剩余热功率。

—— 在反应堆压力容器开盖以后,在 RRA 系统不能投入运行时,PTR 系统的冷却回路的一个系列可作为 RRA 系统的备用投入运行。

#### 3.5.1.2 净化

—— 采用过滤和除盐方法去除水中的腐蚀产物、裂变产物及水中的悬浮物,净化乏燃料水池和反应堆换料水池,以保持良好的能见度和降低放射性水平。

#### 3.5.1.3 充水和排水

—— 保持乏燃料水池中储存隔室的水位,当水池储存有乏燃料组件时,不能把隔室的水排空。

—— 乏燃料转运舱和乏燃料容器装载井的充水和排水。

—— 在停堆换料或停堆检查时,对反应堆换料水池进行充水和排水。

—— 安装水闸门后,对反应堆换料腔内的“压力容器”隔室和“堆内构件” 隔室进行充水和排水。

#### 3.5.1.4 安全功能

—— 保持乏燃料水池内乏燃料组件处于次临界状态。

—— 事故工况下,通过 RCV 系统向 RCP 系统紧急提供 1 380 $m^3$ 的 2 200±100 mg/kg 的硼酸溶液。

—— 提供屏蔽水层,对操作人员提供辐射防护。

### 3.5.2 系统描述

乏燃料水池的水通过浸入水下的管道,打开阀门 001 VB 进入泵 001 PO 或 002 PO 的吸入口,经热交换器 001 RF 或 002 RF 冷却,再经过 024 VB,010 VB 返回水池,正常运行时,都是经泵 001 PO,热交换器 001 RF 这个系列,流量为 360 $m^3/h$(其中 60 $m^3/h$ 的流量通过除盐过滤回路)。另一系列的泵 002 PO,热交换器 002 RF 作为备用。当两系列都投入水池冷却时,001 DI,005 DI,006 DI 都投入工作。本系统可与 RRA 系统并联,作为 RRA 的备用。储存有乏燃料组件时冷却回路连续运行。

水池设计基本原则:正常运行工况,水池内乏燃料组件剩余热功率达最大值,一个冷却系列冷却,水温<60 ℃。

正常换料工况,水池内乏燃料组件剩余热功率达最大值,水池已储存 16/4 个堆芯组件,停堆 14 d 后,又将一个整堆芯全部载入,设冷水流量 515 $m^3/h$, 35 ℃, 水池水温<52.16 ℃。

事故工况,水池内乏燃料组件剩余热功率达最大值,已储存 17/4 个堆芯组件,又因压力容器检修而卸入一个整堆芯(或因 LOCA 而强迫卸入)。用一个冷却系列冷却乏燃料水池,水池水温<80 ℃;两个系列冷却乏燃料水池时,水池水温<60 ℃。

乏燃料水池的净化是利用跨接在冷却水泵(001PO 或 002PO)进出口两端的净化回路进行的。净化回路由过滤器和除盐器组成。进口过滤器去除水中的颗粒状杂质(>5 μm),出口过滤器防止碎树脂进入系统。由除盐器去除离子状态的腐蚀杂质和裂变产物。

此外,乏燃料水池撇沫回路,由水泵(003PO)和过滤器组成。除去水表面浮渣,保持水的清洁度和透明度。

（1）反应堆换料水池冷却的实现

正常情况，由 RRA 系统完成冷却，此时主回路开启。当 RRA 系统不可用时，通过 PTR022 VB/140 VB 由 PTR 系统提供应急冷却。

（2）反应堆换料水池净化

反应堆压力容器开盖及水池充水过程中要通过 RRA 将水池水经 RCV 净化回路和 TEP 来去除反应堆水池放射性腐蚀产物、裂变气体和溶解氢。

水池满水后，过滤回路，就处于连续运行状态，经水池底部两个管子，通过阀门 143 VB/144 VB 进入循环泵 005 PO，过滤回路设计流量为 100 $m^3/h$，003 FI/004 FI 的容量为 2×50%，且过滤器为两台机组共用。

水池撇沫回路，撇沫操作是不连续的，只在需要提高水的纯度和透明度时才启动运行。流量大约为 6 $m^3/h$；真空硼水罐 PTR002 BA 使输送泵 004 PO 有足够的吸入压头，此时借助于 005 PO 来进行过滤。通过 002 BA 排除 004 PO 撇沫回路气体。开始阶段 004 PO 手动控制启动。当水沿过滤回路充满水到达循环泵 005 PO 吸入口时，004 PO 即可停止运行，启动前要用 SED 纯水向撇沫回路充水。

（3）换料水箱 PTR 001 BA

换料水箱主要接管及功能：

1）REA 系统入口接管：通过 RIS 系统的管线向换料水箱灌注含硼水。

2）RIS 和 EAS 系统入口接管：用于将来自安喷泵（EAS 001/002 PO）和低压安注泵（RIS001/002 PO）的水送回换料水箱。

3）两根与安全壳喷淋泵进水端相接的出口接管（PTR162 VB，163 VB）。

4）与低压安注泵和高压安注泵进口端及与 RIS 水压试验泵 RIS 011 PO，REA 003/004 PO 进水端连接的出口接管。

5）装有球阀 159 VB 和盲板的水箱出水口。

备注：

1）乏燃料水池不能进行排水，但允许临时接管和 1 台潜水泵将水排至燃料转运舱，进行检修。装有虹吸破坏管防止水池因水池外管破裂而意外排空。表面撇沫器，虹吸破坏管在水下 10 cm 外，不会扰动水面和影响能见度。

2）热交换器、泵：2×100%。

· PTR 侧热交换器并连；

· RRI 侧热交换器串连；也能由另一组 RRI 提供 RRI 水。

3）乏燃料水池过滤和除盐：设计流量 60 $m^3/h$，最大不超过 65 $m^3/h$。回路长期运行的，设备压降由手动调节阀 121VB 调节。

4）燃料容器装载井水取自转运舱。

5）水面撇沫：需要改进乏燃料水池水的纯度和透明度时，就启动撇沫和过滤系统回路。003 PO 流量 5 $m^3/h$，应在 715 VB 关闭状态下启动。

水泵入口设有压力控制器 009 SP，当水泵压力过低时，009 SP 自动控制水泵停运。过滤器 005 FI 的污染情况通过就地压差计 005 LP 来测量，在阻力增大时，可通过调节阀 716 VB使流量保持 5 $m^3/h$，压差达 0.15 MPa 时说明过滤器需要清除积聚的杂质。

### 3.5.3 设备说明

(1) 乏燃料水池位于燃料厂房:池面标高+20 m,池低标高+7.5 m,分隔成4个小区。

1) 燃料转运舱:与壳内堆内构件存放区间有传递通道,通道在转运舱侧有闸阀728 VB,堆内构件存放区侧有盲板法兰隔离。正常运行时隔离,换料时才打开。

2) 乏燃料水池:紧靠燃料转运舱,池低标高+7.49 m,可存放17/4个活性区燃料组件。

3) 乏燃料容器装载井:紧靠乏燃料水池另一侧,池低标高+7.26 m,乏燃料在此被装入运输用的铅罐。井底部加有垫层,以吸收容器跌落时的撞击能量。乏燃料水池池壁均以不锈钢件覆面,并设有7个引漏管,监测覆面是否渗漏。水池只要贮有乏燃料,就不能被排空,所有池底无任何可排水管道且在浸入池中管道上设有虹吸破坏管。一旦发生管道泄漏就必须用燃料厂房+20 m处消防栓向乏燃料水池补水。

以上3个区域彼此相通,用气密的手动操作的水闸门加以隔离,水闸门由SAR系统提供密封垫充气用空气,密封性由密封垫片来保证。

4) 乏燃料容器冲洗井:与装载井相邻不相通,池低标高+14.25 m。

(2) 反应堆换料水池的设施

位于安全壳内,池面标高+20 m,由两部分组成:

1) 换料腔:位于压力容器正上方,池低标高+10.862 m。

2) 堆内构件存放区:与换料腔相通,池低标高+7.5 m。两池之间用气密的手动操作的水闸门隔离,以便对传递通道进行维修,水闸门由SAR系统提供密封垫充气用的空气。

反应堆正常运行时,水泵005 PO的两根吸水管开口,一旦发生失水事故时,能将安全壳喷淋水沿开口的吸水管线排到安全壳地坑。堆坑充水时,吸入口用法兰盲板封住。

(3) 换料水箱(001 BA)

水箱总容积:1 756 $m^3$。有效容积:1 600 $m^3$。

正常运行,储水至少为1 600 $m^3$,以满足设计基准事故时安注(安全注入)和安喷(安全喷淋)(1 380 $m^3$),及换料时换料水池注满水的需要。水箱内硼浓度至少2 000 mg/kg,换料水箱设有6个12 kW电加热器,保持水温7 ℃以上,防止硼结晶。

### 3.5.4 系统运行

#### 3.5.4.1 PTR作为RRA备用

奇数管线要用于乏燃料水池的冷却,应急情况下只能用偶数管线作为RRA备用,流程回路见图3-5-1。流量300 $m^3/h$。作为RRA备用系统,达到冷停堆工况后,PTR必须由奇数管线实现乏燃料水池的冷却。

作为RRA备用系统需要满足的条件:

- 反应堆主回路必须处于打开状态。
- 反应堆主回路水温低于70 ℃。
- 反应堆主回路水位应超过主管道接管中心线。RRA失效时,必须用化容系统补偿因蒸发失去的水量,使水位达到上述要求,以便启动PTR 002 PO时有足够的吸入压头。
- 反应堆主回路压力<0.3 MPa,温度<100 ℃,本系统已处于与RRA连接状态,一旦

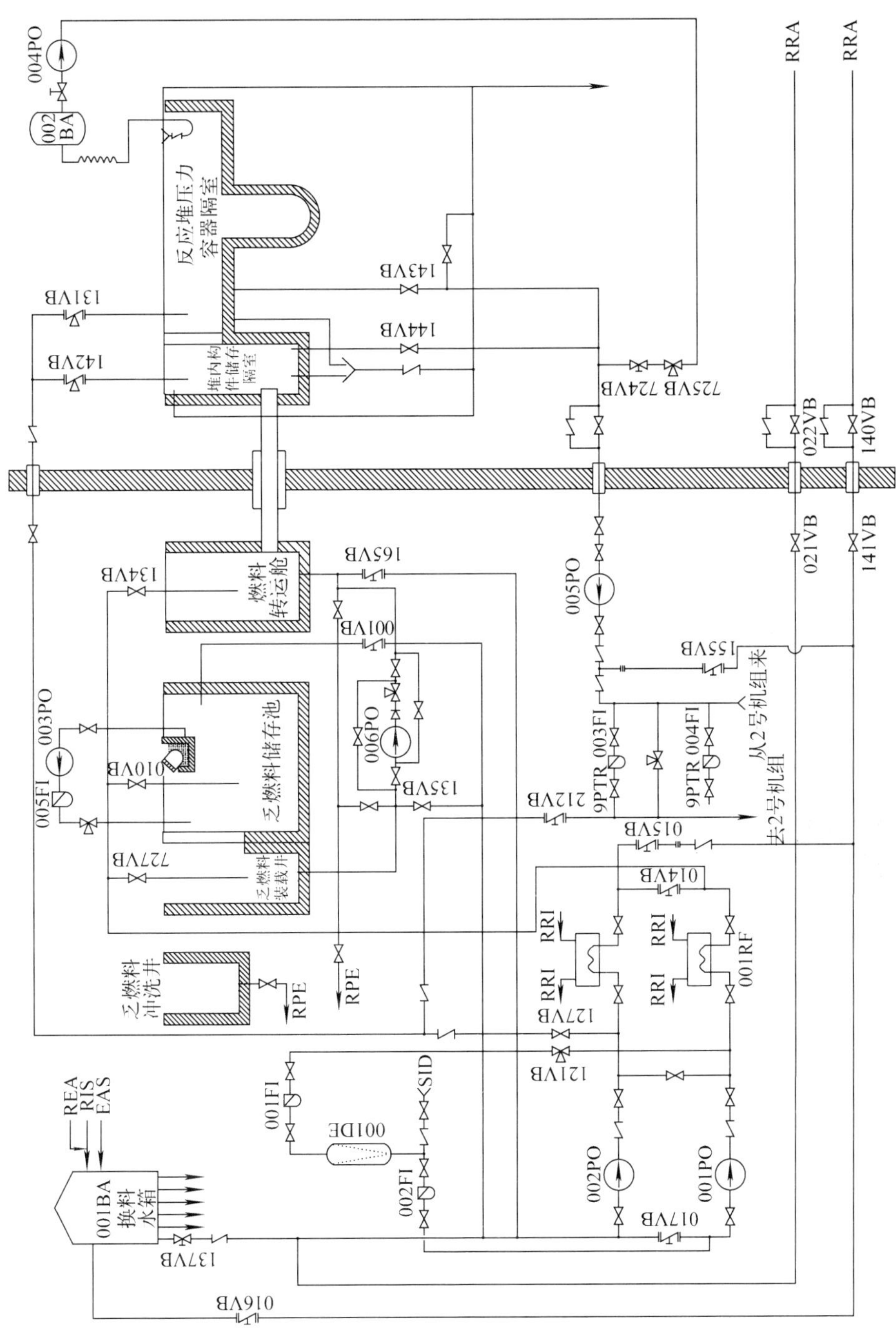


图 3-5-1　PTR 系统简图

需要即可很快隔离RRA并开启021/141 VB,投入使用。

要进行的操作:

—— 关闭气动阀RRA 013 VP,024 VP,025 VP和手动阀002 VP,003 VP。

—— 开启安全壳外手动隔离阀PTR 021 VB,141 VP。

—— 启动泵PTR 002 PO。

004 ST监测温度:

- 海水温度越低,PTR带出热量越大,作为备用投入也就越早。

#### 3.5.4.2 充排水操作

(1) 换料水箱PTR 001 BA

由REA系统灌注含硼水,额定流量27 $m^3/h$。

由一个高水位整定值(003 SN)测定充水量是否完成,整定容积1 692 $m^3$/标高+16.62 m。用盲板和球阀159 VB隔离,需要时将水箱排空。

(2) 乏燃料水池

水池按工艺需求充水,充水时关闭021 VB且再循环停止,035 SN用于监测高水位(+19.5 m),水位低于+19.30 m,发出警报。

补水操作:

- SED来的水利用+20 m标高处的,用于运输容器清洗的出水口直接向乏燃料水池补水;
- 自PTR 001 BA通过PTR 001 PO或002 PO补水(水箱随后由REA补水)。由于池水位高于水箱,可在隔离水池内正常吸入口后用冷却泵保证补水。因为在改变回路配置方式前必须先把使用中的泵停下来,这种操作比较费时。

(3) 燃料转运舱和乏燃料容器装载井

不能用PTR 001 BA充水,要防LOCA;不能用乏燃料水池水充水,会使水池水位下降1.60 m,危及乏燃料组件,影响生物防护。由于乏燃料水池与转运舱间的水闸门是单向承压的,所以通常情况下转运舱是无水的。转运舱与装载井间可通过PTR006PO互相传水。

- 反应堆机组处于冷停堆换料:反应堆换料水池充水后,换料水箱剩余的水可用以给燃料转运舱或乏燃料容器装载井充水。补水可由REA系统提供。

隔室的疏水:只要隔室中水位高于低水位(039 SN和041 SN),就不能用泵001 PO或002 PO将水疏排至换料水箱001 BA,传感器有防止泵汽蚀的专门功能,再低于这一水位就不可能再用泵来继续排水。

(4) 反应堆换料水池

充水:只有在换料或反应堆压力容器作检查时,才需要向水池充水。

- 将池底两条排水管用盲板法兰封住。盲板法兰进行特殊行政管理,正常运行期间必须拆除,并存放在专用架子上。有一专用钥匙将它们锁在存放位置,钥匙平常在控制室。
- PTR 002 PO经127/131/142 VB将PTR 001 BA中浓硼酸注入水池,360 $m^3/h$,004 DI限制流量,充水约1 h,水位至容器底部约30 cm处避免浸湿容器顶盖。
- 开始提升压力容器顶盖,同时进一步充水,可继续使用PTR 002 PO,也可结合高压安注泵和低压安注泵的定期试验进行。过程分为3个阶段:

第一阶段：先用 1 台低压安注泵 RIS 001 或 002 PO 送水，流量 800 $m^3/h$，水位 +14.5 m，此水位下，可将顶盖移到储存架上。

第二阶段：由两高压安注泵充水，总流量 150 $m^3/h$，水位 +15.180 m，此水位下控制棒驱动杆恰好在水面以下，将驱动杆和控制棒闭锁解开，并使驱动杆伸出水面约 30 mm。使人可一眼看出控制棒驱动杆是否正确脱钩。

第三阶段：完成后由另 1 台低压安注泵将水充至标高 +19.5 m 为第三阶段。水池侧面标高 +19.65 m 处装有两根溢流管，水位达到溢流管之前，操作员有 1 min 时间来使低压安注泵停机。当堆腔充水结束时，监视容器顶盖提升的操作员要通知控制室。

并非经常 3 个阶段都有，只有作相关定期试验时才有某些阶段。

排水：

- 两台 RRA 系统 001/002 PO 大流量泵（2×610 $m^3/h$）将水输送到换料水箱内，阀门 016 VB 开启。
- 水池水位降到 +16 m，由 PTR 00 5PO 将水位降至 +15.18 m，155/016 VB 开启，排水流量 100 $m^3/h$，此时检查控制棒安装是否正确。
- 随后用 1 台 RRA 泵或 PTR 002 PO 以 300 $m^3/h$ 继续排水至接近顶盖结合面，标高 +11.16 m，这一阶段里压力容器顶盖随水位同时下降。
- 改用 PTR 005 PO 以将水排完。

013SP 使泵在吸入口压力低时停运 PTR005PO。排水操作可由手动停止，也可由堆内构件储存池水位低 043SN 信号自动停止（标高 +7.57±0.05 m），剩余水重力排出。

- 拆卸盲板法兰，并存放回专用架子，钥匙返回主控室控制台孔内，池底排水口重新装上滤网。

#### 3.5.4.3 失水事故工况下换料水箱的使用

失水事故（LOCA）后 30 s，高压安注泵及低压安注泵开始向一回路及安全壳喷淋泵提供流量，喷淋泵向喷淋管道供水。

当泵从 PTR001BA 水箱吸水时称为直接注入和直接喷淋阶段，当水箱水位到达低 3 阈值时，低压安注泵及喷淋泵被直接转换到从安全壳地坑吸水，此阶段被称为安注和喷淋的再循环阶段。

## 3.6 设备冷却水系统

### 3.6.1 系统功能

设备冷却水系统（RRI）是设置在核岛设备和海水之间的一个闭式循环回路。其主要功能如下。

（1）在核电站正常运行和事故工况下，冷却各种核岛热交换器。

（2）经过由安全厂用水系统（SEC）冷却的热交换器将热负荷传递至最终热阱——海水。

（3）在核岛热交换器和海水之间形成一道屏障，防止放射性流体不可控制地释放到海水中，同时也避免了核岛设备由于和海水直接接触而产生腐蚀或污垢等问题。

## 3.6.2 系统描述

每个机组的设备冷却水系统包括两个独立的安全系列,一个公用的环路,这个公用环路由两个系列中的任一个系列供水,在两个机组之间还有设备冷却水系统的公共部分,系统简图见图3-6-1。

设备冷却水系统的热交换器的工作台数取决于在不同运行工况下所排放的热量。设备冷却水系统泵的工作台数取决于所需要的总流量。在带功率运行的情况下,排放的热量实际上是常量,主要用户是主泵、非再生热交换器和控制棒驱动机构。在反应堆降温时,排放的热量是变化的,而最重要的用户是余热排出系统。在更换燃料时,一回路水温被维持在60 ℃,那时,设备冷却水系统所需排放的热量比反应堆降温工况时少得多。

### 3.6.2.1 安全系列

设备冷却水系统中与反应堆安全设施有关的部分是有100%的冗余度,设计考虑了单一故障准则及厂内、厂外电源丧失的情况,供水回路由两个独立的系列组成,两个独立系列分别由电源LHA,LHB供电,并由应急柴油发电机作为备用电源。每个系列在事故工况下都能提供100%的应急冷却能力。每个安全系列分别由两台100%容量的离心泵、两台50%容量的RRI/SEC热交换器、一个波动箱和相应的管道和仪表组成。

波动箱接在泵的吸入端,它可提供泵的吸入压头,并对水的膨胀、收缩和可能的泄漏提供补偿,它的排气管接到核辅助厂房通风系统(DVN),因为它可能带有放射性。补水来自核岛除盐水分配系统(SED),水箱中的水过满时能使多余的水排放到核岛排气和疏水系统(RPE)。缓蚀剂通过加药系统(SIR)注入RRI系统,其中缓蚀剂是亚硝酸钠$NaNO_2$,在管道表面形成氧化性的保护膜,从而减少冷却水对设备的腐蚀。

RRI系统是在一回路和海水之间的封闭式冷却水系统,它的设计压力必须考虑在大多数运行情况下,不能向一回路系统泄漏,同时不能低于海水侧压力,使海水有可能漏入,引起核设备的结垢和腐蚀。除此以外,RRI泵必须保持足够的压头克服本系统的阻力完成循环,综上因素,RRI泵的出口压力为0.63 MPa(绝对)。RRI的水可能会从RCP主泵的热屏、化学和容积控制系统的非再生热交换器(RCV002RF)、轴封回水热交换器(RCV 003 RF)、过剩下泄热交换器(RCV021RF)、余热排出系统和安全壳喷淋系统的热交换器,向一回路泄漏,从而引起一回路的硼水稀释。

### 3.6.2.2 公用环路

公用环路的对象是指在事故工况下不需要提供冷却水的设备;公用环路没有独立的供水回路,它们可以通过任一安全系列供水,并可通过电动阀(A列041 VN和058 VN,B列040 VN和059 VN)与系统的安全系列隔离。

为了给核取样系统(REN)提供更低温的冷却水,在通往核取样系统的支管上串联1台RRI/DEG热交换器,由核岛冷冻水将设备冷却水冷却到低于30 ℃。

### 3.6.2.3 公共系列

公用环路与两个机组的共用部分是紧密相连的,通过044 VN,045 VN及322 VN,323 VN的切换,公用环路即被扩展,扩展后由独立管线A或B提供冷却水。

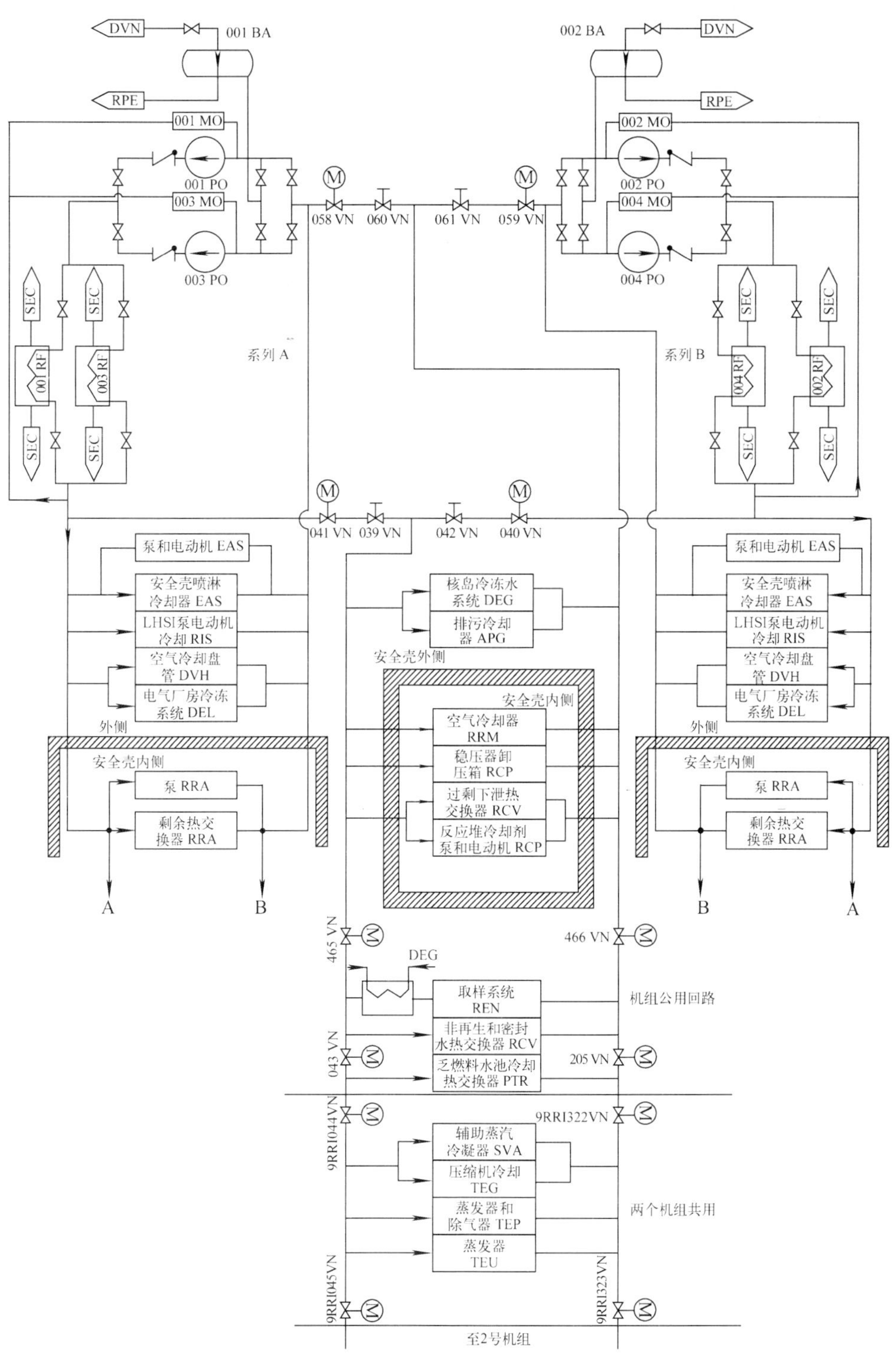


图 3-6-1　RRI 系统简图

### 3.6.3 系统运行

#### 3.6.3.1 正常运行

所有的冷却器由设备冷却水系统的一个系列供水，另一系列处于停运状态。电厂两个机组共用的冷却器由任一机组的供水系列供水。

当一个系列1台泵运行时，另一系列的两台泵都处于停运状态，此时停运系列上的1台泵可以隔离维修。如果公用设备需要(所有蒸汽发生器和除汽器同时运行)，则运行系列上的第2台泵可以启动。每台泵的出口引出一部分水去冷却RRI泵，如果传感器监测到RRI泵的冷却水流量低，就会在主控室发出报警。

#### 3.6.3.2 特殊稳态运行

(1) 相对于反应堆启动的运行方式

该工况需要一个系列2台泵运行，如果两个机组共用的冷却器由另一机组冷却，则只需1台泵运行。

(2) 冷停堆后4～20 hRRI的运行方式

这种工况下，余热排出系统两台热交换器都要投入运行，而一个系列的1台泵运行只能供给1台RRA换热器的冷却水。此时，一个系列1台泵运行，只供给1台余热排出热交换器冷却水，另一系列两台泵运行，供给另1台余热排出热交换器和公用环路的所有冷却器冷却水。

(3) 相应于停堆后4～20 h的冷停堆且只有一个RRI系列可用的运行方式

这种工况相应于在停堆的瞬态期间一个RRI系列丧失的情况，此时两台泵运行，RRI热交换器容量能够使一回路冷却剂的温度保持低于180 ℃。

(4) 相应于停堆后20 h后的保持冷停堆状态的运行方式

停堆20 h后，根据当时的运行条件(海水温度，被导热量……)确定RRI的运行模式，一般仍保持一系列2台泵和另一系列1台泵运行方式，大约48 h后，一个系列运行就足够了。此时，对应于停运RRI系列的RRA泵必须停运或者手动操作由正在运行的RRI系列供水。

#### 3.6.3.3 事故运行

(1) 安全壳隔离

RRI系统在接到安全壳第一阶段隔离(CIA)信号后，隔离下列冷却器：

RCV021RF，RCP002BA。

安全壳第二阶段隔离：

RRA 001RF，RRA002 RF，RCP001PO，RCP002PO，RRM001RF，002RF，003RF，004 RF。

(2) 安全注入

根据“SI”信号，启动停运系列上的1台泵，运行系列上的两台泵保持原来的运行状态。

(3) 安全壳喷淋

RRI系统在接到“安全壳喷淋信号”后触发：

—— 开启EAS热交换器阀门(RRI035/036 VN)；

—— 关闭公用设备隔离阀；

—— 启动停运系列上的 1 台泵；
—— 维持运行系列的当前状态(1 台泵或 2 台泵运行)。

#### 3.6.3.4　瞬态运行

(1) 从一条系列到另一条系列的切换

在正常工况下只有一条系列运行，并向公用环路的热交换器供水，两条系列由阀门 041 VN 和 058 VN(系列 A)或由阀门 040 VN 和 059 VN(系列 B)来保持隔离。

从运行系列切换到备用系列可用手动或自动方式进行。

手动切换时，为避免 RRI 流量丧失过多，先启动备用系列(打开切换阀门，并且启动泵)，然后再停运原运行系列。

当监测到低压信号时，切换自动进行，在这种情况下，泵的启动和切换阀门的打开同时进行，运行人员通过 TPL 按钮关闭故障系列的阀门。

但是，对 APG 热交换器，这种冷却水断流可能引起不利后果(RRI 水沸腾)。因此，这台热交换器的设备冷却水出现低流量信号时，自动切断热交换器另一侧的排污水流。

(2) 1 台 RRI 泵失效

当 1 台泵出口低压信号发生时，与其并联的另 1 台泵自动启动，如果这台泵不能再启动，则第二条系列自动启动。

#### 3.6.3.5　其他几种运行方式

(1) 系统流量分配原则

所有用水设备中除化容控制系统非再生热交换器外，其设备冷却水流量均由位于供水设备之后的节流孔板来调节，这些节流孔板在设备冷却水系统投运前被定于运行整定值上，流过 RCV 系统非再生热交换器(002 RF)的设冷水流量由调节阀 RRI155VN 调节，RRI155VN 由化容系统的 002RF 出口冷却剂温度调节所控制。

(2) 阀门 465 VN 和 466 VN 的操作

这两台阀门在主控制室用 015 TL 操作。在这两个阀门和另一机组的 RRI 之间发生重大泄漏并需要维修时，关闭这两个阀门能保持 RCP 泵和 RCV 021 RF 得到冷却，因此较容易实现。冷停堆，如关闭 040 VN，041 VN，058 VN，059 VN 隔离所有的共用部分用户则较难实现冷停堆。

#### 3.6.3.6　系统的监测

(1) RRI 系统运行过程中需要监视的参数：

· 运行 RRI 泵电机电流；
· 波动箱水位；
· 每一管线的总流量；
· 至公用设备冷却水流量；
· 电动机轴承温度；
· 电动机定子温度；
· 水泵轴承温度；
· RRI/SEC 热交换器温度；
· 放射性水平。

(2) RRI系统泄漏主要是监测波动箱的水位变化,一旦出现冷却水漏失,波动箱水位就会异常降低,主控制室会出现警报。如果发生一回路向RRI侧泄漏,则会出现波动箱高水位、RRI泵放射性强度高等现象。

### 3.6.4 控制

RRI系统主要在主控制室(KSC)控制和监测。

RRI的控制器主要设置在T05、T19盘上;隔离通往两个机组共用用户的供水管线的阀门(044 VN,045 VN,322 VN,323 VN)由机组间的控制盘来控制。

另外,RRI系统的运行与SEC系统的运行联动,一个SEC系列失效会引起RRI系列自动转换,不管手动还是自动转换,一个RRI系列的启动均引起相应的SEC系统启动,如果RRI系列被停运,只能停运相应的SEC系列。

### 3.6.5 系统的启动和停运

在整个RRI系统充满水后,如果供电和供水正常,即可启动。在泵启动之后,切换阀门可以打开向公共管线供水。如果停止RRI系统的运行,则只需停止泵的运行即可,切换阀门在泵停止后可以关闭。

## 3.7 安全厂用水系统

### 3.7.1 系统功能

(1) 安全厂用水系统(SEC)的主要作用是把设备冷却水系统(RRI)收集的热负荷输送到最终热阱——海水。

(2) 本系统还保证限制RRI/SEC板式热交换器内有机污垢的生成(注入次氯酸钠和装设贝类捕集器)。

(3) 它是一个安全相关的系统,无论核电站在正常运行或事故工况下,必须能够把安全有关的构筑物、系统和部件来的热量输送到最终热阱。

### 3.7.2 系统描述

SEC系统由两个独立的且实体隔离的回路构成,分为A,B系列,每个系列有两台并联的100%容量的安全厂用水泵。在整个SEC系统的起点,有两条DN 1200的钢筋砼内衬玻璃钢管的隧道从杭州湾取水,取水口为循环水系统(CRF)和安全厂用水系统(SEC)共用,经过近300 m的输水隧道后,进入安全厂用水泵房(在进泵房前,两条DN 1200的管道已分成了4条DN 750的隧道)。

泵房内设有4台SEC鼓形滤网,对应每台鼓形滤网的上游分别配备有一个检修闸门、两台拦污栅和格栅除污机。鼓形滤网的出口进入SEC泵的吸水暗渠。吸水暗渠分为两格,每两台鼓形滤网的出水与一格暗渠相连,两格暗渠中间以双隔离阀隔开,平时关闭。在暗渠中设有搅冲管线以防止泥沙沉积。每格暗渠与两个机组的各一个系列相连。

SEC泵出水管沿GA沟进核辅助厂房的NEF区之后,海水经过贝类捕集器进入RRI/

SEC板式热交换器。每条回路的安全厂用水先排入溢流井，然后排入钢筋混凝土管道(GS)，最后汇入CRF系统的排水井(CC跌落井)排至最终热阱——海水。一个机组的一条钢筋混凝土排水管(GS)能排出两个机组的排水量。

对每台机组，每个系列的溢流井之间设有连通孔以保持未运行的SEC系列处于充水状态。为防止水生物的侵入，除了在输水隧道上的进水闸门或拦污栅上游加氯外，还在每个系列的两台RRI/SEC热交换器上游装有两台并联的贝类捕集器。贝类捕集器是一个网孔为2 mm×2 mm的圆柱形过滤器。在贝类捕集器上有一个排污阀，可以用压差控制或由时间继电器控制阀门的开启进行反冲洗。

安全厂用水泵、反冲洗水泵及反冲洗过滤器的电动机以及鼓形滤网的低、高速电动机均可由应急柴油发电机供电。除SEC泵外，其余电动机在卸载后不能由应急柴油发电机自动带载。

### 3.7.3　系统运行

安全厂用水系统是连续运行的。SEC泵的运行台数取决于设备冷却水系统中排出的热功率的大小和RRI/SEC板式热交换器的污垢系数。

为保证对设备冷却水系统的冷却，SEC系统的运行与RRI系统运行相匹配，包括运行泵的数目和系列。当电厂机组处于正常功率运行时，一个系列的1台泵运行即可，另一系列处于停运状态；机组启动阶段(升压升温)，最多只要求使用一个系列上的两台泵，另一个系列备用；在冷停堆工况4～20 h，要求一个系列两台泵和另一个系列1台泵投入运行；在冷停堆工况20 h以后，一个系列两台泵和另一个系列1台泵投入运行，但在48 h以后，则一个系列两台泵运行就能满足要求；在LOCA事故工况下，1台SEC泵运行就能满足排出安全壳内热量的要求。

(1) 安全厂用水泵(SEC001/002/003/004PO)

——可在主控室或应急停堆盘上进行控制。

——SEC系列出水管上的压力开关可在运行泵故障时启动本系列的备用泵。

——安注、安喷信号启动每个系列的1台泵(其中SEC003/004PO为优先备用泵)。

——RRI系列泵的切换会自动切换相应SEC系列泵(反之亦然)。

——SEC泵运行状态及参数见表3-7-1，泵的特性参数见表3-7-2。

(2) 格栅除污机(SEC101-104DG)

1台鼓形滤网对应两台格栅除污机，它是通过PX厂房内的电气室控制的，在就地控制箱可对其进行操作(有升、降、停止按钮)。

正常情况下，由定时电路控制其动作，当拦污栅前后压差大于0.20 m水柱时，此信号优先控制其启动程序。不管哪种模式均保证两台同组的格栅除污机不同时动作。当拦污栅前后压差大于0.30 m水柱时，向主控制室报警。

(3) 鼓形滤网

每个机组有两台鼓形滤网，每台鼓形滤网配备有双速卧式电机进行驱动，分为低速运转和高速运转两种情况，并带有应急电源。

主控制室有自动/手动选择开关和启动/停止按钮。在自动模式下，鼓网低、高速运转的切换是通过鼓形滤网内外压差来控制的(每台鼓形滤网有3组压差探测器)

当 $\Delta p<0.2$ m 水柱时(3 取 3),低速运转。

当 $\Delta p\geqslant0.2$ m 水柱时(3 取 2),高速运转。

当 $\Delta p\geqslant0.3$ m 水柱时(3 取 2),向主控制室发出第一次差压高报警。

当 $\Delta p\geqslant0.5$ m 水柱时(3 取 2),向主控制室发出第二次差压高报警。

(4) 反冲洗水泵

对应每台鼓形滤网配备两套反冲洗装置(两台反冲洗水泵),一用一备。

鼓形滤网启动后,可在主控制室启动反冲洗水泵。正常运行时,如果反冲洗泵出口管路上压力低,则自动启动备用的反冲洗水泵。

(5) 贝类捕集器

1 台机组共有 4 台贝类捕集器。正常运行时,一个系列的两台贝类捕集器的反冲洗是由定时电路控制的,当贝类捕集器前后压差大于设定值时,该压差信号优先控制反冲洗程序进行反冲洗。

失去热阱是 SEC 系统的最重大的运行事件,该系统设计了报警信号提供操纵员快速诊断。

1) 出现 SEC/RRI 热交换器前后低压差信号时,说明是贝类捕集器堵塞或 SEC 泵失效。

2) 出现 SEC/RRI 热交换器前后高压差信号时,说明是板式热交换器发生堵塞。

当 SEC/RRI 热交换器压差达到异常值(高或低)延时 50 s 后发出失去热阱的报警。操纵员发现热阱丧失信号后,要按照相关规程进行必要操作。

**表 3-7-1 SEC 泵的运行状态及参数**

| 堆运行方式 | | 运行泵第一系列 | 运行泵第二系列 | 设计流量 | 最高入口温度/℃ | 最大温升/℃ | 最高出口温度/℃ |
|---|---|---|---|---|---|---|---|
| 堆启动工况 | | 2 | 0 | 3 600 | 31.4 | 9.3 | 40.7 |
| 正常运行工况 | | 1 | 0 | 3 000 | 31.4 | 7.9 | 39.3 |
| 冷停堆工况 4～20 h | 第一系列 | 2 | | 3 600 | 31.4 | 12.5 | 43.9 |
| | 第二系列 | | 1 | 3 000 | | | |
| LOCA 事故 | | 1 | 0 | 3 000 | 33.2 | 14.7 | 47.9 |
| 次临界停堆 | | 2 | 0 | 3 600 | 31.4 | 13.3 | 44.7 |

**表 3-7-2 SEC 泵的特性参数**

| SEC 泵的流量特性 | | |
|---|---|---|
| | 单台泵运行 | 双台泵并联运行 |
| 流量/($m^3$/h) | 3 000 | 3 600 |
| 扬程/m | 42 | 50 |
| 功率/kW | 460 | |
| 转速/(r/min) | 980 | |

## 3.8 核岛氮气分配系统

核岛氮气分配系统(RAZ)按照为两个机组的核设备供应必需的氮气设计。RAZ 系统

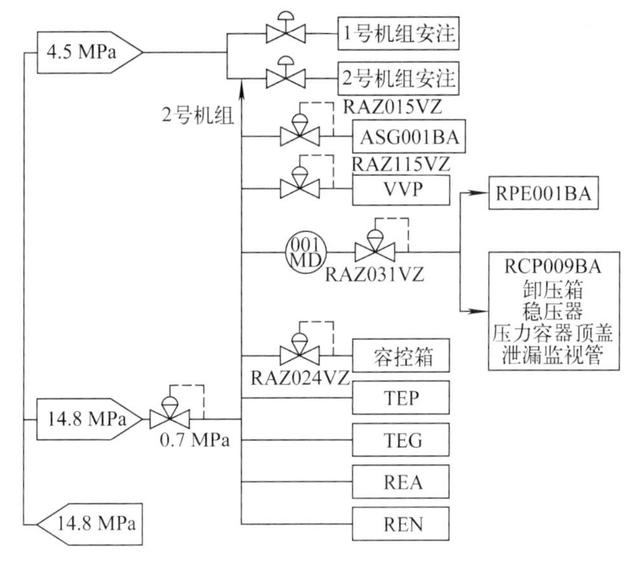


图 3-8-1　RAZ 系统示意图

由两个不同的管网组成：

一个是绝对压力为 4.5 MPa 的管网，它只是向每个机组的安全注入系统的中压安注箱供气；另一个是绝对压力为 0.7 MPa 的管网，它向其他的系统供气，见图 3-8-1。

## 3.8.1　系统功能

### 3.8.1.1　一般功能

(1) 对安全注入系统的安注箱加压；

(2) 维持某些储罐的惰性气层；

(3) 在停堆期间形成蒸汽发生器保养用的非氧化性惰性气层和进行除气器的氮气保养；

(4) 保证在反应堆停堆期间反应堆冷却剂系统在惰性气层下进行疏水；

(5) 在排除气体裂变产物期间保证某些容器的换气。

### 3.8.1.2　安全功能

RAZ 无安全功能，但是，由于该系统向 RIS 系统的安注箱供气(初始加压，以后补充)，故它的可用性仍然很重要。

## 3.8.2　系统描述

RAZ 系统与下列系统相连接。

(1) 在每个机组由 RAZ 系统供气的系统：

APG　蒸汽发生器排污系统

ASG　辅助给水系统

RCP　反应堆冷却剂系统

RCV　化学和容积控制系统

REA　反应堆硼和水补给系统

RIS　安全注入系统

RPE　核岛排气和疏水系统

VVP　主蒸汽系统

(2) 每个机组中和 RAZ 系统相连接的系统：

SAR　仪表用压缩空气分配系统

SGZ　厂用气体储存和分配系统

DVN　核辅助厂房通风系统

KSA　报警处理系统

KSC　主控制室系统

KIT　集中数据处理系统

LBA　110 V 直流电源系统 系列 A

LCA　机组 48 V 直流电源系统 系列 A

LKC　低压交流电源(380V)系统

RPR　反应堆保护系统

(3) 由 RAZ 系统供气的两个机组公用的系统：

REA　反应堆硼和水补给系统

REN　核取样系统

TEG　废气处理系统

TEP　硼回收系统

(4) 向 RAZ 系统供气的两个机组共用的系统：

SGZ　厂用气体储存和分配系统

RAZ 系统将 SGZ 系统生产的氮气分配给核岛的以下用户：

- 压力为 4.5 MPa(绝对)的管网只向 RIS 系统的安注箱供应氮气；
- 压力为 0.7 MPa(绝对)的管网则通过第二级压力控制装置向其他所有用户供应氮气，每台装置的控制元件尽可能装在靠近用气系统的控制盘上。

为了校验输入反应堆安全壳的氮气量，在压力为 0.7 MPa(绝对)管网的 RAZ034VZ 阀的上游安装 1 台流量计 001MD，所测出的流量率和体积将表明反应堆厂房是否存在泄漏，从而暴露出因缺氧而造成窒息的潜在危险。当进入反应堆厂房的氮气的流量率与规定的用气量不符合时，则在控制室发出报警。

## 3.8.3 运行

### 3.8.3.1 正常运行

(1) 4.5 MPa(绝对)压力的配气管网

RIS 系统安注箱保持在氮气的压力之下，其绝对压力在 4.3～4.65 MPa。各安注箱上的氮气进气阀通常处于关闭状态。

如果安注箱内的压力降到整定值以下，由信号提醒运行人员，通过开启氮气进气阀重新恢复箱内的氮气压力。当安注箱内压力降至低压报警整定值 4.235 MPa(绝对)时，开始恢复安注箱氮气压力。

遥控气动阀 RAZ096VZ 可通过向 DVN 烟囱排气来调节 RIS 安注箱内的气压。

注：只有当运行人员把 TPL 开关转到开启位置并按下它时，安全壳隔离阀 RAZ096VZ 才开启。

(2) 0.7 MPa(绝对)压力的配气管网

对于以下的操作，0.7 MPa 压力的管网是随时可用的。

1) 对某些含有裂变产物的储罐或系统进行扫气。

2) 设备保养。

3) 维持水箱上部的氮气覆盖(惰性气层)。

4) 在运行足够的时间而获得所需的硼酸用量后，在疏排硼酸的期间 TEP 蒸发器保养。

5）在每次 TEP 除气塔停运后为清除不凝气体，对 TEP 冷凝器扫气。维修前的 TEP 除气塔扫气。

6）REN 核取样系统要求。

7）在主回路系统不完全排水时用氮气扫气，以保持所产生的排放物的原有品质。

8）TEP 去污管线在投入运行前的扫气。

#### 3.8.3.2　特殊运行

这种运行相应于反应堆冷停堆。

RAZ 系统始终是可利用的，并且按正常所述向用户供应氮气。

此外，在反应堆冷停堆期间，容控箱 RCV002BA 处于氮气压力之下，蒸汽发生器二次侧也保持在氮气压力之下。

#### 3.8.3.3　启动和正常停机

在 RAZ 系统投入运行时，要求进行排气，以排出系统内部的空气。排气通过连续地对系统加压和排放 2～3 次来完成。

#### 3.8.3.4　其他运行

（1）RAZ 系统启动

为避免氮气被空气（或与气体接触的其他产物）污染，通过连续地重复进行下列操作 2～3次，完成 RAZ 配气管线的扫气。

（2）对整个管网加压

开启各种用气设备的排气阀，对管网排气。

RIS 安注箱的初始加压：

一旦达到规定水位，便通过开启 RAZ094VZ，RAZ009VZ，RAZ128VZ 和 RAZ014，015VZ 对安注箱进行加压，RAZ096VZ 排气阀是关闭的。

（3）属于 RAZ 系统外部的故障：SG 的正常给水丧失

由 ASG 系统提供给水。为防止在水箱内水抽吸时空气进入箱内，空气被水再吸收，导致溶解氧超标，所以在 ASG 水箱内必须保持氮气正压。

### 3.8.4　控制

由减压阀对 RAZ 配气管线内的氮气压力进行自动控制。

由运行人员在主控制室控制这些阀门：RAZ009VZ，032VZ，094VZ，095VZ，096VZ 和 128VZ。根据来自保护系统的安全壳隔离信号，自动关闭安全壳隔离阀。这些信号具有优先性（只要该信号发出，该阀门就不可能打开）。

运行人员还可以利用下列报警信号：

（1）一个 RIS 安注箱供气故障报警信号，该报警消耗是低压故障与高压故障共用的。

（2）一个 VVP 管道分配器上的报警信号，该报警信号是两台 SG 共用的。

（3）一个 VVP 管道分配器上的低压报警信号，在 KIT 上每个压力传感器都有一个信号。

每个压力调节阀下游都有一个压力指示器。

在阀门 094VZ 和 095VZ 之间有 1 台自动控制装置，它们不可能同时开启。

# 第四章　放射性废物处理系统

## 4.1　放射性废物的来源和分类

压水堆核电站与其他类型核电站一样，在运行期间，不可避免地会产生放射性气体、液体、固态废物，为了周围环境免受放射性污染，防止对工作人员和居民造成过量的放射性辐照，所有这些放射性废物在排放到环境和最终处置前，必须进行收集、储存、转型和处理。

放射性废物的来源和分类：

放射性废物按物理形态可分为固体、液体、气体三种；按来源可分为可复用废水、不可复用废水、含氢废气、含氧废气、废树脂、废过滤器芯子、浓缩液等杂项废物（见图 4-1-1）。

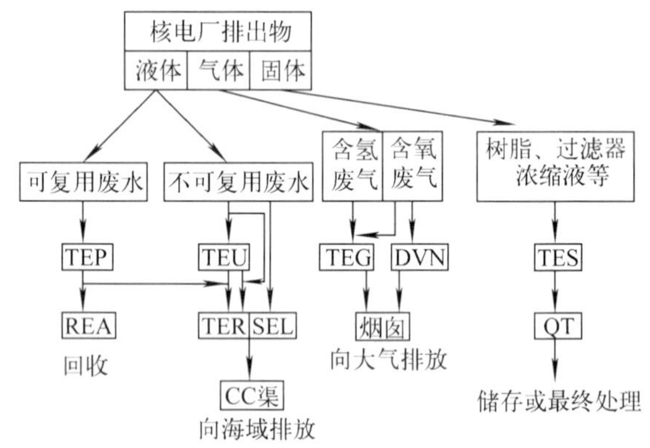


图 4-1-1　放射性废物来源及分类

可复用废水：主要来自一回路系统升温、冷却剂扩容或改变冷却剂硼浓度时排出的水，以及稳态运行时下泄的一回路排水。

不可复用废水：来自 RCV、PTR 等系统设备的疏排水、泄漏水、地面冲洗水、化学污染的废水和淋浴、洗涤等公用废水。

含氢废气：来自一回路冷却剂容器（箱）、卸压箱等的排气和硼回收系统脱气塔的排气。

含氧废气：来自与大气相通的容器（箱）的呼排气体。

固体废物：来自离子交换器的废树脂、过滤器的废滤芯、蒸发浓缩液、废纸，受污染的手套、工作服、工器具等。

放射性废物的收集、储存、处理、监测和排放是在表 4-1-1 的 7 个系统和 4 个设施内进行的。

**表 4-1-1　放射性废物处理系统的组成**

| 系　　统 | 设　　施 |
|---|---|
| 核岛疏水和排气系统（RPE） | 核辅助厂房（NAB） |
| 硼回收系统（TEP） | 废物处理辅助厂房（WAB） |
| 废液处理系统（TEU） | 废液排放贮槽间（QA，QB） |
| 废气处理系统（TEG） | 废水排放渠和废气排放烟囱 |
| 固体废物处理系统（TES） | |
| 核岛废液排放系统（TER） | |
| 常规岛废液排放系统（SEL） | |

表 4-1-2 给出了各种放射性废物的来源，分类和特点。

**表 4-1-2　放射性废物的来源、分类和特点**

| 分类 | | | 来源 | 特点 | |
|---|---|---|---|---|---|
| | | | | 正常运行 | 停堆 |
| 废水 | 可复用废水 | | 1. 一回路冷却剂扩容升温和硼浓度变化时的排水<br>2. 收集不接触空气的排水 | 含放射性、含硼、<br>含氢气、含放射性气体 | 含放射性<br>含硼<br>含空气 |
| 废水 | 不可复用废水 | 工艺废水 | 收集一回路的疏排废水 | 放射性、不含氢气、<br>含硼、无化学污染 | 地面去污排水增多,放射性污染增高 |
| | | 化学废水 | 1. 化学污染的废水和核取样废水<br>2. 乏燃料容器洗涤排水<br>3. NX 厂房内化学贮槽的排水 | 含放射性<br>化学污染<br>含空气 | |
| | | 地面废水 | 1. 放射性厂房地面冲洗水,放射性洗衣房水<br>2. 淋浴等废水 | 含放射性及化学污染低<br>含空气 | |
| 废气 | 含氢废气 | | 1. 一回路冷却剂脱气(TEP)<br>2. 含氢废水贮槽排气(TEP,RCV,RCP,RPE) | 放射性气体<br>氢气<br>水蒸气等 | 一回路不再含有含氢废水和废气 |
| | 含氧废气 | | 含空气废水贮槽的呼排气 | 极低放射性 | |
| | 通风排气 | | 核岛 NX 等现场通风 | 有可能受放射性污染 | |
| 固体废物 | 浓缩液<br>(TES 001 BA) | | 1. TEU 蒸发浓缩液<br>2. 特殊情况下的 TEP 浓缩液及 SRE 排水 | 硼:40 000 mg/kg(TEU)<br>放射性:$185\times10^{10}$ Bq/m$^3$<br>盐量:250 g/L | |
| | 放射性树脂<br>(TES 002 BA)<br>(TES 003 BA) | | 1. TEU　2. TEP<br>3. PTR　4. RCV | 树脂吸附放射性<br>树脂被硼酸饱和 | |
| | 非放射性废树脂<br>(TES 004 BA) | | APG | 无或极低放射性 | |
| | 过滤器芯子 | | 1. PTR 2. RCV　3. TEU　4. TEP　5. APG | 剂量率≥2 mSv/h<br>剂量率<2 mSv/h | |
| | 各种杂物<br>(装金属桶) | | 1. 各操作间的放射性废纸、破布等<br>2. <2 mSv/h 的过滤器芯子<br>3. 金属固体废物(<2 mSv/h) | 放射性水平低<br>有些可压缩 | |

# 4.2　硼回收系统

## 4.2.1　系统的功能

(1) 接收来自核岛疏水与排气系统(RPE)及化学和容积控制系统(RCV)的一回路含氢

冷却剂,为反应堆冷却剂排水提供足够的储存容积;

(2) 处理收集的废液并分离为水和硼酸,以供一回路复用;

(3) 在反应堆运行寿期末,接收化学和容积控制系统(RCV)的下泄流,直接除硼;

(4) 换料停堆前对一回路冷却剂除气。

## 4.2.2 系统描述

TEP 系统由前置储存、净化除气、中间储存、蒸发分离、蒸馏液和浓缩液监测以及除硼 7 部分组成,系统流程如图 4-2-1 所示,图 4-2-2、图 4-2-3、图 4-2-4 为 TEP 系统各组成部分流程。

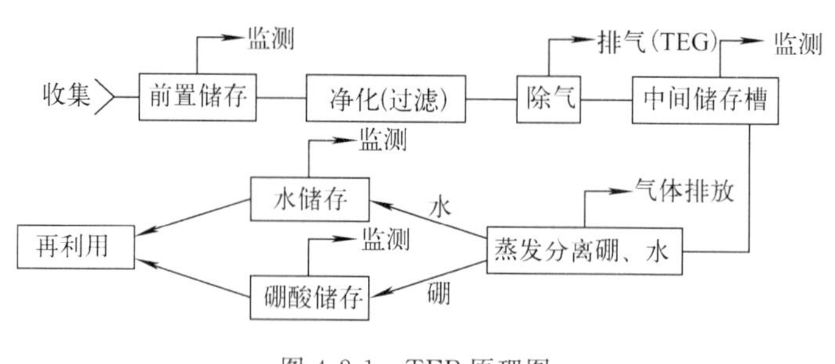


图 4-2-1 TEP 原理图

(1) 前置储存

前置储存箱(TEP 001 BA 及 008 BA)的容积为 80 $m^3$,正常运行时,每个暂存箱接收对应机组一回路排出的可复用冷却剂。箱内采用氮气覆盖,其压力在 0.12~0.32 MPa(绝对)间变化,以防止空气进入。为减少废气量,箱内氮气量保持恒定,不进行换气。

每台暂存箱配置 1 台供料泵(TEP 001 PO 或 002 PO),供料泵还兼作循环泵以尽量减少沉淀物在箱底部沉积。必要时,每台供料泵可以从另一个暂存箱吸水,水泵的额定流量为 27.2 $m^3/h$。

箱体设有压力测量和压力保护,压力整定值(绝对压力)如下:

- P1:0.11 MPa ,低低压力信号引起供料泵停运且两个控制室报警;
- P2:0.12 MPa ,低压力信号(相应于低水位)开启氮气供应阀注入氮气并向两个控制室报警;
- P3:0.32 MPa ,高压力信号向两个控制室报警,操作员可将过剩氮气排到 TEG 含氢废气处理系统;
- P4:0.33 MPa ,高高压力信号向两个控制室报警,在没有 N5 信号时自动向 TEG 含氢废气处理系统排气;
- P5:0.34 MPa ,安全阀 241VY 或 242VY 开启,将箱内气体排至 DVN 烟囱。

箱体设有水位测量,其整定值如下(绝对压力):

- N1:相当于 5 $m^3$(0.923 m),低低水位信号引起供料泵停运和两个控制室报警,此时箱内压力 0.12 MPa;
- N2:相当于 10 $m^3$(1.545 m),低水位信号引起除气器停止运行,此时箱内压力 0.13 MPa;

- N3：相当于 20 $m^3$(2.789 m)，高 1 水位信号引起供料泵和除气器启动，此时箱内压力 0.15 MPa；
- N4：相当于 52 $m^3$(6.770 m)，高 2 水位信号引起两个控制室报警，此时箱内压力 0.32 MPa；
- N5：相当于 75 $m^3$(9.631 m)，高高水位信号出现时开启液体安全阀并关闭含氢废气管线阀门。

正常运行期间，用于覆盖的氮气数量是常量。液体体积在 10～28 $m^3$ 之间变化，从 20 $m^3$ 到 28 $m^3$ 体积增量是除气塔从启动到达生产状态期间产生的废液体积。

(2) 净化段

净化段由过滤器，除盐装置和除气器组成。工艺流程如图 4-2-2 所示。

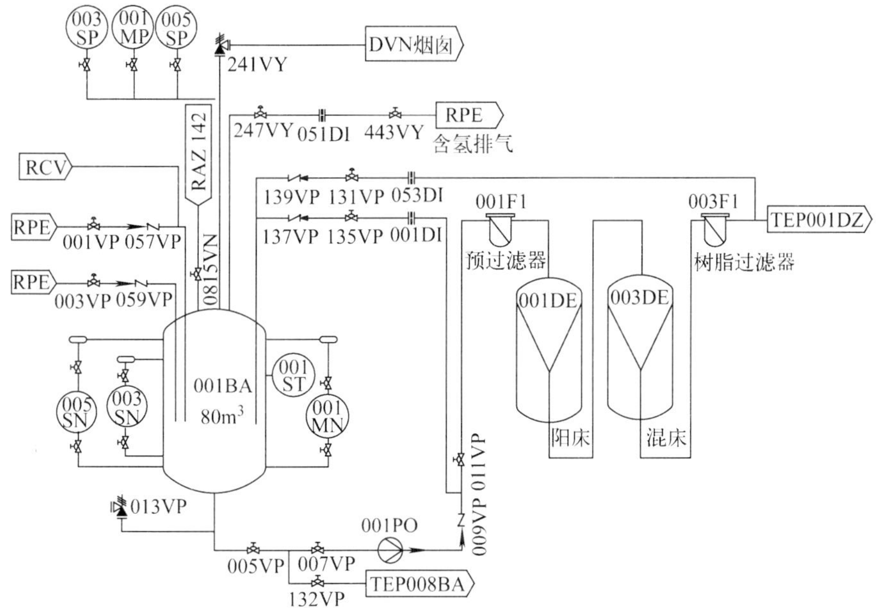


图 4-2-2 储存、净化单元流程示意图

1) 过滤器

过滤器为细网眼机械过滤器，除盐床进料过滤器(TEP 001 FI 及 002 FI)用于去除排出液中直径大于 5 μm 杂质。过滤器的滤芯可由远距离操作进行更换，流体通过过滤器的流速为 1 cm/s(流量 27.2 $m^3$/h)，使过滤器效率达到 98%，每台过滤器允许的最大压降为 0.25 MPa，以保证最大的过滤效率，并防止流量或压力迅速变化时引起积累在滤芯上的固体突然释放。

2) 除盐装置

除盐装置的作用是使排出液中离子状态的裂变产物和腐蚀产物与树脂中的离子进行交换，从而达到降低放射性的目的。其离子交换的化学反应式为：

$$R - A^{\pm} + B^{\pm} \rightleftharpoons R\text{-}B^{\pm} + A^{\pm}$$

式中：R——不溶性树脂本体(高分子化合物)；

$A^{\pm}$——交换基团中起交换作用的阴、阳离子;

$B^{\pm}$——溶液中被交换的阴、阳离子。

衡量一个离子交换树脂床的功效常用去污因子表示。去污因子是树脂床进出口液体中特定核素的浓度或放射性强度之比。

由于排出液中含有的阳离子杂质多于阴离子杂质(不包括硼酸),所以排出液首先通过阳离子交换树脂床(简称阳床),而后再通过装有阳离子和阴离子交换树脂的混合床(简称混床)。

阳床(TEP 001 DE 或 002 DE)装有强酸性阳离子交换树脂(H+型磺酸树脂),有较强的去除阳离子杂质的能力,并对铯具有高选择性和较好的吸附作用。

混床(TEP 003 DE 或 004 DE)按一定比例装入 H+型磺酸树脂和强碱性阴离子树脂,具有较彻底去除弱碱性阴离子(如碲和钼)的能力。

3) 除气装置(以 001DZ 为例)

除气装置用以去除溶解在排出液中的氢、裂变气体及其他气体,能使除气器入口放射性为 $1\times10^{13}$ Bq/m$^3$(约 250 Ci/m$^3$)的气体的除气因子达到 $10^6$,除气塔用热力除气法,见图 4-2-3流程:进料经再生热交换器(TEP 001 EX)加热至 70～95℃后进入除气器(TEP 001 DZ)。为了增加气体的扩散面积,进料从除气器上部喷入,在下部由辅助蒸汽分配系统(SVA)的蒸汽加热,使料液处于饱和状态,正常加热蒸汽流量小于 2.5 t/h,由除气器顶部压力控制调节蒸汽进口阀。不凝结气体(氢、氮、氪、氙)和蒸汽从顶部进入排气冷凝器(TEP 001CS)中,冷凝器由 RRI 水冷却,维持 0.135 MPa(绝对压力)。凝结水靠重力流回除气器,而不凝结气体排往 TEG 含氢废气处理系统。除气后的液体由泵 TEP 003 PO 以27.2 m$^3$/h 的流量,经再生式热交换器(TEP 001 EX)冷却至 50～75 ℃,再经 TEP 001 RF 降温至 50 ℃以下,送至中间储存箱。在启动加热阶段,或去污因子不满足时,可以进行再循环。除

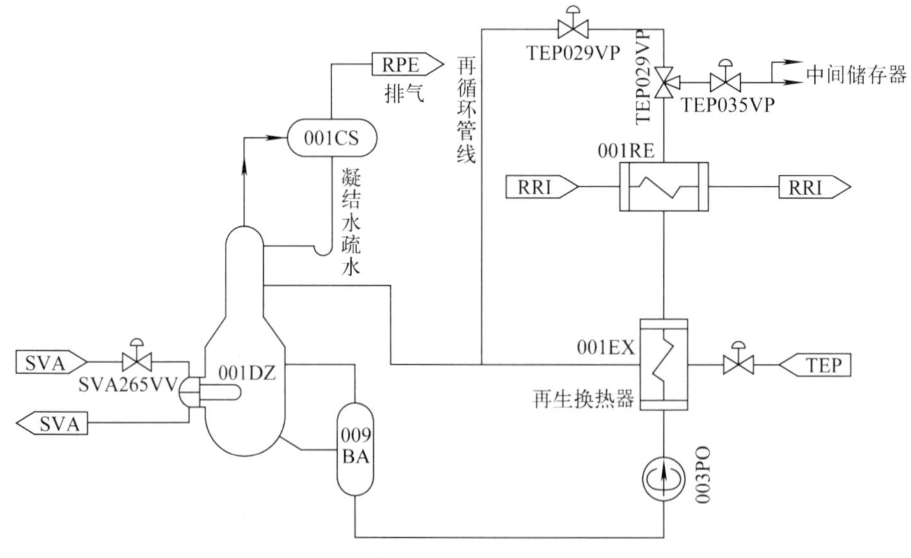


图 4-2-3 除气单元流程简图

气器也可用以在反应堆开盖前进行一回路冷却剂的除气，然后再返回 RCV 002 BA。

(3) 中间储存箱

本系统共有 3 个中间储存箱(TEP 002 BA，003 BA，004 BA)为两个系列共用，每个容积350 $m^3$，为一回路提供了足够的储存容量。每个箱的顶部向 TEG 含氧废气处理系统连续排气。泵 TEP 007 PO 的额定流量为 100 $m^3/h$。水泵的作用是在取样前将箱内液体进行循环使之混合均匀；将一个箱内液体转送至另一个，将 REA 系统除盐水储存箱(REA 001 BA，002 BA)内的水排至中间储存箱；当蒸发装置不能使用时，可将中间储存箱内的液体送往 TEU 系统的工艺排水箱。

(4) 蒸发装置(以 001EV 为例)

蒸发装置的作用是将可复用的一回路排水分离成硼含量低于 5 mg/kg、氧含量低于 0.1 mg/kg 的蒸馏水和 7 000 mg/kg 的浓硼酸溶液，分别送往蒸馏液和浓缩液监测槽。流程见图 4-2-4。

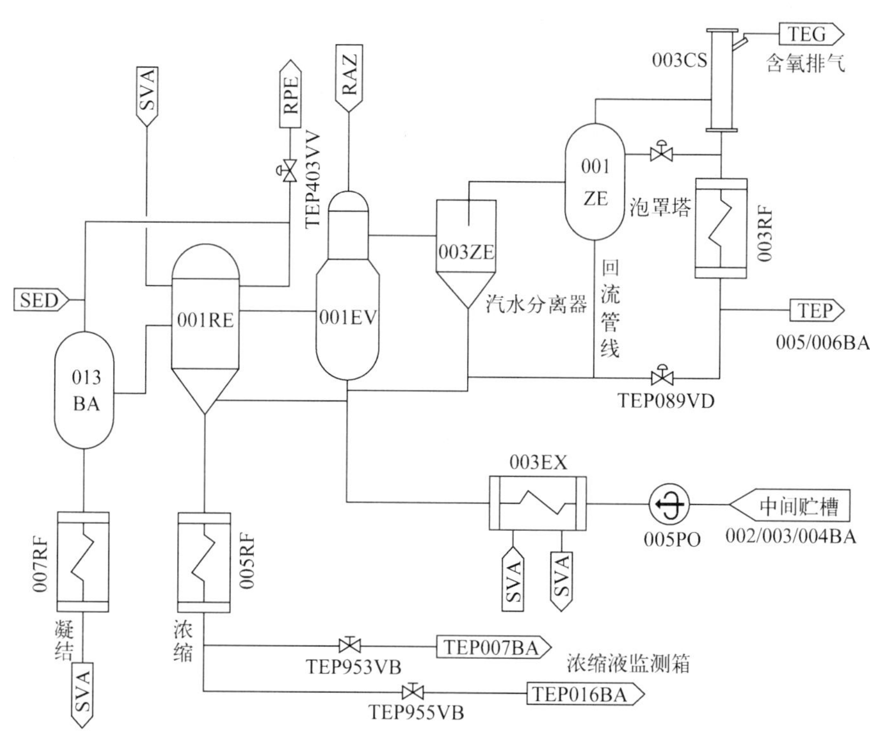


图 4-2-4 蒸发单元流程简图

蒸发装置由两个系列组成，料液由供料泵 TEP 005 PO 通过预热器(TEP 003 EX)升温后送至蒸汽发生器，蒸汽发生器的加热器(001 RE)采用列管式，壳程是 SVA 蒸汽。蒸汽凝结水收集在凝结水平衡槽(013 BA)中，经冷凝水冷却器(TEP 007 RF)冷却后送回 SVA 系统。

在加热器 TEP 001 RE 里，反应堆冷却剂产生的蒸汽经过蒸汽发生器 TEP 001 EV 分离室进行初步的汽液分离，蒸汽从蒸汽发生器顶部进入旋风分离器 TEP 003 ZE 后，进一步分离蒸汽中夹带的含硼液滴，在旋风分离器后设置 1 台泡罩塔(TEP 001 ZE)，蒸汽与逆流而下的冷凝水接触，有效地将汽相中夹带的含硼酸的雾沫洗涤下来。蒸汽进入冷凝器 TEP

003 CS进行冷凝，蒸馏液经冷却器TEP 003 RF冷却后，注入蒸馏液监测槽TEP 005 BA或006 BA，不凝结气体从冷凝器(TEP 003 CS)顶部排至TEG含氧废气处理系统；浓缩液经冷却器(005 RF)冷却后，自流入浓缩液监测槽TEP 007 BA或016 BA。

所有的冷却水由RRI系统提供。

(5) 蒸馏液监测箱

两个容积为70 $m^3$的相同的蒸馏液监测箱(TEP 005 BA，006 BA)接收经蒸汽发生器分离的蒸馏液。每一个箱的浮动顶盖由SED系统的除盐水作浮动顶盖的密封水确保其密封性。每个监测槽配备1台水泵(TEP 012 PO，013 PO)，额定流量为27.2 $m^3/h$。水泵的作用是：在取样前将箱内液体混合均匀；将液体从一个箱转送到另外一个箱；将液体送至REA除盐水储存箱；当硼浓度高于5 mg/kg且小于15 mg/kg时，通过除盐器(阴床)除硼后再送往REA系统，除硼流量控制在27 $m^3/h$。蒸馏液需再处理时可返回中间储存箱。

(6) 浓缩液监测箱

两个容积为5 $m^3$的浓缩液监测槽(TEP 007 BA，016 BA)，具有与蒸馏液监测槽相同的密封顶盖，以防止空气混入箱内。1台输送泵(TEP 014 PO)其功能是：取样前混合浓缩液，并经过滤器005 FI过滤；输送浓缩液到REA系统作为补给硼酸用；输送浓缩液至TEU化学疏水槽(005 BA～007 BA)再蒸发；输送浓缩液到中间贮槽，以便蒸发处理；将不能复用的浓缩液送到TEU系统浓缩处理或直接送TES系统固化处理。

(7) 除硼段

设有3台除硼床(阴床TEP 005DE，006DE，007DE)。其中006 DE用于蒸馏液的净化同时也可作为005DE和007DE的备用；005DE用于1 RCV系统除硼，007DE用于2 RCV系统除硼。

表4-2-1　硼回收系统参数

| 参　数 | 数　值 |
|---|---|
| 预计待处理料液量(两套机组)/($m^3/a$) | 16 100 |
| 流量： | |
| 离子交换床和除气器(一条流程)/($m^3/h$) | 27.2 |
| 循环泵(007 PO)/($m^3/h$) | 100 |
| 蒸发器(给水)/($m^3/h$) | 3.5 |
| 冷凝器/($m^3/h$) | 3.85 |
| 冷凝液至反应堆补给水系统/($m^3/h$) | 27.2 |
| 浓缩液至反应堆硼补给系统/($m^3/h$) | 10 |
| 除硼/($m^3/h$) | 27.2 |
| 储存容量(两机组)： | |
| 前置储存箱/$m^3$ | 2×80 |
| 中间储存箱/$m^3$ | 3×350 |
| 蒸馏液监测槽/$m^3$ | 2×70 |
| 浓缩液监测槽/$m^3$ | 2×5 |

# 4.3　放射性废液处理系统

## 4.3.1　系统功能

废液处理系统(TEU)为核岛排气与疏水系统 RPE 来的不可复用的废液提供独立的前端储存、检测和处理。来自 RPE 的废液按其放射性和化学成分的不同分别收集在工艺废水贮槽、地面废水贮槽和化学废水贮槽。对工艺废水一般采取除盐处理，地面废水一般经直接过滤后排往废液排放系统(TER)，化学废水进行蒸发处理，蒸馏液经检测合格后排往 TER 系统，浓缩液送往固体废物处理系统(TES)水泥固化。

## 4.3.2　系统描述

TEU 系统包括下列 6 个单元：前储存单元、化学中和单元、蒸发净化单元、除盐净化单元、过滤净化单元和监测排放单元。TEU 系统原理见图 4-3-1，处理方式见表 4-3-1。

表 4-3-1　TEU 的处理方式

| 化学物含量 | 放射性浓度/($Bq/m^3$) | |
|---|---|---|
| | $\leq 3.7\times10^6$ | $>3.7\times10^6$ |
| 低 | 过滤 | 除盐 |
| 高 | 过滤 | 蒸发 |

TEU 系统主要设备如下：

(1) 前储存单元

两个工艺废水储存箱(TEU 001 BA，002 BA)，每个容积 35 $m^3$，接收 RPE 系统的工艺排水。为减少房间的空气污染，通过 TEG 含氧废气处理系统保持负压(绝对压力 96 kPa)。两个储存箱配备 1 台抽水泵(TEU 001 PO)，其额定流量为 14 $m^3/h$，功率为 22 kW。可将箱内废液直接排放或送往除盐器处理。

地面排水槽 003 BA 和 004 BA，各槽有效容积为 20 $m^3$；012 BA 和 013 BA，各槽有效容积为 40 $m^3$。一般情况下，地面排水用 003 BA 或 004 BA 接收、监测和处理，当来水瞬时流量较大时，可将来水倒至 012 BA 或 013 BA 监测处理。013 BA 还接收污水回收系统(SRE)收集的地面排水。003 BA 和 004 BA 配备 1 台抽水泵(TEU 002 PO)，012 BA 和 013 BA配备 1 台抽水泵(004 PO)，两台泵额定流量均为 27$m^3/h$，功率为 18.5 kW。经过滤后的地面排水，可将废液直接排放或送往蒸发序列处理。

3 个化学废水储存箱(TEU 005 BA，006 BA，007 BA)每个容积 50 $m^3$，接收 RPE 系统的化学排水。这 3 个储存箱配备 1 台抽水泵(TEU 003 PO)，其额定流量 27 $m^3/h$，功率 18.5 kW。经过滤后，可将废液直接排放。

以上每个贮槽底部都有一个混匀装置。可由各自的抽水泵对箱内液体进行循环搅拌。化学储存箱有 1 台抽水泵(TEU 005 PO)向蒸发器供料，其额定流量为 5 $m^3/h$，功率为 5.5 kW。通过取样对箱内废液的放射性和物理化学特性进行监测。根据监测结果决定通过过滤器直接排放或者送往除盐器处理或者送往蒸发器处理。

(2) 化学中和单元

化学中和单元由两套相同的装置组成，一个用作酸中和，另一个用作碱中和。每一套装置由 1 个罐、1 台计量泵组成。所有前贮槽(除了工艺排水槽)内的废液可以用酸性溶液中

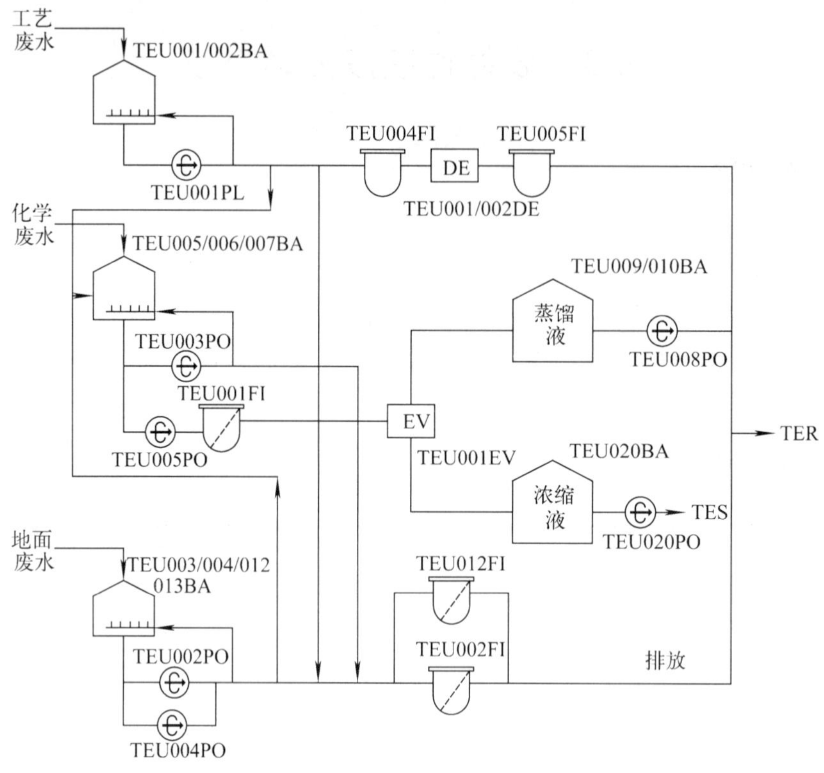


图 4-3-1 TEU 系统流程示意图

和或用碱性溶液中和。在废液送往蒸发器处理之前要调节废液的 pH 值,以便提高蒸发器浓缩液的溶解度,改善浓缩液的质量有利于水泥固化。调整直接排放废液的 pH 到可接受限值范围内(一般为 6～9)。两个储存罐各配备 1 台最大流量为 200 L/h 的排放泵和一个安全阀(开启值为 0.5 MPa)。

(3) 过滤净化单元

过滤单元用两台完全相同的过滤器(TEU 002 FI,012 FI),其设计流量为 27 $m^3/h$,可滤除 5 μm 以上固体微粒,9 个储存箱中的废液均可通过过滤器 002 FI 和 012 FI 送往 TER 系统。

(4) 除盐净化单元

除盐净化单元包括 1 台除盐预过滤器(TEU 004 FI)、两台除盐床(TEU 001 DE 和 002 DE)和 1 台树脂截流过滤器(005 FI)。过滤器 004 FI 可滤除 5 μm 以上的固体颗粒,过滤器 005 FI 可滤除 25 μm 以上的固体微粒。除盐由阳床 001 DE 和混床 002 DE 进行,其去污因子均为 10～100。阳床用来加强除 Cs,每台均可旁路,如果废液的化学物含量低,但放射性高时可通过除盐处理后送入蒸馏液监测箱。

(5) 蒸发净化单元

蒸发净化单元由蒸发器供料泵 005 PO、蒸发器预过滤器 001 FI、加热器 001 RE、蒸发器 001 EV、旋风分离器 001 ZE、泡罩塔 002 ZE、蒸馏液冷凝器 001 CS、蒸馏液冷却器 001 RF、冷凝水冷凝器 002 RF、浓缩液槽 020 BA、浓缩液泵 020 PO、消泡剂槽 011 BA、消泡剂泵 009 PO 等组成。进料泵(TEU 005 PO)的额定流量 5 $m^3/h$,功率为 5.5 kW,可将任一化学贮槽的废液通过过滤器(001 FI)注入蒸发器(TEU 001 EV)。蒸发器 001 EV 内的料液在重度差的作用下自然循环蒸发。蒸发器运行压力 20 kPa 左右,对应饱和温度 108 ℃。蒸汽和不凝结气体进入冷凝器(TEU 001 CS)后蒸汽被凝结为水,冷凝器压力维持在 4 kPa 真空度。蒸馏液的平衡温度为 98 ℃。蒸馏液通过冷却器 001 RF 降温后送往蒸馏液监测槽。当浓缩液硼浓度达到 40 000 mg/kg 时由 020 BA 接收,用泵 020 PO 送至 TES 系统进行固化处理。冷却的不凝结气体从冷凝器排出,排往 DVN 通风系统。蒸发过程中钠硼比低于规定值时,(Na/B 比为 0.20～0.25,最佳比值为 0.23),通过计算由 009 PO 泵向蒸发器注入一定量的氢氧化钠溶液。

(6) 监测排放单元

两个蒸馏液监测箱(TEU 009 BA,010 BA),每个容积 35 $m^3$,用于接收经过蒸发或除盐处理的废液。经监测后由排水泵(TEU 008 PO,额定流量 50 $m^3/h$,功率 15 kW)排往 TER 系统进行排放。

009 BA,010 BA 中的料液亦可经 008 PO 泵送至化学排水槽 005 BA、006 BA 或 007 BA 供蒸发器再处理。

## 4.4　核岛废液排放系统

### 4.4.1　功能

#### 4.4.1.1　一般功能

核岛废液排放系统(TER)系统对废液进行监测,有控制地向海洋排放,在重要厂用水系统(SEC)终端的排水沟处,按照向环境排放的标准要求对废液进行稀释。它具有以下几个方面的功能。

(1) 罐式收集来自核岛机组的废液和下列系统的放射性废液:

- 核岛排气和疏水系统(RPE);
- 放射性废水回收系统(SRE);
- 废液处理系统(TEU);
- 蒸汽发生器排污系统(APG)。

(2) 废液在罐内混匀、取样、监测,有控制地通过安全厂用水系统(SEC)和海水循环水系统(CRF)的排水终端构筑物 CC 跌落井稀释向杭州湾排放。

(3) 下列情况下暂存放射性废液:

- 环境稀释能力不足;
- 核岛产生的废液量超过废液处理系统(TEU)正常处理能力或废液处理系统不能使用时提供暂时储存能力;
- 取样分析或辐射监测系统(KRT)检测的排放废液的放射性水平超过正常放射性水平时提供暂时储存。

(4) 将超正常排放放射性水平的废液输送至废液处理系统(TEU)处理。

(5) 监测排放废液的放射性水平和测量排放容积。

#### 4.4.1.2 安全功能

废液排放系统(TER)不直接影响反应堆安全,只是用于暂存、监测和计量向环境排放轻微污染的废液,使操作人员和公众所受辐射剂量在规定的限值内。

### 4.4.2 系统描述

TER 系统主要由混凝土存放池及位于其内的 3 个暂存罐、集水管道、排水泵、辐射监测装置和排放管组成。如图 4-4-1 所示。

(1) 暂存罐(001 BA,002 BA,003 BA)

3 个暂存罐(TER 001 BA,002 BA,003 BA)布置在核辅助厂房外的存放池内。每个暂存罐的有效容积存 500 $m^3$,常压运行。

3 个暂存罐均设有水位测量,储存容量由 3 个暂存罐分担。当一个暂存罐在排放,另一个在接收废液时,可以检测第三个暂存罐内的废液。不符合排放标准的废液可送到 TEU 系统进行处理。

(2) 存放池

存放池的有效容积大于 3 个暂存罐的容积,能承受地震应力,存放池配有 003 PS,坑内安装有 007 PO 泵,并设有水位监测信号。

(3) 排水泵(001 PO,002 PO,003 PO)

每个暂存罐配置 1 台水泵(TER 001 PO,002 PO,003 PO)用于排放、使罐内废液再循环和回收泄漏到贮槽地坑内的废液。排水泵布置在紧靠贮槽的泵房内。

(4) 排放管道

TEU 系统单独向暂存罐(001 BA,002 BA,003 BA)排水,其余系统集中 1 根总管向暂存罐排水。每 1 系统的接受管上都装有 1 个手动截止阀,1 个止回阀,1 根倒空管和 1 根取样管。

废液排放管上设有电厂辐射监测系统(KRT),1 个受 KRT 信号控制的自动截止阀、1 个流量调节阀、1 个止回阀和 1 个积分流量计。

在排放管上设有一根通向 TEU 的回流管,每台贮槽内的废水可用各自的排水泵输送至 TEU 系统。

### 4.4.3 系统运行

(1) 正常运行

各系统来的废水以充灌方式流入暂存罐,3 个暂存罐轮换充灌、监测和排放,以便检测排放废水的放射性。排放废水的放射性浓度设计限值为 3.7 $MBq/m^3$。

充分搅拌槽内的废液使其成分均匀,并能取得有代表性的样品,根据样品的放射性及稀释能力,确定排放的废水流量。

废水排放时,保持泵最小有效搅拌流量,以避免悬浮物的沉积。排放管上的 KRT 监测系统对贮槽废水成分具有辅助监测作用,如果排放废水的放射性浓度超过预定值,监测器会发出警报并自动关闭隔离阀。

(2) 向 TEU 暂存箱输送

贮槽废水放射性剂量超过排放限值时,废水送回 TEU 化学水箱再处理。

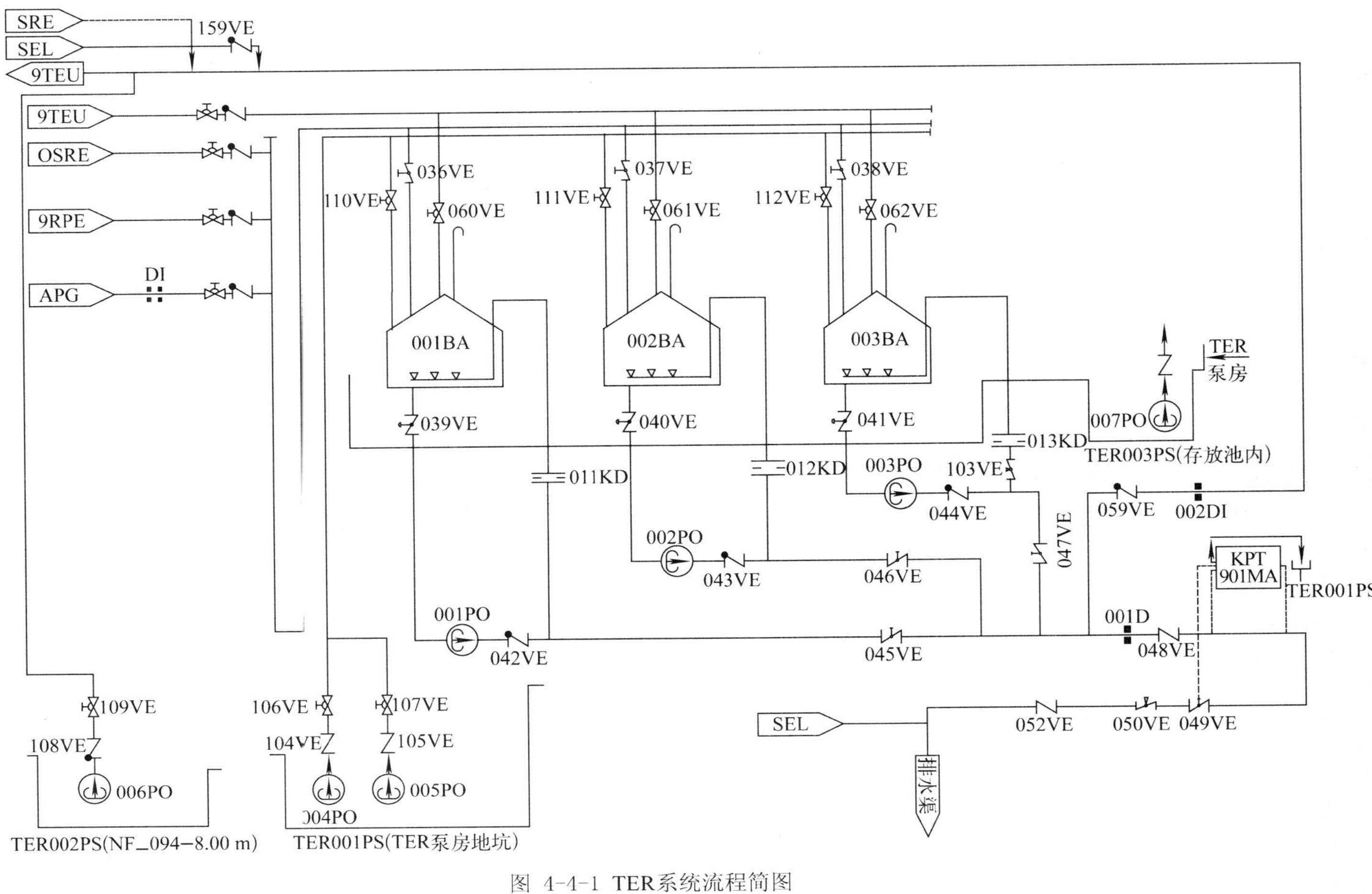

图 4-4-1　TER系统流程简图

(3) 暂存TEU废液

TER系统为TEU提供中间储存。在极特殊情况下,TEU水箱储存能力不足或TEU不能投入运行时,这些废液送TER。

# 4.5 放射性废气处理系统

## 4.5.1 系统功能

(1) 废气处理系统(TEG)为两个机组共用。它用以处理在电厂正常运行工况和预计运行事件中产生的废气。

(2) 安全功能

废气处理系统没有直接的安全功能,但能防止废气向环境泄漏,保护环境,使废气的放射性排放保持在可接受的范围内。

本系统的风险是爆炸性气体氢气、窒息性气体氮气以及放射性气体裂变产物。

## 4.5.2 系统描述

TEG系统由含氢废气处理分系统和含氧废气处理分系统组成,为两台机组共用。其流程见图4-5-1和图4-5-2。

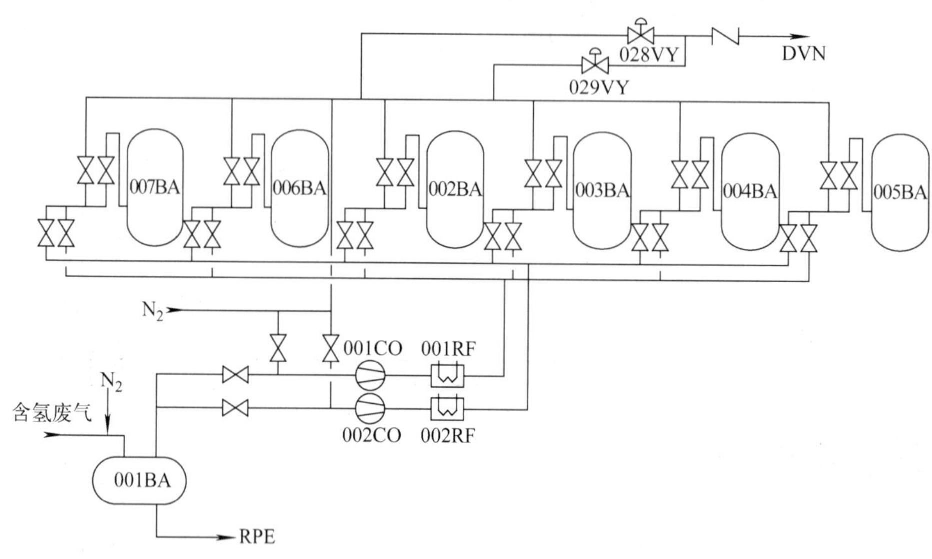


图4-5-1 含氢废气处理流程图

含氢废气处理分系统对含氢废气进行储存,待其放射性衰变到可以向环境排放的水平,废气的废放射性经过监测并过滤,除碘和由核辅助厂房通风系统(DVN)来的空气稀释后排向烟囱。

含氧废气处理分系统对含氧废气进行过滤并由DVN系统来的空气稀释以后排向烟囱。

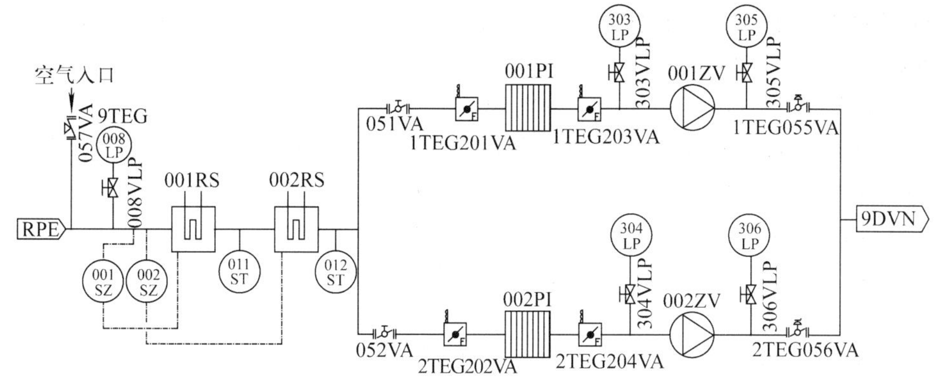


图 4-5-2　含氧废气处理流程图

### 4.5.2.1　TEG 含氢废气处理分系统

系统的设备和参数见表 4-5-1。

**表 4-5-1　废气处理参数表**

| | |
|---|---|
| 预计月平均储存量(两台机组)/m³ | 138 |
| 含氢废气 | |
| 介质 | 氢气、惰性气体、碘和水蒸气等 |
| 流量(两台压缩机)(最大)/(m³/h)(标准温度和压力) | 76 |
| 缓冲罐容量/m³ | 5 |
| 气体衰变罐容量(两台机组用)/m³ | 6×18 |
| 气体衰变罐的设计压力/MPa | 0.7 |
| 含氧废气 | |
| 介质 | 空气和少量水蒸气 |
| 流量(1 台排风机)(最大)/(m³/h)(标准温度和压力) | 2 000 m |

(1) 缓冲箱(TEG 001 BA)

由 RPE 系统收集的含氢废气排入缓冲箱内，然后用压缩机排往衰变箱。

缓冲箱的作用是减轻来自 RPE 系统废气的压力冲击，使气体压缩机平稳地运转。其容积为 5 $m^3$，为了防止空气进入，正常运行压力为 0.105 MPa(绝对)至 0.13 MPa(绝对)。

缓冲箱设有压力测量，当缓冲箱内压力达到 0.125 MPa(绝对)时，则第 1 台压缩机启动，将废气排到衰变箱；若压力升到 0.130 MPa(绝对)时，第 2 台压缩机启动；当压力降至 0.105 MPa(绝对)时，两台压缩机均停运。并设有安全阀。当 $P$=0.45 MPa(绝对)时，安全阀开启将废气排到烟囱，起超压保护作用。当 $P$=0.14 MPa(绝对)时，发出高高压力报警信号，当 $P$=0.103 MPa(绝对)时，由 RAZ 系统自动补充氮气。压力升到 0.12 MPa(绝对)时自动停止充氮气。

另外，缓冲箱有水位控制，用来控制缓冲箱 001 BA 的疏排水，当水位升到 25 cm 时，自动打开疏水阀排水，当降到 5 cm 时疏水阀自动关闭。箱 001 BA 的上游设有 1 台氧分析仪

001 MG,连续监测进入气流的含氧量,在含氧量达到1.5%时报警,要求由操作员手动充氮,含氧量达到3.5%时报警并使压缩机停运。

(2) 气体压缩机(TEG 001 CO和002 CO)

压缩机为膜片式压缩机,两台并联,正常时1台运行,1台备用 。压缩机将废气送入衰变箱中储存,其额定流量为38 $m^3$/h 1台,出口压力为0.7 MPa。

压缩机正常油压为0.2～0.4 MPa表压之间,油压低停机整定值为0.15 MPa。压缩机出口高压停机整定值为0.75 MPa(绝对)。压缩机膜片损坏的停机压力信号为0.105 MPa(绝对)。

(3) 压缩机气体冷却器(TEG 001 RF和002 RF)

气体被压缩后温度升高,为防止氢气爆炸,控制进入衰变箱的废气温度低于50 ℃,压缩机出口设置冷却器对压缩气体进行冷却,保证温度低于50 ℃。冷却器额定气体流量为38 $m^3$/h台,气体侧压力为0.025～0.7 MPa,由RRI系统冷却,其设冷水流量为400 L/h。

(4) 汽水分离器(TEG 005 CN和006 CN)。

汽水分离器用来分离冷却气体中的凝结水并将其导入RPE系统,分离器容积为13.5 L/台,运行压力0.025～0.7 MPa。

(5) 衰变箱(TEG 002 BA,003 BA,004 BA,005 BA,006 BA,007 BA)

衰变箱的容积为18 $m^3$,运行压力为0.02～0.7 MPa,运行温度<50 ℃。由压缩机将废气加压到0.65 MPa以减少所需的储存容积。含氢废气经60天衰变后排放。

6个衰变箱的连接方式是一个衰变箱进行充气,另一个作衰变储存,第三个进行排放,其余3个备用。当废气过多时也可充向备用的3个衰变箱,可用压缩机将一个衰变箱中废气转到另一个衰变箱中,充、排气的衰变箱由主控室选择,充气的衰变箱压力达到0.65 MPa时压缩机自动停止。排气的衰变箱的压力降至0.02 MPa以下时自动停止排放。

放射性气体有惰性气体(主要是Kr和Xe的同位素)、活化产物(N,O,Ar的同位素)和放射性碘、微粒和氚。基本负荷运行时含氢废气储存时间定为60天,已超过$^{133}$Xe的10个半衰期,其放射性已衰变到1/1 000,至于$^{85}$Kr,其半衰期很长(10年),已不适用衰变处理。在跟踪负荷运行工况下,由于废气量增加,储存时间可缩短到45天。

(6) 排放阀(TEG 028 VY和029 VY)

废气的排放通过两只并联的流量控制阀来执行。每只控制阀的最大设计流量为96 $m^3$/h(标准状态)。从一只充满的衰变箱在恒定流量下控制排放需要5 h(两只阀门投入使用)到84 h(一只阀门投入使用)之间。

为防止在排放期间空气反向进入衰变箱,当阀门上游压力低于0.02 MPa时,控制气动排放阀(TEG 028 VY和029 VY)自动关闭。当辐射监测系统(KRT)测得烟囱内的放射性高于限值或DVN系统除碘风机失效时,控制排放阀自动关闭。

TEG含氢废气系统的运行原则。

整个含氢废气系统须保持在正压下,以防止空气漏入引起爆炸。

为防止氢引起爆炸,必须采取下列措施:

(1) 在缓冲罐上游进行含氧量连续测量,防止废气中氧过量($O_2$<1.5%～3.5%)。

(2) 当DVN通风系统关闭时,缺乏稀释气体,这时TEG排向烟囱的通风管上的控制阀028/029XY会自动关闭。

(3) 衰变箱所在房间的换气速度为每小时 8 倍的房间体积。

(4) 为避免氢气在室内累积,房间的排气设在最高处。

(5) 贮罐所在房间不装电气设备。

(6) 压缩机房间的照明灯是防爆炸的。

(7) 压缩的废气在储存前冷却到 50 ℃以下。

对排放废气的监测:

- 从衰变箱释放前,先进行取样分析。
- 在烟囱上由 KRT 系统进行连续监测,当测出放射性超过限定值时,控制排放阀关闭。

投入运行前要用氮气吹扫整个系统。

压缩机由缓冲箱的压力信号自动控制启、停。当缓冲箱内压力达到 0.125 MPa(绝对)时,则第 1 台压缩机启动,将废气排到衰变箱;当压力升到 0.130 MPa(绝对)时,第 2 台压缩机启动,当压力降至 0.105 MPa(绝对)时,两台压缩机均自动停运。

#### 4.5.2.2 TEG 含氧废气处理分系统

含氧废气处理分系统由两个系列组成。正常情况下,一个系列连续运行,另一个系列备用。系统的设备和参数见图 4-5-2 和表 4-5-1。

(1) 电加热器(TEG 001 RS 和 002 RS)

含氧废气主要成分为带饱和蒸汽的空气,另外还有少量放射性气体。电加热器用来保持空气的相对湿度低于 40%。其额定气流量为 2 000 $m^3/h$(标准温度的压力),最高温度为 70 ℃,额定功率为 12 kW。

(2) 活性炭碘吸附器(TEG 001 PI 和 002 PI)

当放射性气体通过活性炭时,废气中的裂变气体(I,Kr,Xe)由于连续吸附过程而得以充分衰变,使活性炭床出口废气的放射性大为降低。

每台活性炭碘吸附器的去污因子>1 000(甲基碘),为保持高吸附效率,用电加热器加热使废气的湿度低于 40%,加热器和风机一起运行。

(3) 风机(TEG 001 ZV 和 002 ZV)

两台离心式风机,正常情况下 1 台运行,另 1 台备用。其作用是将空气排入烟囱和维持各设施内 4 kPa 的负压。每台额定流量为 2 000 $m^3/h$(标准温度和压力)。至少 1 台 DVN 排风机在运行时才允许 TEG 风机投入运行。

## 4.6 固体废物处理系统

### 4.6.1 系统的功能

固体废物处理系统(TES)的功能是收集两台机组产生的放射性固体废物,对废物暂时储存使其进行放射性衰变,压实可能压缩的固体废物,将废物封装在混凝土容器或金属桶中。

### 4.6.2 系统的组成

(1) TES 系统处理下列废物

1) 废树脂:来自 RCV,TEP,APG,PTR 和 TEU。

2) 浓缩液:来自 TEU,TEP(特殊情况),SRE(特殊情况)。

3) 废过滤器芯:来自 RCV,TEP,PTR,TEU 等。

4) 杂项固体废物(纸、抹布、塑料制品)。

(2) TES 系统由废树脂处理站、蒸发浓缩液处理站、过滤器芯子支承架装卸系统、装桶站、混合物配料站、最终封装站和压缩站组成。

如图 4-6-1 所示。

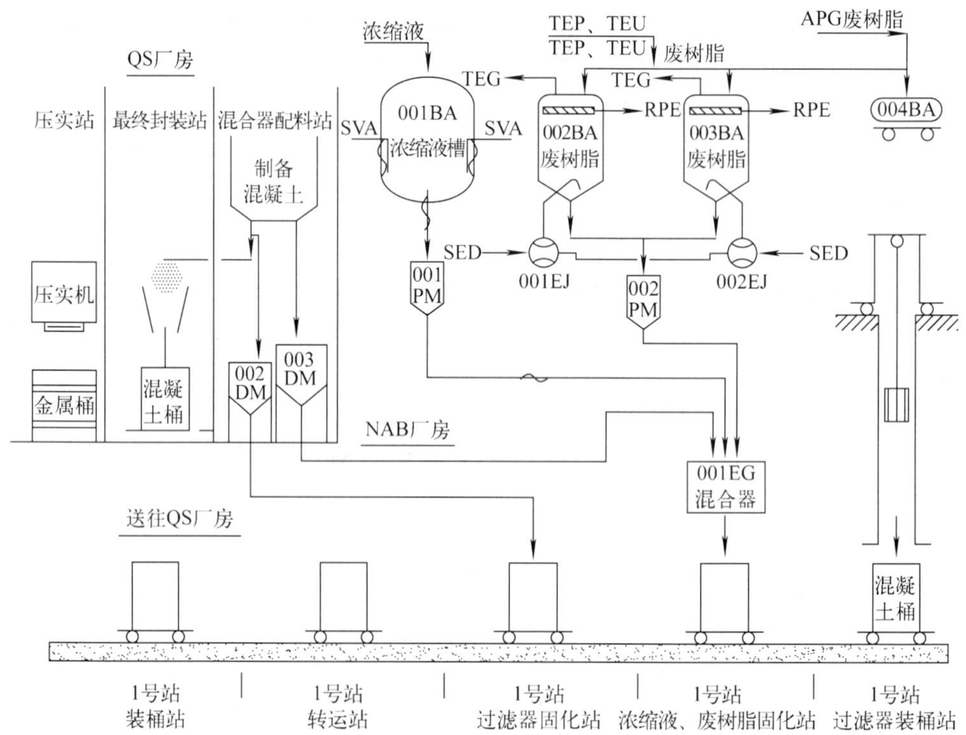


图 4-6-1 TES 系统流程示意

1) 浓缩液处理站

浓缩液处理站有浓缩液槽(TES 001 BA)和浓缩液计量箱(TES 001 PM)组成。浓缩液槽容积为 5 $m^3$,接收从 TEU 系统蒸发器来的浓缩液,以及 TEP,SRE 系统来的料液(特殊情况下)。箱内设有两个恒温加热器维持约 55 ℃的温度,以防硼结晶,设有搅拌器定期混合防止沉淀。箱体上部排气管向 TEG 含氧废气处理系统排气。计量箱 001PM 容积为 43 L,用来定量后靠重力进行装桶,由计量箱进出口排放阀和隔离阀进行控制。所有收集、疏排管线和计量罐均用电加热器加热保温,防止硼结晶。

2）废树脂处理站

废树脂处理站由两个废树脂储存箱（TES 002 BA 和 003 BA）和一个废树脂计量箱（TES 002 PM）组成。储存箱容积为 9 $m^3$。RCV，TEP，PTR，TEU 系统以及 APG 系统（仅在放射性高时）除盐床的废树脂由 SED 系统的除盐水以 1～2 m/s 的流速冲排到废树脂储存箱中，冲排水通过上部过滤器排往 TEU 系统的工艺排水箱。

正常情况下 APG 系统除盐床的废树脂由水力冲排到 TES 004 BA 储存箱中进行单独装桶。

废树脂储存箱上部的气体排放到 TEG 含氧废气处理系统，也可直接排到大气。在储存箱的下部有一根排放树脂管道通过容积为 46 L 的计量箱 002PM 定量后可将废树脂装桶。并有一根用喷射器排放废树脂的管道和一根喷管用于喷射水或压缩空气来疏松箱内的树脂。

3）过滤器芯子更换转运容器

过滤器芯子更换运转由过滤器芯子更换转运容器进行。该容器壁厚为 10 cm，其底部设有抽屉式拉板，其上部设有用于装卸过滤器芯子支架的卷扬机和抓具。在过滤器小室中将过滤芯子转入到容器中，运输到装桶站上部的过滤器芯子输送管座上，然后打开下部拉板将过滤器芯子支架放入装桶站内进行装桶。

4）装桶站

装桶站是把浓缩液、废树脂和过滤器芯子装入容器的场所。所有操作都是在铅玻璃屏蔽窗后面远距离进行的。

装桶站由设在屏蔽走廊内的 5 个站组成。为目视监测所有的操作，每个站均有自己的控制台和屏蔽窗。在 1 号站和 2 号站设有空气闸门（外门 A），在 2 号站与装桶区之间设有屏蔽闸门（内门 B），以防止放射性产物和灰尘逸出。废物桶通过在弯曲轨道上行走的运输车（002 CX）可从 2 号站到 3，4，5 号站。这个小车安装在墙上，使地面上没有任何设备，便于装桶站的清洗。

- 1 号站用于空桶储存，在装桶前由运输车将空桶通过隔离门送入 2 号站。
- 2 号站用于将桶从运输车（002 CX）上转运到运输小车（001 CX）上，以便通过屏障隔离门送入装桶固化区。
- 3 号站用于将过滤器芯子和湿混凝土混合装桶，并在振动台上进行震实。
- 4 号站用于废树脂或浓缩液与干混合物一起经装桶后搅拌混合。
- 5 号站用于过滤器芯子从过滤器芯子更换转运容器内卸入混凝土桶中。

5）混合配料站

水泥固化用的干混料和湿料的配料（水泥、沙子、砾石和石灰）分别储存在各自的贮槽内。贮槽安装在废物辅助厂房（QS）内进料斗和混合器的上方。物料从称量料斗送入混合器并进行混合。然后用料车送往核辅助厂房（NX）用于装桶，或者用皮带输送机送往最终封桶站用于混凝土废物桶的最终封盖。

6）最终封盖站

在混凝土废物桶从装桶站输送到最终封盖站时，立即进行最后的封盖和储存。由皮带输送机将湿混料从配料站转运到封盖站罐入废物桶内，并用可伸缩的振动喷枪保证均匀充填。

7）压缩站

在压缩站由 1 台压力为 100 kN 的压缩机将混杂的可压缩的固体废物在金属桶内压缩。废物在压缩时，在工作箱内要建立负压，以防止尘埃逸出。废物桶在 QT 厂房内暂存。

固体废物的储存：装桶后，最后封盖要在 QS 厂房（废物辅助厂房）进行。废物装桶后，封盖前，为了硬化，便于运输，先在 NAB 厂房的装桶站（1 号区）防置 24～72 h 放射性混凝土初凝后，运到 QS 厂房进行最后封盖，封盖后必须放置一个月，使混凝土完全硬化，才能运到 QT 厂房暂存。

固体废物处理系统在主要参数如表 4-6-1 所示。

**表 4-6-1 固体废物处理系统参数**

| 应处理废物的预计产量（两台机组） | |
|---|---|
| 废树脂 | 每年 39.5 $m^3$ |
| 浓缩液 | 每年 45 $m^3$ |
| 废过滤器芯子 | 每年 218 只 |
| 杂项干废物（压缩后） | 每年 300 $m^3$（电厂开始运行时最大值） |
| 装桶能力 | 装桶站设计成最大处理能力为 4 桶/天（装桶时间取决于桶的类型） |
| 废物储存能力（两台机组） | |
| 废树脂储存箱 | 2×9 $m^3$ |
| 浓缩液储存箱 | 1×5 $m^3$ |

## 4.6.3 系统的运行

分为 3 个操作顺序

——废物的收集和储存；

——装桶；

——装卸。

（1）废树脂的收集和储存

对于 RCV，TEP，PTR 和 TEU 以及在有异常放射性时 APG 的废树脂，由水力冲扫将除盐床废树脂输送至箱体 TES 002 BA 或 TES 003 BA。

从 APG 来的除盐床废树脂由水力冲扫输送至贮槽 TES 004 BA。

在储存期间，应该将箱内废树脂定期疏松（至少每月一次），以防止废树脂结块而堵塞管道，装桶前也应该对废树脂进行疏松。

（2）浓缩液的收集和储存

为了防止结晶，浓缩液通过加热系统 RRB 对管道加热和通过两组电加热器对贮槽 001 BA 加热（约 55 ℃）。

选择 55 ℃温度是为了使溶液硼浓度即使达到 40 000 mg/kg 时也不会结晶沉淀，同时在电加热系统失效的情况下保持足够的温度。同时，为保证下料管线不至因电加热器失效堵塞管道专设有加热蒸汽吹扫管线。浓缩液由搅拌器（001 AG）定期进行搅拌混和，尤其在贮槽进料和排料时。

（3）过滤器芯子的收集和储存

过滤器芯子是在一个壁厚为 10 cm 的铅容器中拆卸。

只有在过滤器小室（标高 11.5 m）中的过滤器芯子才用铅容器拆卸。

在转移铅容器时用塑料袋将过滤器芯子包起来，以防滴液污染环境。

当过滤器芯子的放射性很低或为零时（例如 APG），不必将过滤器芯子放在铅容器中转移至混凝土容器内。而是用安装新过滤器芯子的同样设备，在聚乙烯塑料罩内手动拆除过滤器芯子，直接放入金属桶内。

（4）装桶

——在 4 号站进行废树脂或浓缩液的装桶操作。

——在 3 号站将废过滤器芯子固定。

——APG 废树脂在废物处理辅助厂房装桶。

1）桶的特性

——混凝土容器的特性

有 4 种类型的混凝土容器，如表 4-6-2 所示：

**表 4-6-2　混凝土容器类型**

| 类型 | 外径/m | 内径/m | 壁厚/m | 高度/m | 废物容量/L | | 装桶量/t |
|---|---|---|---|---|---|---|---|
| | | | | | 浓缩液 | 废树脂 | |
| Ⅰ型 | 1.40 | 1.10 | 0.15 | 1.30 | 342 | 305 | 5 |
| Ⅱ型 | 1.40 | 0.80 | 0.30 | 1.30 | 128 | 131 | 5 |
| Ⅲ型 | 1.40 | 0.60 | 0.40 | 1.30 | — | 44 | 5 |
| Ⅳ型 | 1.10 | 0.80 | 0.15 | 1.30 | — | — | 3.5 |

**注 1：** 原设计前两种类型的混凝土容器通常用于中等放射性水平的废树脂和浓缩液的固化。Ⅲ型的混凝土容器仅用于特殊情况的中放偏高水平的废物（废树脂）。废过滤器芯子装在Ⅳ型容器内。

**注 2：** 根据目前废物产生情况和大亚湾经验反馈，现采用Ⅰ型桶对废树脂、浓缩液以及过滤器芯子进行固化，对放射性比活度较高的 RCV 过滤器芯子采用Ⅳ型桶固化。Ⅱ型、Ⅲ型桶基本不用。

——金属桶的特性

- 金属桶的尺寸：$\phi$560 mm×900 mm；
- 金属桶的容量：200 L（可全拆卸顶盖的专用钢桶）。

2）废树脂和浓缩液装桶

每桶可装入的废物量取决于下列因素

——规定的放射性限值；

——确保水泥凝结和获得性能满意的固化块（强度、浸出率等）所需的合适比例见表 4-6-3 及表 4-6-4。废物由计量槽配比。为了保证满意的固化块配比，根据废物容积和总容积之比为 0.42，干湿混料配比如下：

- 废树脂计量槽 002 PM 容积为 46 L，在阀 026VS 和 018VS 之间的容积为 48.1 L（水＋废树脂），仅废树脂为 43.6 L。

· 水泥:525 号普通硅酸盐水泥。砂:0～3 mm,50%;3～8 mm,50%;湿度:<3%。石灰:含水石灰(92%氢氧化钙)。

表 4-6-3　废树脂装桶时的物料配比

| 容器类型 | 计量槽次数/L | 湿树脂/L | 覆盖水/L | 砂/kg | 水泥/kg | 石灰/kg |
|---|---|---|---|---|---|---|
| CⅠ | 7 | 305 | 31.5 | 512 | 546 | 14 |
| CⅡ | 3 | 131 | 13.5 | 230 | 240 | 6 |
| CⅢ | 1 | 44 | 4.5 | 77 | 80 | 2 |

· 浓缩液(计量槽 001PM 的容积为 42 L,而在阀 005VB 和 006VB 之间的容积为 42.75 L)。

水泥、砂和石灰与上述的特性相同。浓缩液温度:55 ℃;化学分析:硼浓度 40 000 mg/kg;摩尔比 $K=\frac{M_{Na}}{M_B}=0.23$。

桶壁厚设计成能使容器外表面的计量率降低至 2 mSv/h。

表 4-6-4　浓缩液装桶时的物料配比

| 容器类型 | 计量槽次数/L | 浓缩液/L | 砂/kg | 水泥/kg | 石灰/kg |
|---|---|---|---|---|---|
| CⅠ | 8 | 342 | 270 | 790 | 82 |
| CⅡ | 3 | 128 | 101 | 296 | 31 |

3) 废树脂或浓缩液装桶操作(见表 4-6-3 和表 4-6-4)

在废物处理辅助厂房中,混凝土容器内配上金属内衬,对应的桨叶,石灰与临时盖。然后将桶运往辅助厂房。

在 4 站定位后,将废树脂或浓缩液加入桶内。必须进行初步混合(持续时间 15 min)。

在废物处理辅助厂房配制的干混料用料斗运至核辅助厂房。干混料经可调节加料速率的螺旋输送机加入容器(加料时间:约 50 min)。

干混料加料结束后,干混料和废物的混合再持续 15 min。

非放 APG 废树脂由装桶走廊里的 TES 004 BA 槽收集。

当 APG 树脂放射性比活度较高时,处理方法与 RCV,TEP,PTR 和 TEU 废树脂相同。

4) 废过滤器芯子装桶

用料斗将在 QS 厂房配制的湿混料,送至核辅助厂房。

用过滤器芯子更换容器将过滤器芯子吊入容器内(5 站)然后用湿混料固定(3 站)。为确保混凝土分布均匀,将容器放在振动台上振动几分钟。根据容器的类型和过滤器芯子的类型来确定混凝土的用量。

Ⅳ型容器用于过滤器芯子,该容器设定位架,用于装桶时使过滤器芯子定位,并保证均匀的生物防护。Ⅳ型容器的容积约 500 L,其混凝土的配比见表 4-6-5。

水泥:525 号普通硅酸盐水泥;砂:0～8 mm,砾石:8～20 mm。

**表 4-6-5 混凝土的配比**

| 水泥/kg | 砂/kg | 砾石/kg | 增塑剂/kg | 水/L |
| --- | --- | --- | --- | --- |
| 200 | 400 | 400 | 水泥重量的 0.3%～0.5% | 95 |

注:根据放射性水平,可选用 CⅠ、CⅡ或 CⅢ型容器。在这种情况下,必须根据容器的内部容积来调整混凝土用量。

5) 容器的封盖

容器充满废物后,立即送到核辅助厂房的临时储存场所,进行 24～72 h 的混凝土初凝,以免在运输过程中混凝土外溢。

初凝后将桶送往废物处理辅助厂房作最终封盖。

最终的封盖是用混凝土浇灌在容器上制成的,然后振动使混凝土均匀分布。每 1 $m^3$ 混凝土的配比如表 4-6-6 所示:

**表 4-6-6 混凝土配比表**

| 水泥/kg | 砂/kg | 砾石/kg | 增塑剂/kg | 水/L |
| --- | --- | --- | --- | --- |
| 400 | 1 000 | 770 | 4 | 170 |

水泥:525 号普通硅酸盐水泥,砂:0～8 mm,砾石:8～20 mm。

最终的封盖减少了储存库和厂外储存区的计量率。

最终封盖后,容器至少要储存一个月,使在外运前混凝土硬化。

# 4.7 常规岛废液排放系统

## 4.7.1 系统的功能

### 4.7.1.1 功能

常规岛废液排放系统(SEL)有如下功能。

(1) 收集来自常规岛的废液(1-2 SEK):

· 凝汽器热井的疏水;

· 汽轮机厂房汽水回路的疏水和排气冷凝液;

· 收集疏水回收泵池的水;

· 凝泵坑集水井的疏水。

(2) 废液在罐内混匀取样分析后排放,使放射性废水有控制地通过稀释向杭州湾排放。

(3) 储存废液:

· 稀释能力不足而延迟排放;

· 取样分析或辐射监测系统(KRT)检测得到的排放废液超过正常放射性水平;

(4) 将超正常排放放射性水平的放射性废液送至废液处理系统(TEU)处理。

(5) 监测排放废液的放射性水平和测量排放容积。

#### 4.7.1.2 安全功能

本系统不直接影响反应堆安全,只是监测和计量向环境排放的可能受轻微污染的废液,使操作人员和公众所受辐射剂量在规定限值内。

### 4.7.2 系统描述

本系统主要由混凝土存放池及位于其内的3台贮槽、接液管、泵、辐射监测装置和排放管组成。

(1) 贮槽(004 BA,005 BA,006 BA)

3个贮槽(SEL 004 BA,005 BA,006 BA)布置在核辅助厂房外的QA厂房内,每个贮槽的有效容积为500 $m^3$,常压运行。

3个贮槽均设有水位测量,储存容量由3个贮槽分担。当一个贮槽在排放,另一个在接收废液时,可以检测第三个贮槽内的废液。不符合排放标准的废液可送到TEU系统进行处理。

(2) 存放池

存放池的有效容积大于6个贮槽的容积,它能承受地震应力,存放池配有003 PS(与TER系统共用),坑内安装有007 PO泵。

(3) 排水泵(008 PO,009 PO,010 PO)

每个贮槽配置1台水泵(SEL 008 PO,009 PO,010 PO)用于排水、混合废液。泵与贮槽搅拌装置连接的回流管上装有流量整定阀、一块孔板和一个流量计(流量试验测量)。

(4) 管道

每一条接收管上都装有截止阀、止回阀、疏水阀、取样管。两条接收管汇合成一条管向贮槽供水。

废液排放管上设有电厂辐射监测系统(KRT),排放管上还装有受KRT信号控制的自动截止阀、手动截止阀、流量调节阀、止回阀、积分流量计各一个。

在排放管道上设有回流管,此管与TEU的回流管相接,贮槽内废水的放射性浓度超过排放限值时,可用各自的泵输送至TEU系统处理。

### 4.7.3 系统运行

#### 4.7.3.1 正常运行

SEK系统来的废液以充灌方式流入贮槽,3台贮槽轮换充灌、监测和排放。排放废液的放射性浓度设计限值为0.08 MBq/ $m^3$。充分搅拌贮槽内的废液使其成分均匀,并能取得有代表性的样品。根据样品的放射性及稀释能力,确定废水的排放流量。

废水排放时,保持泵的最小有效搅拌流量,以避免悬浮物的沉积。排放管上的KRT监测系统对贮槽废水成分具有辅助监测作用,如果排放废水的放射性剂量超过预定值,监测器会发生警报并关闭隔离阀。

#### 4.7.3.2 向TEU暂存箱输送

贮槽废水放射性剂量超过排放限值(3.7 MBq/ $m^3$),不能排放时,废液被送回TEU化学疏水箱再处理。

#### 4.7.3.3　增加贮槽排放频率

在核电站发生故障的情况下，废液产生量可能增加，因此贮槽化学分析及排放的频率会增加。

## 4.8　核岛疏水与排气系统

### 4.8.1　系统的功能

#### 4.8.1.1　主要功能

核岛疏水与排气系统(RPE)不仅起到收集作用，而且还能起到完成整个核岛系统疏水与排气的功能。本系统在核岛内有一部分是每个机组专用，其余部分是两个机组共用。本系统收集核岛内产生的所有废水和废气，它们来自：

——正常运行；

——停堆或维修及随后启动；

——设备维修及维修前设备排水；

——正常泄漏和事故泄漏；

——各种瞬态。

根据废物的特性以及收集后的处理方式，将这些废物分别由各自的管网输送到位于核辅助厂房的硼回收系统(TEP)、废液处理系统(TEU)和废气处理系统(TEG)。在发生事故以后，将高放废水再注入反应堆厂房。

#### 4.8.1.2　安全功能

RPE 系统不履行与反应堆运行安全有关的(安全壳贯穿件除外)功能。但它却起到限制放射性废物排放到环境中去的作用。在反应堆发生失水事故(LOCA)以后，收集在核燃料厂房和核辅助厂房(NAB)中的高放废水向反应堆厂房再注入。

### 4.8.2　系统的组成及运行

本系统的主要设备是疏水坑(箱)和泵，所设计的疏水坑(箱)的容积、泵流量的确定和配备泵的台数由系统运行的条件来决定。地坑泵流量的确定考虑了足够的余量，以防止在预期的正常疏水期间疏水坑发生溢流。

#### 4.8.2.1　反应堆冷却剂疏水

本系统收集含氢的反应堆冷却剂疏水和回路的泄漏，并通过 RPE001BA 被传至 TEP 系统。还有，当调节反应堆冷却剂硼酸浓度时，这些反应堆冷却剂通过化学和容积控制系统(RCV)被送至 TEP 系统。

热反应堆冷却剂废水(>60 ℃)来自：

——稳压器安全阀；

——阀杆泄漏(RRA，RCP，RCV)。

这些热反应堆冷却剂废水在被转送到反应堆冷却剂疏水箱(RPE 001BA)之前，为了冷却而收集在稳压器卸压箱(RCP 002BA)中。

冷反应堆冷却剂废水(<60 ℃)来自:

——稳压器卸压箱;

——RCV系统(来自过剩下泄热交换器RCV 021RF);

——RCP,RCV,RIS,RPE,RRA,PTR,EAS系统阀杆密封泄漏;

——主泵2号和3号的密封泄漏;

——反应堆压力容器1号密封泄漏。

这些冷反应堆冷却剂废水收集在反应堆冷却剂疏水箱(RPE 001BA)。

反应堆冷却剂疏水进入RPE 001BA的温度应低于60 ℃(TEP除盐装置中的树脂最高允许温度为60 ℃)。当箱内高液位时,由运行人员在控制室任意启动RPE 001PO或002PO,被选择的泵在低液位停止,另1台泵在高—高液位启动,低液位停止。

为了防止空气进入RPE 001BA,箱内要用氮气覆盖,压力保持高于大气压。

RPE 001BA的运行由安全阀(RPE 004VY)来防止超压。RPE 004VY整定压力为0.3 MPa(绝对)。RPE 004VY释放的反应堆冷却剂排到工艺疏水箱(RPE 003BA)。

#### 4.8.2.2 工艺疏水

本系统收集含氧的反应堆冷却剂疏水和泄漏以及树脂反冲水,这些废水直接通过管道收集并输送至:

——核辅助厂房工艺疏水坑(RPE 002PS),再用泵输送到TEU系统工艺排水槽;

——TEU工艺排水槽(废水自流进入排水槽的进口管);

——当反应堆发生事故,工艺疏水坑(RPE 002PS)的高放废水再注入反应堆厂房安全壳疏水坑(RPE 011PS)。

另外,在大修期间将RCP系统管道中的疏水经由RPE 001BA排至TEP系统处理回收,以减少TEU系统处理压力和不必要的排放。因为大修时较多的疏水,会使TEU系统来不及处理,导致高放废水排到TER 003BA暂存,从而增大高放水向环境误排放风险并使另一机组在蒸汽发生器U形管破裂事故时的TER存储空间丧失。

#### 4.8.2.3 化学疏水

本系统收集放化实验室的废水和来自含化学物质系统的疏水,以及反应堆厂房地面疏水。

这些废水通过管道收集并输送至:

——反应堆厂房安全壳疏水坑(RPE 011PS),再用泵输送到TEU化学排水槽;

——核辅助厂房化学疏水坑(RPE 003PS),再用泵输送到TEU化学排水槽;

——核辅助厂房化学疏水坑(RPE 004PS),再用泵返回到APG系统。

安全壳疏水坑(RPE 011PS)与反应堆堆腔之间的阀门(RPE 608VE)和安全壳疏水坑与堆芯仪表间(RIC)的阀门(RPE 609VE),在正常运行时是关闭的,以便检查反应堆冷却剂在正常运行期间是否有泄漏(均设报警信号)。

安全壳疏水坑中的地坑泵(RPE 003PO,004PO)以额定流量5 $m^3/h$间断运行,这两台泵在控制室操作,泵并联运行。泵的启动或停止由疏水坑液位来控制。

当反应堆厂房,核燃料厂房和核辅助厂房发生事故时,通过KRT发出报警信号,泵RPE 003PO,004PO停运,阀门RPE 055VE和056VE关闭。通过再注入管道,将部分被污染的高放废水向反应堆厂房再注入。

#### 4.8.2.4　地面疏水

本系统在核辅助厂房、核燃料厂房和连接厂房收集核辅助系统泵的密封泄漏水、设备和管道检修时的排水及通风系统在运行时的疏水。这些疏水通过房间的地漏或排水沟用管道输送至各自厂房的地面疏水坑，再用泵输送到 TEU 地面排水槽。有些疏水直接收集到 TEU 地面排水槽。例如：APG 疏水，除盐装置的反冲水等。

#### 4.8.2.5　含氢废气

本系统收集反应堆冷却剂系统，TEP 系统除气运行中产生的含氢废气及在检修前用氮气吹扫存放反应堆冷却剂的各种箱体时所排出的含氢废气。这些废气被送到 TEG 含氢废气子系统进行处理。

含氢废气系统收集从下列设备排出的废气：

——反应堆冷却剂疏水箱（RPE 001BA）；

——TEP 前贮槽（TEP 001/008BA）；

——RCV 系统容积控制箱（RCV 002BA）；

——TEP 排气冷凝器（001/002CS）。

然后将这些废气排进 TEG 前贮槽（TEG 001BA）。

#### 4.8.2.6　含氧废气

本系统收集反应堆在启动、停堆时设备排气及常压贮槽、手套箱等排气。这些废气被送到 TEG 含氧废气子系统进行处理。

含氧废气系统收集从下列设备排出的废气：

——TEP：中间贮槽 TEP 002BA、003BA、004BA
　　除盐预过滤器（TEP 001/002FI）
　　树脂滞留过滤器（TEP 003/004FI）
　　阳床除盐器（TEP 001/002DE）
　　混床除盐器（TEP 003/004DE）
　　阴床除盐器（TEP 005/006/007DE）
　　蒸发器（TEP 001/002EV）
　　除气塔（TEP 001/002DZ）

——RCV：密封水热交换器（RCV 003RF）
　　下泄热交换器（RCV 002RF）
　　阳床除盐器（RCV 003DE）
　　混合床除盐器（RCV 001DE、002DE）

——REA：硼酸储存箱（REA 003BA、004BA）

——REN：通风柜

——TEU：可视气液分离器（TEU 103IC）
　　工艺排水槽（TEU 001BA、002BA）

——TES：废树脂贮槽（TES002BA、003BA）

这些类型的废气都送到风机 TEG 001ZV 和 002ZV 的进口，并经 DVN 排到烟囱。RPE 系统流程如图 4-8-1 所示。

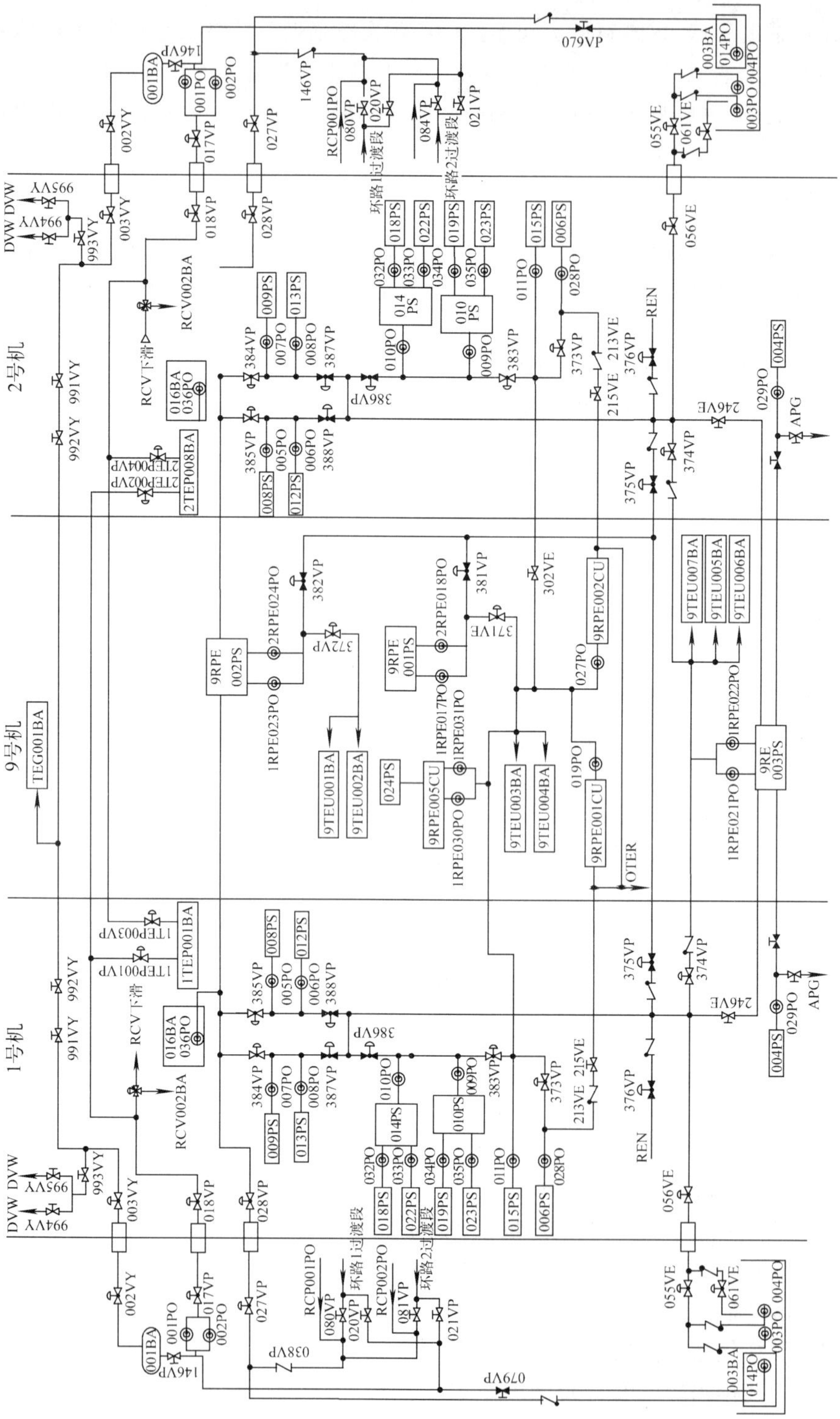

图 4-8-1 RPE 系统流程示意图

注：正常运行时 1/2RPE373/374/383/384/385VP，9RPE371/372VP保持开启 1/2RPE375/386/387/388VP，9RPE381/382VP保持关闭
再注入阶段 1/2RPE375/386/387/388VP，9RPE381/382VP关闭 1/2RPE373/374/383/384/385VP，9RPE371/372VP开启

# 第五章 安全壳相关的通风系统

## 5.1 概 述

安全壳相关的通风系统包括 EBA(安全壳换气通风系统)、ETY(安全壳大气监测系统)、EVF(安全壳净化系统)、EVR(安全壳连续通风系统)、EVC(安全壳堆坑通风系统)、RRM(控制棒驱动机构通风系统)等。

安全壳相关通风系统用于正常运行时的安全壳空气的监测、堆坑和控制棒驱动机构的冷却,停堆换料时的安全壳空气净化,事故情况下的安全壳卸压和消氢等。

## 5.2 安全壳换气通风系统

### 5.2.1 系统功能

(1) 在反应堆冷停堆期间,维持一个可以接受的环境温度(15～35 ℃),保证维修人员的正常进入和适当的工作条件。

(2) 在反应堆冷停堆期间,降低裂变气体的浓度,使得人员能以尽可能短的时间持续进入反应堆厂房。

(3) 在机组停堆期间,维持 RPE002BA(含氧废气分离箱)轻微负压。

本系统属于非安全有关系统,但 4 条贯穿安全壳的送、排风管上的 8 个隔离阀必须保证失水事故时安全壳的密封性,其关闭时间小于 3 s,属核安全级设备。

### 5.2.2 系统描述

安全壳换气通风系统流程示意图如图 5-2-1 所示:

本系统与核辅助厂房通风系统(DVN)相接,DVN 系统的新风经加热和过滤后与 EBA 相连接。

(1) 寒冷季节,由热水生产和分配系统(SES)给加热盘管 DVN005RE 供热水,将 EBA 系统换气的温度保持在整定值;

(2) 空气通过加热盘管后送风管分为两根总管(每座反应堆厂房 1 根);

(3) 4 个安全壳的贯穿件(每座反应堆厂房)共有 8 个隔离阀 001VA,002VA,003VA 和 004VA,013VA,014VA,015VA 和 016VA ,4 个在壳内,4 个在壳外;

(4) 四个隔离阀 006VA,007VA,008VA 和 009VA 在 EBA 和 EVR 混合运行时,使送出的空气直接进入公共环路;

(5) 至反应堆水池的送风管上有 1 个调节阀 005VA;

(6) 壳内有含氧废气排气箱 RPE 002 BA,有 1 台小风量排风机 EBA 001 ZV 使箱体保持负压状态,抽出的空气排入本系统的排风管内。

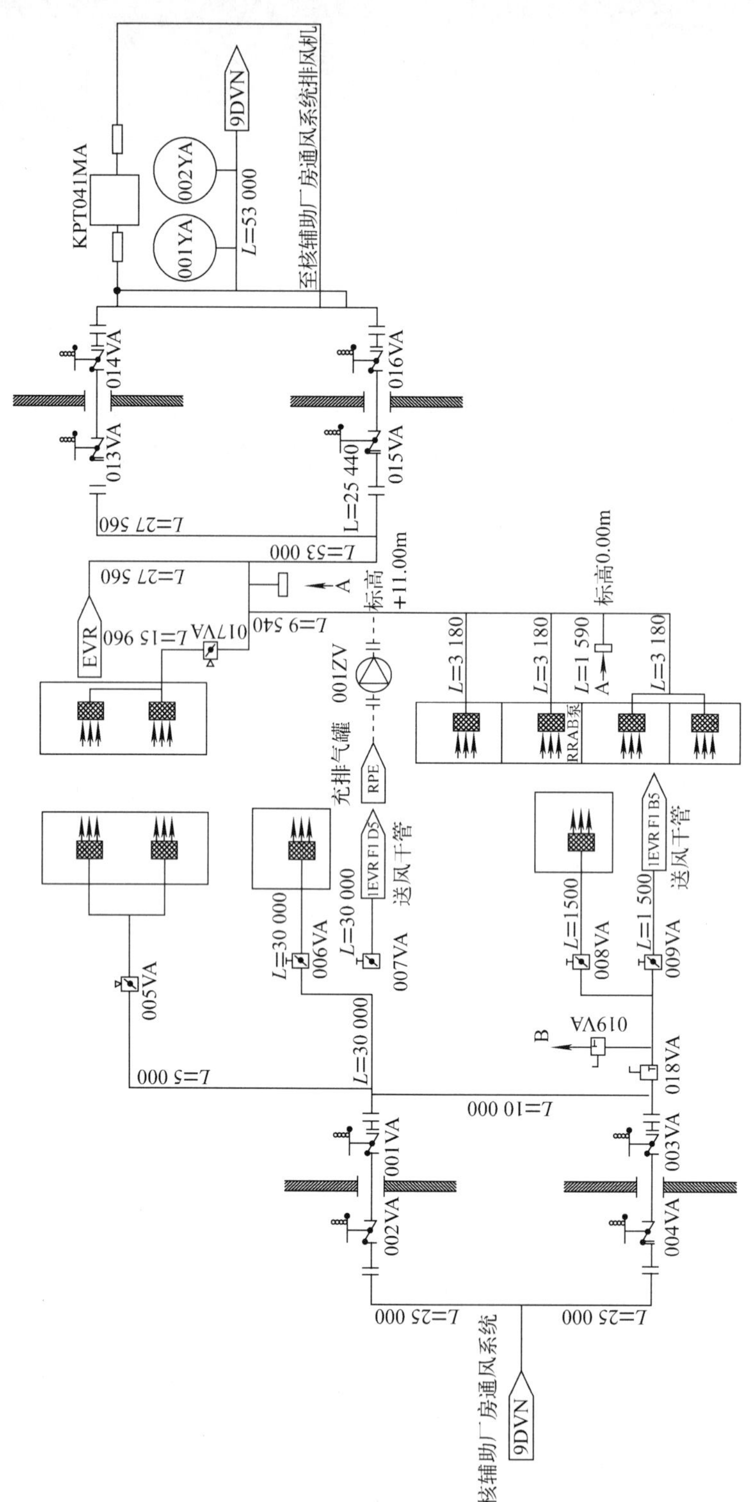


图 5-2-1 安全壳换气通风系统流程示意图

由 DVN 送风到本系统总风量为 50 000 $m^3/h$，5 000 $m^3/h$ 的风量通过专门的风管送到堆坑(EVC)，其余的 45 000 $m^3/h$ 风量经过 EVR 管网分配到反应堆厂房的各个房间。由本系统从安全壳排出的风量为 53 000 $m^3/h$，比送风多 3 000 $m^3/h$，保证安全壳处于负压状态。本系统的排风与 DVN 正常排风管网和 DVN 碘吸附器净化排风管网相连接，由 DVN 排风机排至烟囱。

### 5.2.3 系统的运行

#### 5.2.3.1 正常运行

反应堆正常功率运行时本系统停止运行，安全壳隔离阀全部处于关闭状态。仅在反应堆冷停堆时，手动开启隔离阀，系统投入运行。如果室外气温低于整定值时，加热器启动提高送风温度。

(1) 正常运行时送风考虑以下 5 种情况

- 1 台机组冷停堆——EBA 系统空气无碘污染；
- 1 台机组冷停堆——EBA 系统空气有碘污染；
- 两台机组冷停堆——EBA 系统空气无碘污染；
- 两台机组冷停堆——1EBA 系统或 2EBA 系统空气有碘污染；
- 两台机组冷停堆——1EBA 系统和 2EBA 系统空气均有碘污染。

(2) 排风

由于安全壳内温度升高，空气膨胀，排风量要酌情增大，总排风量为 53 000 $m^3/h$。排风通过 3 组主要的回风口：

第一组 3 个回风口的风量各为 3 180 $m^3/h$，共 9 540 $m^3/h$；

第二组回风口为热交换器室的排风量 15 900 $m^3/h$；

第三组回风口来自穹顶，排风量为 27 560 $m^3/h$。

此外，含氧废气箱有 1 台小风量排风机，排风量为 20 $m^3/h$，它在本系统运行时间内连续运行。在 EBA 运行时，EVR 系统不运行。

当 1 台机组冷停堆且没有碘污染，正常运行时本系统给安全壳提供的最低换气次数为每小时一次(50 000 $m^3/h$)。

#### 5.2.3.2 特殊稳态运行

由于换气系统用的是未经冷却的室外空气，因此 EBA 系统和 EVR 系统有可能进行混合运行。在夏季或反应堆停堆开始阶段，这种运行方式能达到快速降低安全壳温度的目的。EVR 系统风机只运行 1 台。为了同样的目的，也可让 EBA 系统和 EVC 系统混合运行代替 EBA—EVR。

#### 5.2.3.3 特殊瞬态运行

停堆期间，若在安全壳内检测到碘，本系统排出的空气则应通过 DVN 系统的碘吸附器。

#### 5.2.3.4 启动和正常停运

在反应堆运行、热停堆及由热停堆到冷停堆的转换阶段，本系统是不运行的。只有到余热排出系统(RRA)的启动条件达到后(一回路压力低于 3.0 MPa(绝对)，一回路温度低于

177 ℃),才启动 EBA 系统来保障人员的工作环境温度。

启动操作程序如下：

(1) 手动开启安全壳隔离阀；

(2) 停止运行 EVR 系统的风机；

(3) 启动本系统使用的 DVN 风机；

(4) 当安全壳内温度降到<15 ℃时,启动空气加热器；

(5) 启动含氧废气箱排风风机,使箱体降压,维持箱内负压。

停止运行操作程序如下：

(1) 关闭安全壳隔离阀；

(2) 停止运行含氧废气箱排风机。

#### 5.2.3.5 其他运行

冷停堆期间发生燃料装卸事故,本系统必须停运。采用下列方式快速关闭安全壳隔离阀(不大于 3 s)：

(1) 20 m 平台按下就地蘑菇头形按钮；

(2) 从主控制室手动关闭；

(3) KRT(核电厂辐射监测系统)报警信号而引起的自动关闭。

事故后要完成如下操作：

(1) 人员通过+8.0 m 处人员闸门快速撤离出安全壳,并关闭人员闸门；

(2) 停止运行本系统的含氧废气箱的排风机；

(3) 在控制室监测 8 个安全壳隔离阀的关闭；

(4) 启动反应堆堆坑通风系统(EVC)或安全壳连续通风系统(EVR)以排出余热排出系统(RRA)散发的热量；

(5) 启动安全壳净化系统(EVF)降低碘的污染；

(6) 监测安全壳内的大气放射性；

(7) 当放射性水平足够低时,本系统按减小风量的工况重新投入运行,但 DVN 的碘吸附系统同时投入运行；

(8) 当安全壳内放射性水平降低到正常状态,同时不使用碘吸附器也不会超过向外排放规定的限值时,本系统可重新在大风量下运行。

## 5.3 安全壳内大气监测系统

### 5.3.1 系统功能

安全壳内大气监测系统(ETY)有如下功能。

在正常运行时：

- 净化安全壳大气,以限制因裂变惰性气体和氚的存在引起的放射性强度提高,放射性碘由安全壳内部净化系统处理；
- 保持安全壳内部压力低于最大规定值 0.006 MPa。

LOCA 事故后进行：

- 为确定氢浓度进行安全壳大气取样和测量；
- 对安全壳内大气中的氢浓度进行连续监测；
- 为防止局部氢浓度高，混合安全壳空气；
- 为保持安全氢浓度，借助氢复合器进行氢复合。

其他作用：

- 首次启堆前和以后定期对安全壳作密封性试验；
- 连续测量安全壳大气中气溶胶、碘和惰性气体的放射性水平，连续监测安全壳在反应堆正常运行时的压力和温度。

## 5.3.2　系统描述

安全壳大气监测系统由以下四个子系统组成：

- 反应堆厂房大气化学监测子系统；
- 安全壳试验子系统；
- 保健物理监测子系统；
- 安全壳大气物理监测子系统。

第一个子系统又可分为混合、取样、监测、复合部分和小风量清洗部分。混合、取样、监测、复合部分为与安全有关系统，其余部分不是安全有关系统。

### 5.3.2.1　反应堆厂房大气化学监测子系统

(1) 取样和混合

反应堆厂房大气化学监测子系统的流程如图 5-3-1 所示，它由两根平行的管线组成，一根运行，一根备用。该管道从安全壳穹顶抽风，在一根管道上装有两个密封的蝶阀，位于安全壳外侧。100%容量的电动风机使空气从安全壳顶部到下部的循环，在每台风机的每一侧有一个接管嘴，使用一部可移动的取样装置，使之可能通过在两个管嘴之间循环的空气小流量取得空气样品，用一根返回管线引导空气返回到安全壳的下部，这样进行安全壳大气的混合和取样。

混合、取样、监测、复合部分主要用于控制安全壳内氢气浓度。

(2) 分析

为了连续监测安全壳大气中氢浓度，配备两台氢分析仪 001MG，002MG，分别与风机 001ZV，002ZV 进出端连接，同时氢浓度在主控室显示。

(3)氢复合

在发生 LOCA 事故情况下，安全壳内的氢气主要来源于：

- 水的辐照分解；

$$2H_2O \rightleftharpoons 2OH^- + 2H^+$$

- 锆-水反应产生的氢气；
- 喷淋溶液引起材料腐蚀产生的氢气；
- 冷却剂中溶解的氢。

取样测量安全壳内空气中氢气的体积浓度，当达到 1%～3%时应启动氢气复合器。

氢气的最低可燃浓度为 4.1%。如果氢气复合器不投入，在 LOCA 事故后 11～20 天，安全壳内聚积的氢气将超过此值。

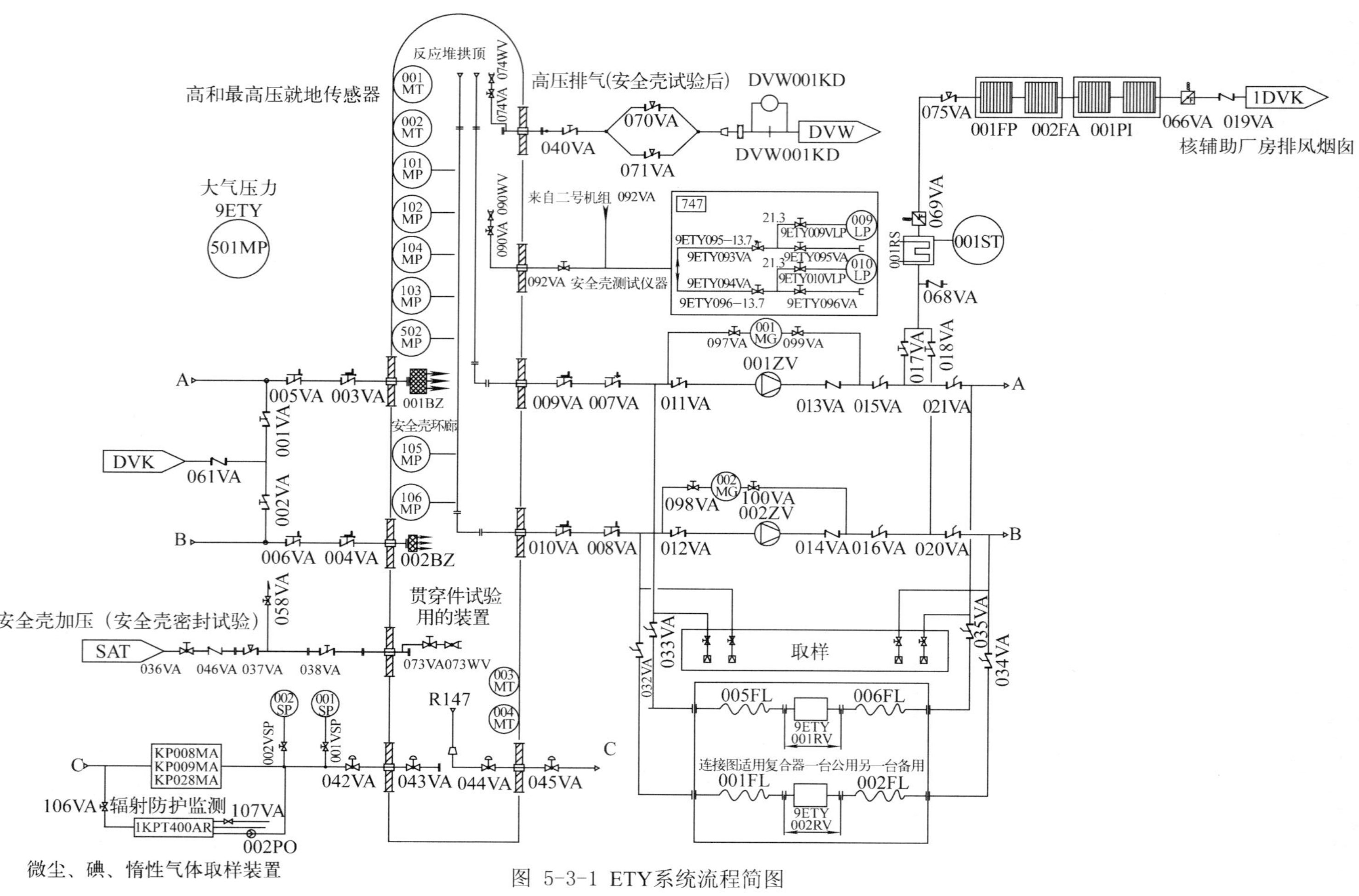


图 5-3-1 ETY系统流程简图

氢气复合器是由1台空气压缩机、1台气体加热器、一个反应室、1台冷却器和相应的管道、阀门、仪表等组成。

在氢气复合器中，空气被加热到320 ℃，然后进入催化床，在钯催化剂的作用下，氢气与空气中的氧气发生反应生成水蒸气($2H_2+O_2 \rightarrow 2H_2O$)。

两台轻便式氢气复合器(ETY 001RV，002RV)平时存放在燃料厂房的K230和K270房间。LOCA事故后，移到燃料厂房K212或K252房间同风机进出口混合管道相接。

安装在安全壳内的压力传感器有4个：ETY101MP，102MP，103MP，104MP，它们在LOCA事故后能给出反应堆安全壳压力保护信号，这些压力保护信号的阈值和保护动作是：

- 0.12 MPa(绝对)，小风量清洗回路和保健物理监测分系统隔离；
- 0.13 MPa(绝对)，安全注入和安全壳A阶段隔离；
- 0.19 MPa(绝对)，主蒸汽系统(VVP)隔离；
- 0.24 MPa(绝对)，安全壳喷淋和安全壳B阶段隔离。

(4) 小风量清洗回路

它由下列设备组成：

- 一根连接在DVK系统进风上的风管，它能提供经过过滤的新鲜空气；
- 一套过滤单元(电加热器001RS、预过滤器001FP、高效过滤器002FA、碘吸附器)；
- 一根连接在DVK系统排风上的风管。

#### 5.3.2.2　安全壳试验子系统

(1) 升压回路

升压回路由一根贯穿安全壳的管道组成，这根管道配有一个隔离阀036VA和一个逆止阀046VA，并被连至公用压缩空气分配系统(SAT)。

(2) 排气回路

排气回路由一根能把安全壳空气排至外部的管线组成，排气经隔离阀040VA及两个并联连接的调节阀070VA，071 VA和DVW系统连接。

#### 5.3.2.3　保健物理监测分系统

保健物理监测分系统有3个测点：KRT008MA，009MA，028MA，在核事故情况下，由KRT017MA(安装在核辅助厂房的烟囱上)和KRT009MA给出保护动作。

对1号机组，1KRT 009MA给出ETY系统B系列反应堆安全壳隔离阀自动关闭；
1KRT017MA给出ETY系统A系列反应堆安全壳隔离阀自动关闭。

对2号机组，2KRT009MA给出ETY系统A系列反应堆安全壳隔离阀自动关闭；
2KRT017MA给出ETY系统B系列反应堆安全壳隔离阀自动关闭。

#### 5.3.2.4　安全壳大气物理监测子系统

下述传感器向运行人员提供如下信息：

- 001/002/003/004MT：安全壳温度；
- 1ETY502MP/2ETY503MP：正常运行时安全壳绝对压力；
- 9ETY501MP：大气压力；
- 101/102/103/104MP：LOCA后的安全壳内绝对压力。

### 5.3.3 系统运行

#### 5.3.3.1 正常运行

(1) 混合—取样—连续测氢回路

本回路在反应堆正常功率运行时停止运行。

(2) 小风量清洗回路

反应堆正常功率运行时该回路间断运行,通常有一条总是被锁住。

(3) 安全壳试验子系统

在首次验收密封试验和以后的定期试验时,要使用本系统。

(4) 保健物理监测分系统

本系统在反应堆正常功率运行时投入运行。

一旦出现异常放射性水平:安全壳内$^{133}$Xe达到$18.5\times10^{7}$ Bq/m$^{3}$时,KRT009MA会发出自动关闭安全壳隔离阀的指令。NAB烟囱气体内$^{133}$Xe达到$3.7\times10^{6}$ Bq/m$^{3}$时,KRT017MA会发出自动关闭安全壳隔离阀的指令。

(5) 物理监测子系统

在反应堆正常功率运行时连续监测。

#### 5.3.3.2 正常启动和停运

(1) 小风量清洗回路

1) 对于绝对压力在0.12~0.106 MPa范围内的异常情况,按以下顺序使安全壳处于负压:

- 关闭手动阀017VA;
- 打开安全壳隔离阀005VA和007VA,然后打开003VA和009VA;
- 逐渐打开阀门017VA以限制通过过滤器的空气流量在额定值;
- 接通电加热器001RS;
- 当内部绝对压力为0.102 MPa时启动风机。

2) 对于绝对压力在0.106 MPa,启动顺序如下。

- 在主控制室接通电磁离合器后,手动打开安全壳隔离阀005VA,007VA;
- 在主控制室打开安全壳隔离气动阀003VA,009VA;
- 启动风机001ZV;
- 接通电加热器001RS。

3) 正常停运的顺序

关闭阀门003VA后约2 h才能执行正常停止运行,以便在关闭阀门009VA前能使安全壳处于负压状态。

- 关闭003VA;
- 停运电加热器001RS;
- 安全壳内部表压为负0.004 MPa时,关闭009VA;
- 停止运行风机001ZV;
- 关闭005VA,007VA。

(2) 安全壳试验子系统

1) 升压

SAP 系统的两台压缩机供安全壳升压用，为确保汽水分离正常运行，SAT 系统压力不得低于 0.6 MPa，阀门 037VA 必须逐渐打开以保持上游压力，在安全壳压力瞬变时，必须调节 037VA 以维持空气流量达到约 6 000 $m^3/h$，当安全壳内达到所需压力时，手动关闭 037VA，039VA。

2) 排放

减压分两步执行：

① 通过 DVW 排放；

- 使 DVW 系统接受来自 ETY 系统的风量 6 000 $m^3/h$；
- 打开隔离阀 040VA；
- 逐渐打开调节阀门 070VA 直至达到流量 6 000 $m^3/h$；
- 打开阀门 071VA 以完成排放。

② 为加速最终排放进程可通过小风量清洗风机排放。

(3) 取样和混合回路

LOCA 以后约 1 d，当安全壳绝对压力降到 0.15 MPa 以下和温度 80 ℃以下且安全壳内空气已被混合后，才能取样。

由于此时安全壳内空气的放射性水平很高，所有手动阀门必须在开始混合前作好操作准备。

两根管线上的操作顺序如下：

- 关闭手动阀：001VA，017VA，002VA，018VA；
- 如果 DVK 系统新鲜空气进口阀已关闭，则关闭阀门 001VA 和 002VA 即能进行正常混合运行；
- 打开手动阀门 011VA，015VA，021VA，012VA，016VA，020VA；
- 关闭复合隔离阀；
- 打开安全壳手动隔离阀 005VA，006VA，007VA，008VA；
- 打开连接在 RPE 系统上的凝结水排放阀 047VA，048VA，067VA，072VE；
- 在控制室打开所选管线上的气动隔离阀；
- 启动风机；
- 打开与氢分析仪取样管连接的阀门 097VA，099VA 或 098VA，100VA，对氢浓度进行监测。

(4) 混合和复合回路

一旦温度和压力条件许可且氢浓度在达到临界起爆值 4.1%之前，根据取样数据，启动氢复合器，氢浓度在 1%～3%范围内时开始复合。

## 5.3.4　控制

ETY 系统主要在主控制室控制。

启动由手动和遥控执行，停止运行由手动和自动控制执行。

除电加热器 001RS 外，系统设备由电源系列 A 和 B 供电，并由柴油机作备用电源。

小风量清洗和 KRT 隔离阀通过失电被关闭。

碘吸附器防火阀 066VA,069VA 的关闭由就地控制箱控制。

# 5.4 安全壳连续通风系统

## 5.4.1 系统功能

在反应堆正常运行期间,安全壳连续通风系统(EVR)连续工作,功能是:

(1) 带走反应堆厂房内设备释放出来的热量(除反应堆堆坑和控制棒驱动机构,它们有单独的冷却系统);

(2) 维持适合于设备运行的环境温度;

(3) 保持安全壳内工作区适于人员工作活动的环境温度。

本系统中有一部分系统属于安全有关系统,为避免坠落物破坏,穹顶下安装的风管按安全停堆地震条件设计。风机 001ZV,003ZV,005ZV 和 002ZV,004ZV,006ZV 分别由柴油发电机 A,B 系列提供应急电源,要求在断电后 25 s 应急供电。

## 5.4.2 系统的描述

安全壳连续通风系统流程示意图如图 5-4-1 所示。

本系统为闭路循环冷却通风系统。分主通风系统和穹顶混合通风系统两个子系统。

主通风子系统有容量均为 50%的 4 个分支,每个分支包括风管、预过滤器、空气冷却器、风机、阀门及风口等。4 个分支风机的出口端接到±0.00 m 楼层的环形风管,再从环形风管分出各支管到各个有关房间。

穹顶通风系统有风管、两台 100%设计容量并联安装的风机以及阀门等组成。

## 5.4.3 系统运行

### 5.4.3.1 正常运行

在反应堆正常运行或热停堆期间,本系统连续运行。主通风分系统两台风机运行,另两台备用。每台风机的风量为 75 000 $m^3/h$。对穹顶通风分系统,1 台风机运行,1 台风机备用。每台风机的风量为 10 000 $m^3/h$。

### 5.4.3.2 特殊稳态运行

(1) 一般情况下,本系统在机组冷停堆阶段停运。

(2) 在冷停堆初始阶段与安全壳换气通风系统(EBA)同时运行,以加速降低安全壳内的空气温度。这时 002/004ZV(1 号机组)或 001/003ZV(2 号机组)风机停运,1 台穹顶通风机运行,此时穹顶热排风导向 EBA 系统的回风管。

(3) 冷停堆期间,若室外温度较高,也可以打开本系统与堆坑通风系统(EVC)的连通阀,启动 1 台以上的 EVC 风机,帮助加快降温。

### 5.4.3.3 启动与正常停运

在反应堆启动前,EVR 系统先投入运行。而在冷停堆后期(大约控制棒降落后140 h),

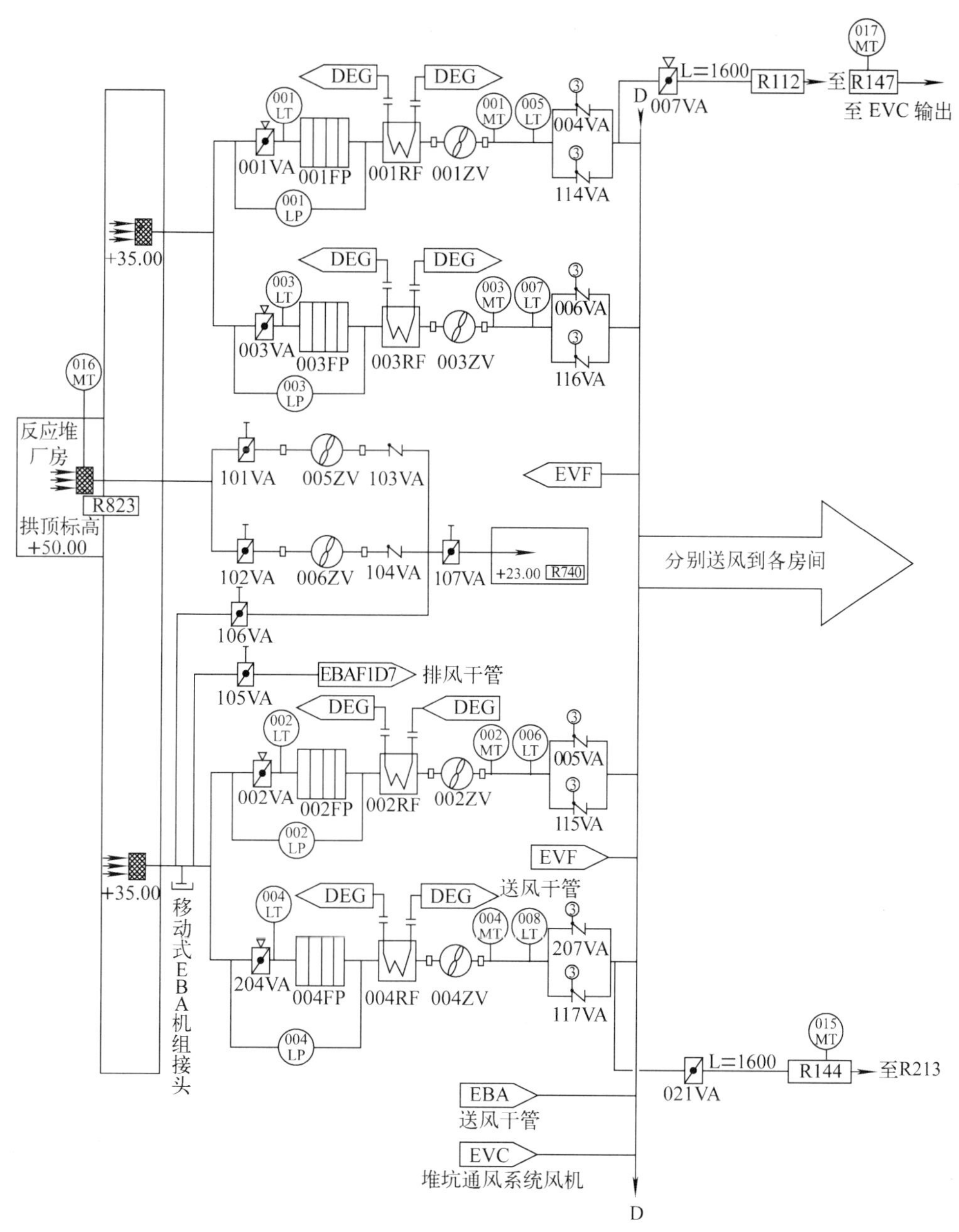


图 5-4-1　安全壳连续通风系统流程示意图

EVR 系统停止运行。

#### 5.4.3.4　其他工况

（1）当某台风机发生故障时，启动备用风机；

（2）当安全壳内发生火灾，则必须停止运行风机，关闭安全壳大气监测系统（ETY）风机及其安全隔离阀，在运行人员进入安全壳前，启动 EBA 系统进行排烟；

（3）安全壳连续通风系统由柴油发电机提供备用电源，001/003ZV 由系列 A 应急供

电,002/004ZV 由系列 B 应急供电;

(4) 当部分风机故障,在失去一个 380 VAC 应急电源系列(例如系列 B),可利用仅有的由系列 A 供电的风机运行。在这种情况下,安全壳内温度将缓慢上升,在 48 h 内温度将不超过 50 ℃,这是允许的,并可继续运行,以等待第二台风机启动;

(5) 当整个通风系统发生故障或失去 DEG 系统,安全壳内空气温度在 1 h 后达到 50.3 ℃,48 h 后达到 60 ℃,如果 DEG 系统和通风还未恢复,反应堆必须停堆;

(6) 当发生燃料装卸事故时,EBA 系统停止运行,可启动 EVC 或 EVR 系统以排除来自余热排出系统(RRA)的热量;

(7) EVR 系统不承受 LOCA 工况,发生失水事故(LOCA)或蒸汽管道破裂事故时,本系统停止运行。

### 5.4.4 运行准则

#### 5.4.4.1 投入运行顺序

- 启动前,检查风机上游隔离阀 001/002/003/004VA 已开启;
- 检查 105/106VA 关闭;
- 在控制室启动两台循环冷风机组(A,B 列各 1 台);
- 在控制室启动 1 台穹顶循环风机。

#### 5.4.4.2 停止运行操作

失水事故(LOCA)或蒸汽管道破裂事故时,安全壳连续通风系统必须停止运行。

在失去部分或全部通风系统的情况下,运行人员通过观察温度指示(MT)来决定反应堆是否停止运行。

#### 5.4.4.3 电源故障

(1) 失去 48 V 电源

如果控制室内的报警和 KIT 的信息指示失去 48 VDC 电源,执行机构保持在初始位置,远距离控制失效,风机只能用试验盒就地操作。

(2)失去 110 V 电源

停止运行由该系列供电的所有运行风机,当电源恢复时,在失去 110 V 电源前运行的风机再次自动启动。

(3) 失去 380 V 电源

除了由柴油机应急供电的风机以外,由该系列供电的所有风机停止运行,恢复 380 V 电源后,在失去 380 V 电源前运行的风机再次自动启动。

## 5.5 安全壳堆坑通风系统

### 5.5.1 系统功能

(1) 反应堆堆坑通风系统(EVC)对以下设备进行通风冷却:

- 反应堆压力容器保温层的外表面;

- 反应堆堆坑混凝土；
- 堆外电离室；
- 反应堆压力容器支承环；
- 围绕主管道的混凝土孔道。

(2) EVC 是非安全相关系统，但其送风管道垂直向下部分在反应堆冷却管道破裂时将冷却剂排入堆坑，参与事故工况下反应堆冷却剂的排放。在送风管道顶部装有一个整定值为 108 kPa 的爆破盘，保证在达到设计基准事故(失水事故)的峰值压力进行卸压(蒸汽)。

### 5.5.2　系统描述(见图 5-5-1)

EVC 系统是核电厂正常运行和热停堆时的再循环系统。

为了保证适当的可靠性并防止失去厂外电源时会失去系统功能，本系统具有 4×50% 冗余度的并联连接的风机，从两个不同电气系列按 2×2 方式供电，每个电气系列均由柴油发电机作为后备电源。

4 台冷却盘管由 DEG 系统连续供应冷冻水，冷却盘管的冷冻水连续供给。

在系统管辖的区域设置了多处温度监测点，并设有温度报警：

(1) 电离室附近排风的温度为 50 ℃；

(2) 反应堆堆坑顶部和反应堆压力容器支承环的排风温度为 75 ℃；

(3) 堆坑混凝土表面和反应堆主管道贯穿件的金属套管的温度为 80 ℃；

EVC 系统的总风量为 15 000 $m^3/h$(两台风机运行)，其中 12 000 $m^3/h$ 供给反应堆堆坑(001VA)，3 000 $m^3/h$ 供给反应堆压力容器的环形支座(002VA)。

### 5.5.3　系统运行

(1) 在正常功率运行或热停堆时，两台风机连续运行(两个系列各有 1 台风机运行，1 台备用)。

(2) 在冷停堆时，EVC 系统一般是停止运行的，如果安全壳内温度高时，可以开启隔离阀 003VA，启动 1 台或两台风机，降低安全壳内环境温度(在安全壳由 EBA 系统换气运行时联合运行)。

(3) 如果在反应堆冷停堆时发生燃料装卸事故，EBA 系统停运，可以启动 EVC 系统以排除由 RRA 产生的热量。

(4) 失去厂外电源时，001/002/003/004ZV4 台风机均由柴油发电机应急供电。

(5) 风机故障时，在同一电气系列内的应急切换是自动的，由一个系列切换至另一系列是手动的。

如果 4 台风机中的 3 台风机故障，并且温度达到报警限值时，运行人员必须停堆。

如果失去全部通风系统，则反应堆立即停堆。

(6) 失去 DEG 冷冻水，并且温度达到报警限值时，运行人员必须停堆。

### 5.5.4　运行准则

(1) EVC 系统由电气 A 列(风机 001/003ZV)和 B 列(风机 002/004ZV)供电，失去厂外电源时，由柴油发电机应急供电。

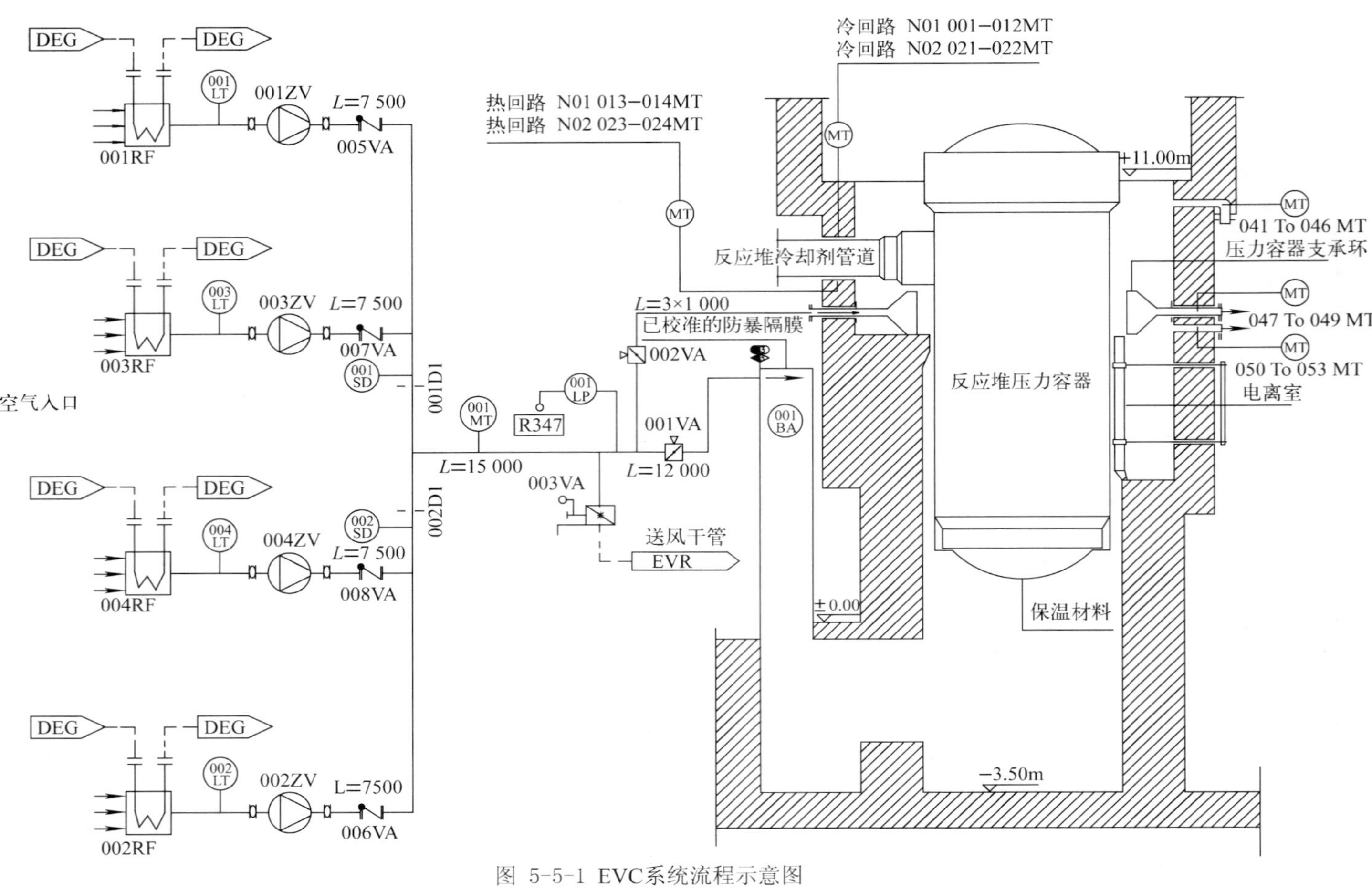

图 5-5-1 EVC系统流程示意图

(2) 正常工况两台风机运行，两台备用。

(3) 如果控制室对风机失控，应利用两只隔离开关（A 列的 101CC 和 B 列的 102CC，在 KPR 盘上）使本系统与远距离自动控制隔离，以免在控制室进行不适当操作。

# 5.6　安全壳内部过滤净化系统

## 5.6.1　系统功能

在反应堆厂房内发生放射性污染时，安全壳内部过滤净化系统（EVF）用来降低气载放射性水平，使工作人员有可能进入一段有限时间。

安全壳净化系统 EVF 使安全壳连续通风系统（EVR）的部分空气通过高效粒子空气过滤器和碘吸附器净化来保证系统的功能。为了避免 EVF 高效粒子空气过滤器的堵塞，空气吸入口与 EVR 的送风集管连接，使有可能利用连续通风的预过滤器。净化系统仅在安全壳污染情况下，在运行人员进入安全壳以前和进入安全壳内时启动。

## 5.6.2　系统描述

EVF 系统只是按闭式回路的空气循环系统运行。

本系统对取自连续通风系统（EVR）送风集管的一部分空气进行再循环。

空气向安全壳内大气空间排放以前，经过高效粒子空气过滤器和碘吸附器的净化，电加热器保持空气相对湿度在一定的限值以内，使其与吸附器最高的设计效率相适合。

在反应堆厂房内产生放射性污染的情况下，安全壳净化系统的用途是保证正常的放射性水平。

系统流程简图如图 5-6-1 所示。

## 5.6.3　系统运行

反应堆在正常运行时，如果 KRT 系统指示，反应堆厂房内的大气空间中放射性水平超过额定的限值，在将安全壳小风量换气系统（ETY）投入运行前，应启动 EVF 系统，然后，两台风机中的 1 台以其正常风量启动运行（20 000 $m^3/h$）。

正常运行时，所有的风阀全开启。

如果相对湿度大于 40%，电加热器 001/002RS 由湿度开关 001SZ/002SZ 触发自动启动。

如果发生需要停运一条管线的事故，在采取下列初步措施后，就能以一条管线运行：

· 在控制室关闭风阀 001VA 或 002VA；

· 就地手动关闭风阀 003VA 或 004VA；

· 就地调节阀门 003VA 或 004VA，使风机的风量减少到 10 000 $m^3/h$。

在发生碘吸附器着火的情况时，关闭气动阀 001VA 或 002VA，隔离相应的风机。

在失去 380 V 电源时，风机和电加热器无应急电源。

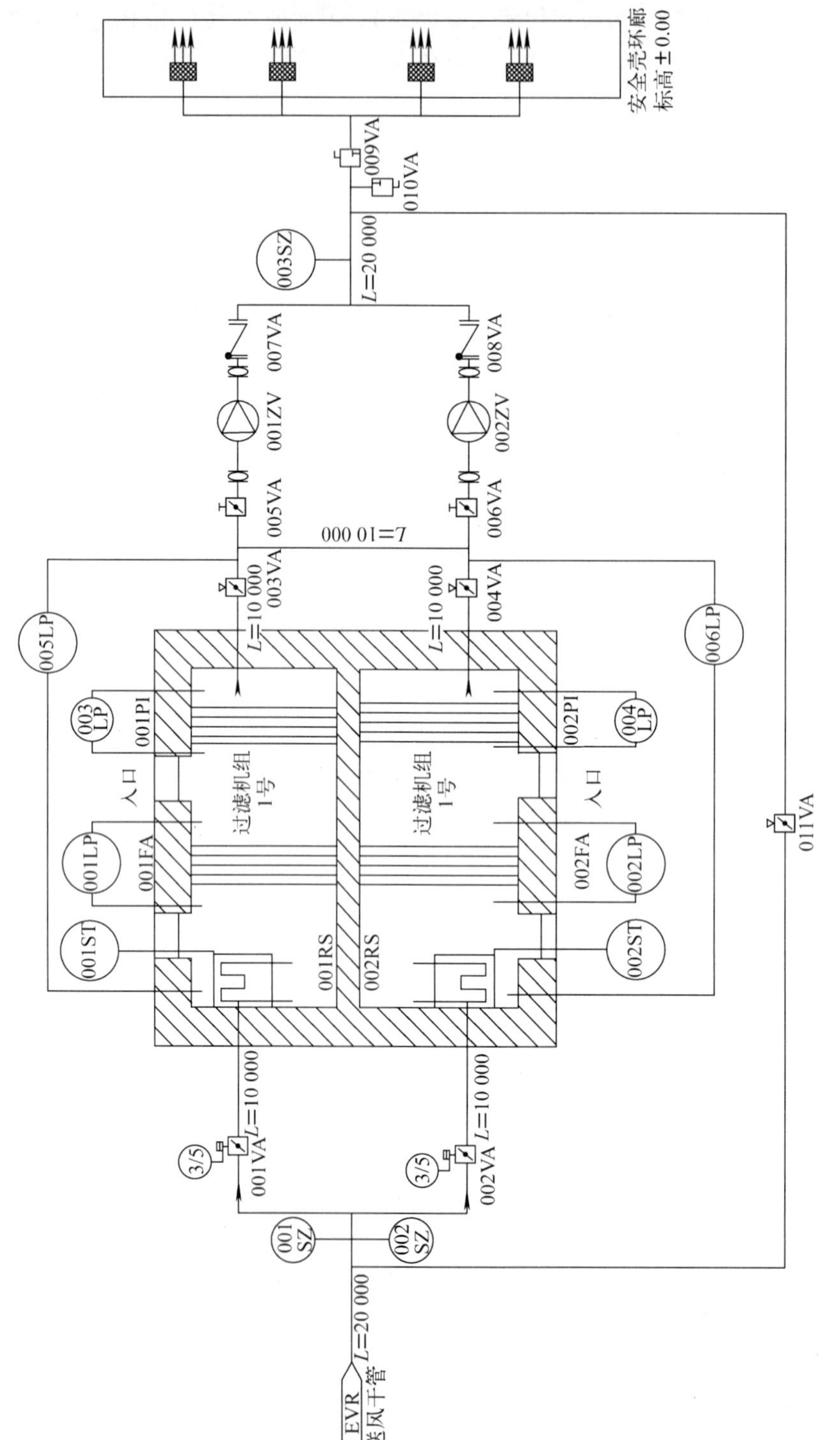


图 5-6-1 EVF流程简图

注：装配有电动气动式脉冲控制配电器(2电磁线图)

# 5.7　控制棒驱动机构通风系统

## 5.7.1　系统功能

控制棒驱动机构通风系统(RRM)设计成能使控制棒驱动机构供电线圈单元和位置指示器的温度维持在可接受范围内，以便保持它们正常运行。

## 5.7.2　系统描述

控制棒驱动机构通风系统(RRM)是再循环系统，从控制棒驱动机构排出的安全壳空气，在返回安全壳之前是经过冷却盘管(由 RRI 提供冷却水)冷却。

RRM 通风系统是与安全无关系统，但由于控制棒的正常运行是取决于控制棒驱动机构通风系统，因此，该系统并联设置 4×50%冗余机组，并设有应急电源，保证了可靠的运行。

RRM 系统的目标是要保证排出控制棒驱动机构产生的热量：在 RRI 系统冷却水温度为 35 ℃时，避免驱动机构出口空气温度达到最高限值 80 ℃。

系统简图如图 5-7-1 所示。

## 5.7.3　系统运行

### 5.7.3.1　正常运行

在核电站正常功率运行和热停堆期间，RRM 通风系统连续运行。

两台风机运行，每个系列 1 台运行，另 1 台备用。

四个冷却盘管 001/002/003/004RF 串联使用，以便可以快速切换。

隔离阀 001/002/003/004VA 保持常开。

### 5.7.3.2　特殊瞬态运行

该系统在容量丧失 50%的情况下，只要保持冷却盘管有制冷能力，同一供电系列的备用风机应在 90 min 内启动运行。

只要保持冷却盘管有制冷能力，规定系统容量完全(100%)丧失的时间上限为 30 min，超过 30 min 就要停堆。

在反应堆停堆期间，为了更换燃料，要拆除直到标高+20 m 楼板开孔处的风管组件。

### 5.7.3.3　异常状态运行

当火警探测系统(JDT)探出火灾时，运行人员停运通风系统，在火灾扑灭后，通风系统可以重新启动。

失去厂外电源时，001/002/003/004ZV4 台风机全部停运，备用供电完成后，停运每个系列的 1 台风机。

风机故障时，同一列之间的应急切换是自动的，而从这系列到另一列的风机切换是手动。

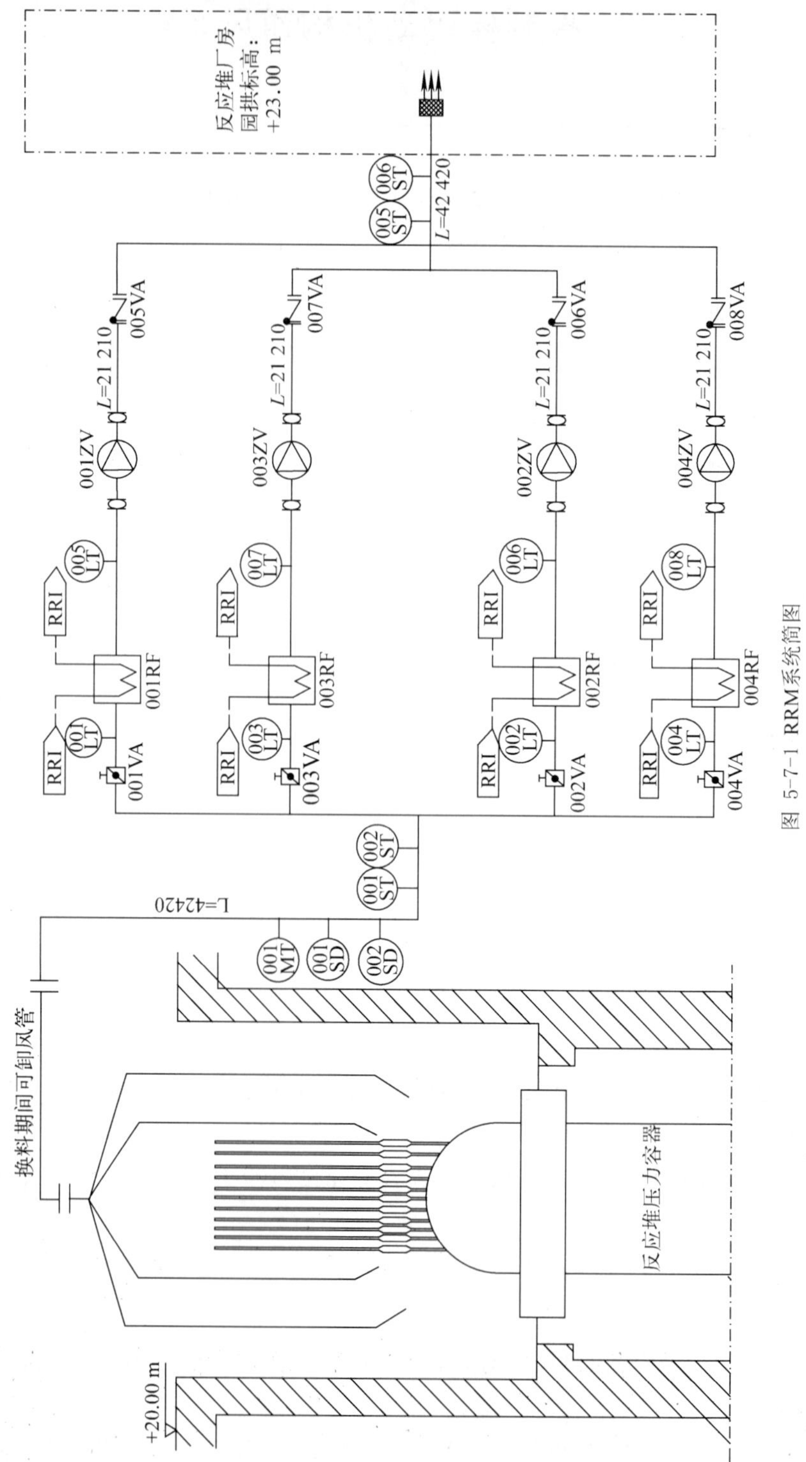


图 5-7-1 RRM系统简图

#### 5.7.3.4　丧失 RRI 冷却水

控制棒驱动机构通风系统(RRM)由一个公用的 RRI 提供冷却水，共用一个供电系列的两个盘管串联使用。

在一个供电系列故障时，另一列两个盘管一起使用，系统总冷却效率下降。

完全丧失 RRI 冷却水不会直接影响 RRM 系统的正常运行，但会使安全壳内标高 +23 m处排出的空气温度升高。

### 5.7.4　运行准则

(1) RRM 系统由电气 A 列(风机 001/003ZV)和 B 列(风机 002/004ZV)供电，失去厂外电源时，由柴油发电机应急供电。

(2) 正常工况两台风机运行，两台备用。

同一列之间的备用切换是自动的，而从这系列到另一列的风机切换是手动。

有关 CRDM 的下游温度，风机下游温度和有关的空气流量的信息都输送到主控室。

# 第六章　重要仪表、控制和保护系统

## 6.1　核功率测量仪表系统

### 6.1.1　系统功能

核功率测量仪表系统(RPN)的主要功能是：

(1) 连续监测反应堆功率、功率水平的变化及反应堆轴向功率分布。为此，核测量仪表系统(RPN)由设置在反应堆压力容器周围的一系列探测器进行中子注量率测量，并对测得的各种模拟信号予以显示，给操纵员提供在装料、启动、功率运行及停堆等反应堆状态下中子注量率信息。

(2) 通过功率测量通道所得信号计算，可监测反应堆径向功率的倾斜和轴向的功率偏差。

(3) 向功率调节系统、反应堆保护系统提供功率量程范围内中子注量率信息。

(4) 它在安全方面的作用是通过功率量程测量通道高中子注量率和中子注量率变化率高信号触发反应堆紧急停闭。

### 6.1.2　系统描述

#### 6.1.2.1　系统组成

秦山二期 RPN 系统由安装在堆芯周围的探测器、仪表柜、控制柜、自动测试仪(TESTER)、可视化参数修改终端(VDU)及外围设备组成。

仪表控制部分采用基于 SPINLINE3(反应堆核安全级模块化、数字化软件)的数字化技术，与模拟式的 RPN 系统相比，数字化 RPN 系统实现的功能更为全面、操作更方便、可视程度更高。RPN 系统利用安装在压力容器外围的探测器来实时监测反应堆功率、功率变化和功率分布状况，由探测器给出代表中子注量率水平的脉冲或电流信号，经相应量程通道调理单元处理后送给下级处理单元转化为数字量进行软件处理(计算、比较等)，并将处理结果转为所需的信号输出，完成保护功能和控制功能。通道的系统功能由可配置的 MC3(模块化的核电站仪表与控制系统)软件(管理输入数据的采集，输出数据的传送，每 20 ms 自检周期来检测通道各板卡的运行状态)来完成。源量程、中间量程、功率量程通过 NERVIA 专用网络连接，可以将通道内的运行状态、参数信息、故障记录等信息传送到控制计算机以实现实时监测。

自动测试仪可以在线对保护通道进行周期试验、坪曲线绘制、相关高压参数调整等工作。

可视化参数修改终端(VDU)可以随时与通道进行通信，查看通道内部有关信息，修改保护阈值、功率校刻系数等参数。

RPDM(反应堆功率分布监测)接收从 NERVIA 网络传送来的功率量程 4 个通道的上

三段、下三段电流、功率、功率轴向偏差，采集从过程仪表系统送来的冷、热段温度、主泵泵速、稳压器压力信号，以及从 RGL 系统通过串行通讯口送来的 A，B，C，D 棒的给定棒位信号。RPDM 软件计算出平均核功率、平均热功率、最大象限倾斜等值，实时完成运行梯形图的绘制。

反应性仪接收来自功率量程 3 或 4 通道的六段电流和信号，由软件计算反应性以进行反应堆启动期间的物理试验。

系统框图如图 6-1-1 所示。

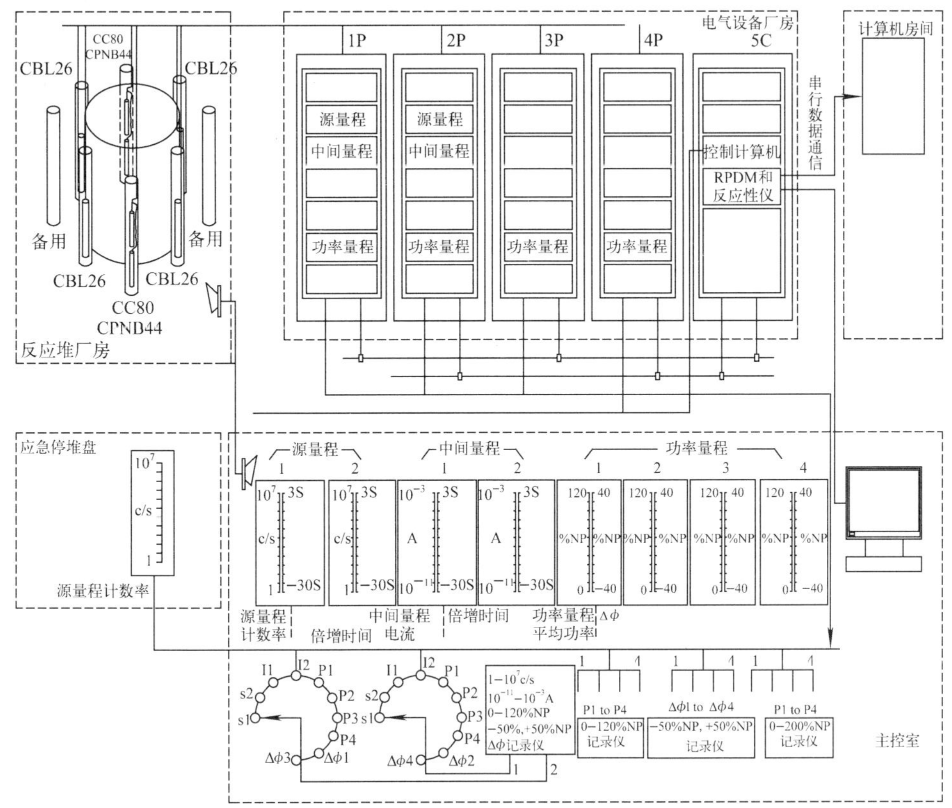


图 6-1-1 RPN 系统组成框图

8 个独立的测量通道是：如图 6-1-2、图 6-1-3 所示分别为：

（1）源量程测量通道（SRC），它由 2 个独立的相同通道组成。在停堆时和在电站启动的初始阶段，源量程通道保证中子注量率的冗余测量。它的测量范围是 $10^{-1}\sim2\times10^{5}$ n/($cm^2\cdot s$)（额定功率的 $10^{-9}\%\sim10^{-3}\%$）。

（2）中间量程测量通道（INT），它由 2 个独立的相同通道组成，保证中子注量率从 $2\times10^{2}\sim5\times10^{10}$ n/($cm^2\cdot s$)（额定功率的 $10^{-6}\%\sim100\%$）范围内的冗余测量。

（3）功率量程测量通道（CNP），它由 4 个独立的相同通道组成。它保证堆芯上部、下部以及平均的中子注量率的冗余测量，测量范围 $5\times10^{2}\sim5\times10^{10}$ n/($cm^2\cdot s$)（额定功率的 $10^{-6}\%\sim200\%$）。

每个功率量程探测器分成 6 个灵敏段，其中 3 段用于堆芯上部，另 3 段用于堆芯下部。

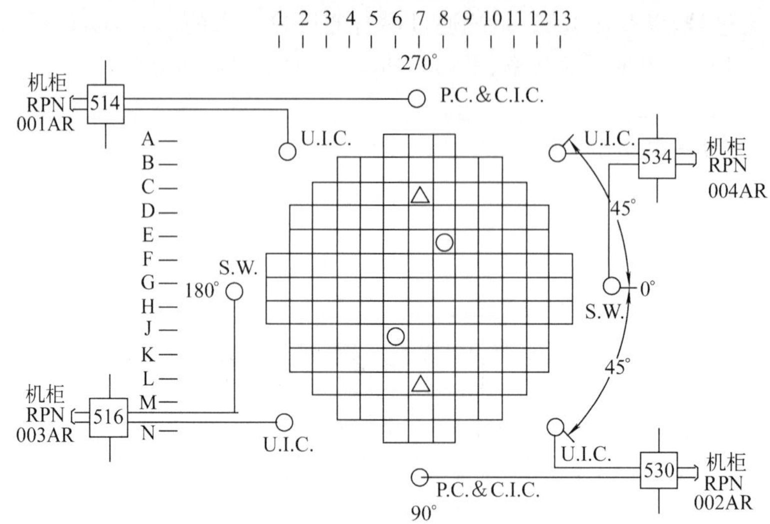


图 6-1-2 核测量仪表系统的组成

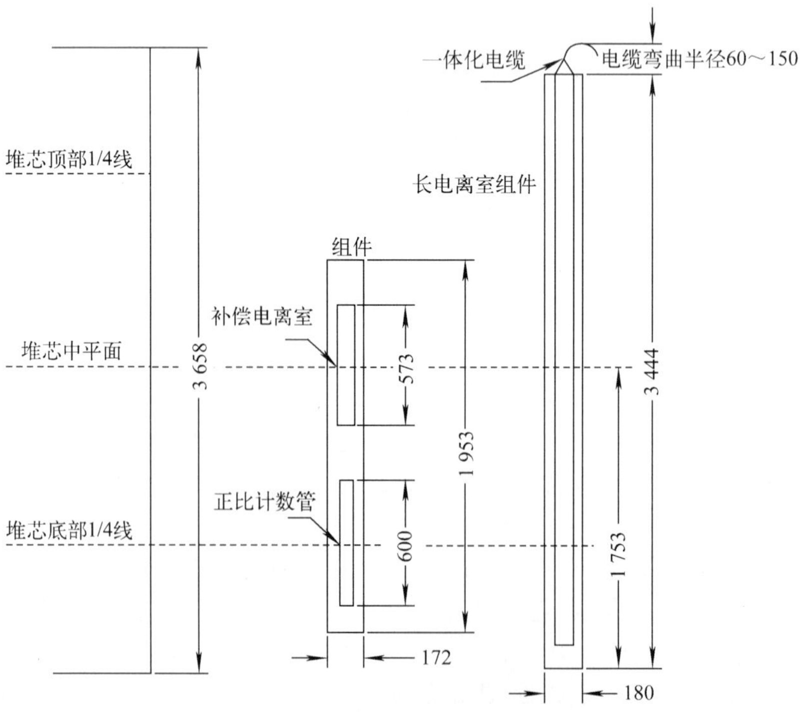


图 6-1-3 探测器轴向布置

每个功率测量通道测量堆芯的一个象限内的中子注量率。

功率主测量通道的探测器所产生信号送到 4 个仪表柜中处理。

中子注量率的测量取决于它的数值大小。在注量率数值很低时，用脉冲计数的方法，而在注量率数值较大时，采用电流测量的方法。

(1) 在这两种情况下，都应该能消除 γ 寄生辐射对测量所产生的份额。

(2) 在注量率很低时，采用正比计数器。这种正比计数器根据脉冲的幅度设置一个甄别阈值，把 γ 射线产生的脉冲分开。这个方法用于测量源量程的中子注量率。

在注量率较高时，测量平均电流，这个平均电流是 α 射线和 γ 射线所产生的电离电流之和。

如果 γ 射线所产生的电流相对于 α 射线所产生的电流不可忽略，就采用 γ 射线补偿电离室。γ 射线补偿电离室由两个电离室组成，其中一个电离室同时对 γ 和 α 两种射线灵敏，而另一个电离室只对 γ 射线灵敏。采用有关的电子通道可以使这两个电离室所得到的两个电流相减。这个方法用于测量中间量程的中子注量率。

如果 γ 射线所产生的电流是可以忽略的，就只用一个电离室。它的输出电流就是 α 粒子所产生的电流。这个方法用于测量功率量程的中子注量率。中子探测原理如图 6-1-4 所示。

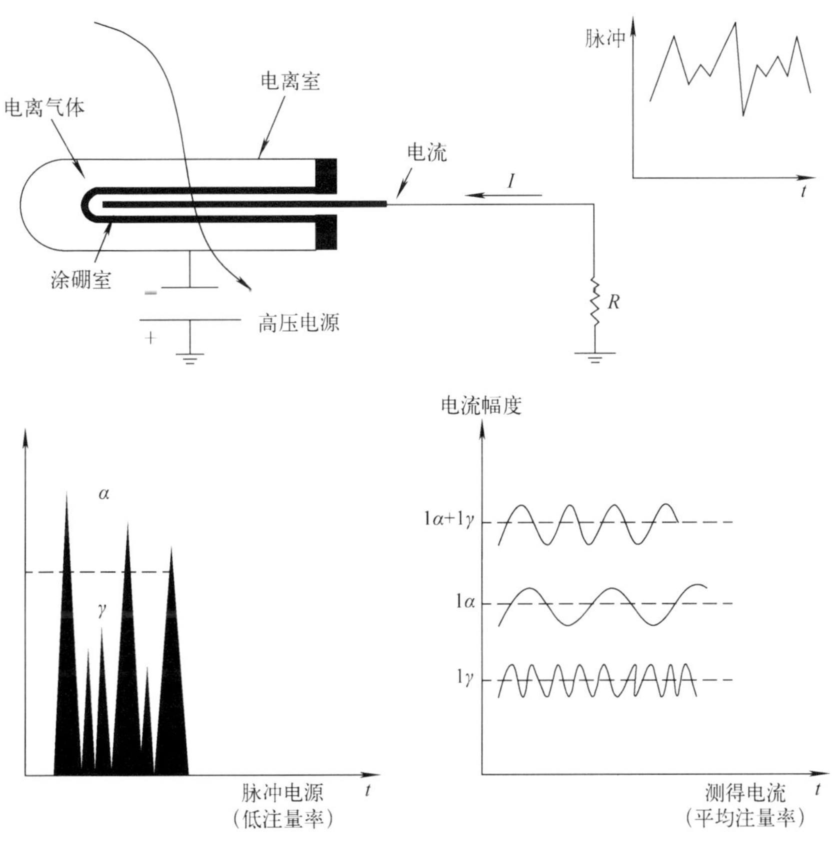


图 6-1-4　中子探测原理

#### 6.1.2.2 源量程测量通道(RPN014 和 024MA)

连接到源量程两个相同通道上的探测器是涂硼正比计数器,它的可电离气体是氩。它的灵敏度大约是 8 cps/(n·cm$^{-2}$·s$^{-1}$),其测量范围是 $10^{-1}$～$2\times10^{5}$ n/(cm$^{2}$·s)。

高压电源大约为 900 V,见图 6-1-5。

在涂硼正比计数管中,中子所形成的核反应是:

$${}_{0}^{1}n+{}_{5}^{10}B\longrightarrow{}_{3}^{7}Li+{}_{2}^{4}He+2.795\ MeV\longrightarrow{}_{3}^{7}Li^{*}+{}_{2}^{4}He+2.316\ MeV\longrightarrow{}_{3}^{7}Li+\gamma(0.48\ MeV)$$

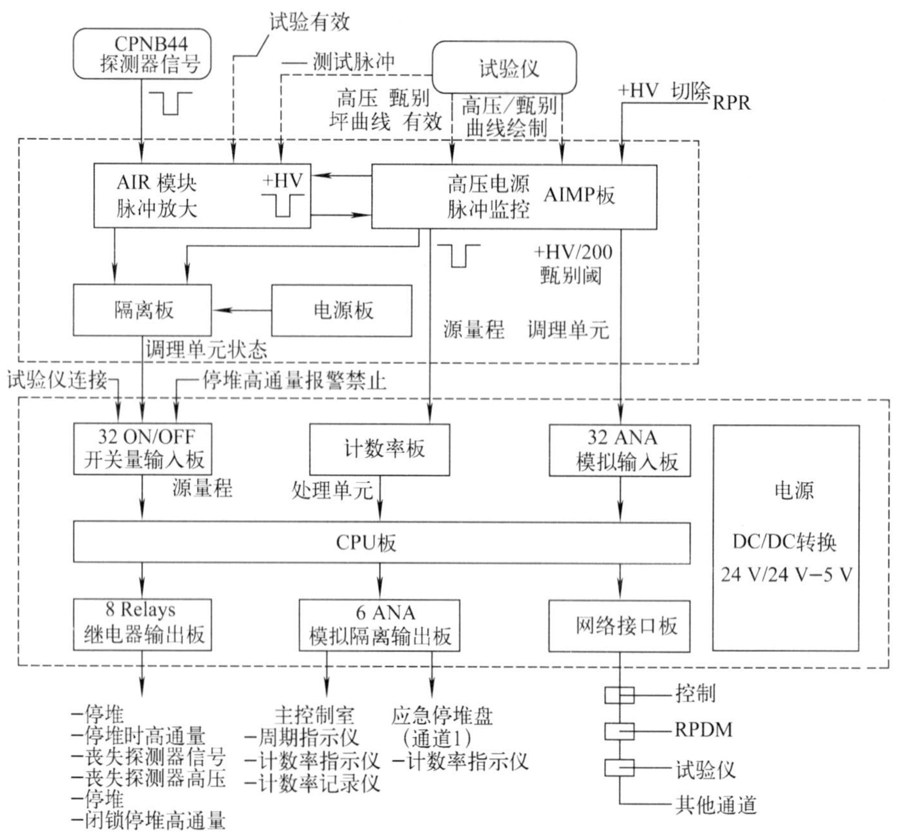


图 6-1-5 源量程测量通道

在计数管气体中产生了具有很强致电离作用的 α 粒子和锂离子,在运动中一些离子汇集到中央电极上。采用高压在探测器内形成一个电场。

每个中子和硼-10 的核起反应,并产生一个 α 粒子。α 粒子使探测器内的气体电离,在中央电极上就产生一个电流脉冲。

探测器对 γ 射线也是敏感的,γ 射线可以使其充填气体电离。对于一个给定的高压,电离所产生的电流脉冲幅度 $A$ 随射线的能量变化而变化。从原理上来讲,α 射线产生电离电流信号的幅度大于 γ 射线的信号幅度。在中子注量率很低的情况下,在探测器的电极上搜集到一系列电流脉冲;在中子注量率很高的情况下,在探测器的电极上收集到一个电流。

源量程测量通道由 CPNB44 探测器和一个包含调理单元和处理单元的电气机箱组成。

调理单元包括探测器工作的高压，脉冲放大滤波、甄别阈消除 $\gamma$ 射线的影响，脉冲整形，监视调理单元运行的功能。处理单元用来计算计数率和倍增周期，比较计数率测量值与保护定值，输出模拟信号，系统自检，定值调整时管理连接的终端（VDU）以及 NERVIA 网络上信息传送等功能。探测器产生的正比于中子通量的脉冲信号，经过放大模块的放大后再经过整形送到处理单元。处理单元的计数率采样板自动根据计数率的高低选择不同的工作模式，采集脉冲信号的总计数率和总计数率时间，并将这两个值保存在存储器中。与采样板非同步的源量程通道软件在这两个参数被刷新后，从存储器中读取加以判断计算出计数率和倍增周期。此外通道软件还完成试验模式的管理、测量值与阈值的比较在超越阈值时触发输出继电器实现报警、停堆等功能。

源量程中子注量率通道给主控室操纵员提供以下信息：

- 停堆期间中子注量率高警告信号（根据不同状态调整定值）；
- 源量程中子注量率高停堆信号 $10^5$ c/s；
- 探测器高压丧失报警信号；
- 探测器输出信号消失报警信号；
- 计数率和倍增周期指示信号。

### 6.1.2.3　中间量程测量通道（RPN013 和 023MA）

中间量程的每个相同通道所采用的探测器是涂硼补偿电离室。

补偿是通过一个仅对 $\gamma$ 射线灵敏的电离室来实现的，如图 6-1-6 所示。

热中子装置的灵敏度是 $8\times10^{-14}$ A/(n · cm$^{-2}$ · s$^{-1}$)，它的测量范围从 $2\times10^2$～$5\times10^{10}$ n/(cm$^2$ · s)。

它对 $\gamma$ 射线的灵敏度是 $3\times10^{-13}$ A/(R · h)，而在没有补偿的运行情况下，其灵敏度为 $4.3\times10^{-11}$ A/(R · h)。

中子探测器的高压电源为 600 V，补偿电压为 50 V。

中间量程中子测量探测器由两个同轴的圆柱形电离室组成，一个电离室是涂硼的，另一个是不涂硼的，涂硼电离室对中子和 $\gamma$ 射线敏感，不涂硼电离室只对 $\gamma$ 射线敏感，该两个电离室分别产生电离电流 $I_n+I_\gamma$ 和 $I_\gamma$，经反向连接后，只剩下中子电离电流。

中间量程通道由 CC80 补偿型探测器和包含调理单元、处理单元的仪表机箱组成。

调理单元 AHTS 板产生探测器正高压和补偿电压，ACCG4 板将探测器送来的电流信号进行放大，使用 7 个量程覆盖了 8 个量级（$10^{-11}$～$10^{-3}$ A）的电流信号，量程的切换自动完成。16ITOR 板具有监视供电电源状况、高压状态、板卡的接触及通道的测试等功能。处理单元从调理单元采集电流信号，将转换后的电流进行倍增周期的计算、与阈值比较并在超越后触发输出继电器动作，输出主控制所需的模拟信号，通过自检监测系统运行，管理 NERVIA 网络信息的传送以及参数修改终端（VDU）的功能。

32EANA 板将 ACCG4 板送来的电流信号进行模数转换。

中间量程通道原理图见图 6-1-7。

中间量程中子测量通道产生以下信号：

- 允许信号 P6：定值为 $10^{-10}$ A，超过该值定值时，允许手动闭锁源量程高注量率停堆并切除源量程探测器高压。

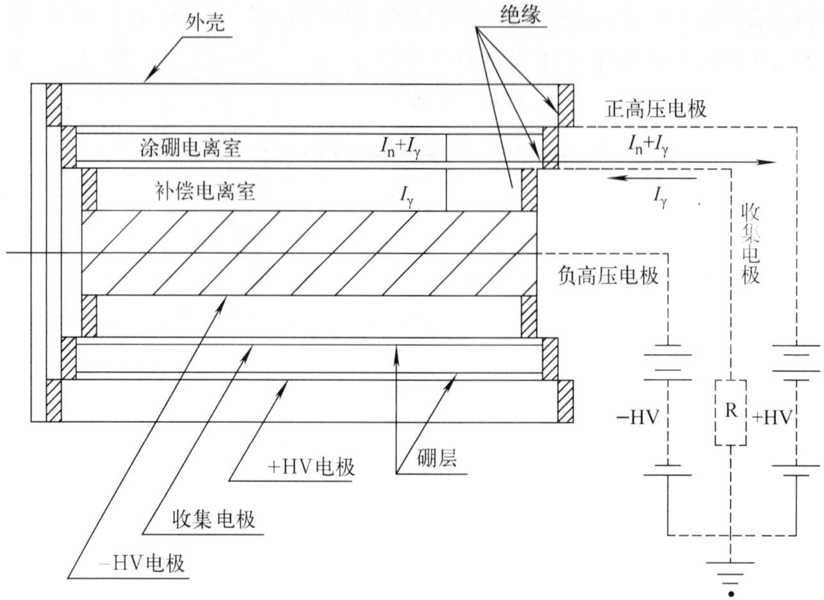


图 6-1-6　补偿电离室原理

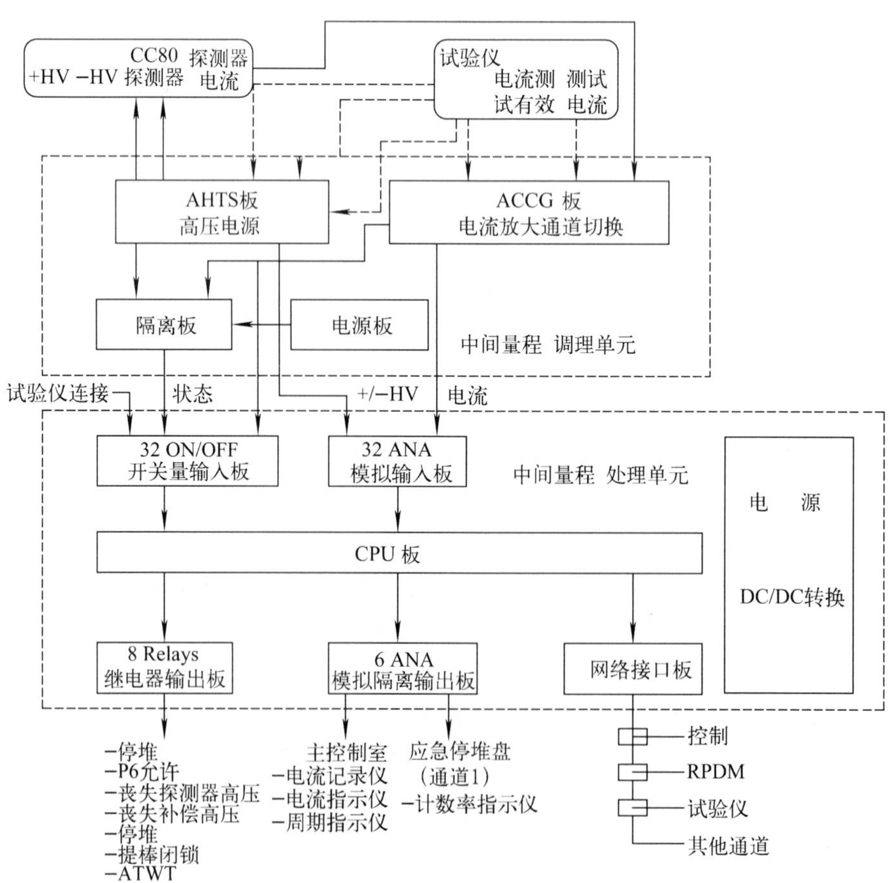


图 6-1-7　中间量程测量通道

- 闭锁信号 C1：中间量程中子注量率高，定值为 20%$P_n$。超过定值时，闭锁自动和手动提升控制棒。
- 停堆信号：中间量程中子注量率高，定值为 25%$P_n$。
- 探测器高压丧失报警信号和探测器补偿电压丧失报警信号。

#### 6.1.2.4　功率量程测量通道(RPN010,020,030,040MA)

功率量程由 6 段硼衬基非补偿长中子探测器 CBL26 和包括信号调理单元、信号处理单元的仪表机箱组成。

探测器安装在铝包壳的环绕物中，金属镉包住探测器后面灵敏区，提供 120°扇形正对堆芯，环绕物其他部分填充聚乙烯。CBL26 探测器只计算堆芯直接发出的快中子，金属镉阻断热中子，对快中子通过无影响，聚乙烯将快中子慢化为热中子。慢化后的热中子在电离室硼衬基上发生反应：

$$n+{}^{10}_{5}B \longrightarrow {}^{7}_{3}Li+{}^{4}_{2}He+2.795\ MeV \longrightarrow {}^{7}_{3}Li^{*}+{}^{4}_{2}He+2.316\ MeV \longrightarrow {}^{7}_{3}Li+\gamma(0.48\ MeV)$$

在同时供给 6 段电离室的 600 V 高压作用下，锂离子在气体中产生的离子对被电极收集，形成功率量程电流信号。CBL26 探测器应用在中子注量率较高阶段，γ 射线电离的贡献相对较小，可以忽略不记。

每个探测器用 7 根一体化同轴电缆与安装在探测井顶部的连接板相连，从连接板通过安全壳贯穿件与功率量程仪表机箱相连，传送 6 段电流信号和探测器所用高压信号。

仪表机箱调节单元 ACGF6/BN 板(6 段电流放大及中子噪声放大板)具有如下功能：

(1) 将探测器送来的电流信号转化为 0～10 V 电压信号，送往处理单元 6EANA 板，上部 3 段对应 IH1,IH2,IH3，下部 3 段对应 IB1,IB2,IB3。

(2) 将 IH2,IB2 段电流进行电流/电压转换用于中子噪声测量。

(3) 功率量程 3 或 4 通道接收反应性仪切换命令，反应性仪投入运行时，切换命令将 6 段电流之和通过专用同轴电缆送往反应性仪机箱，处理单元将得不到电流信号，逻辑上该通道处于禁止状态。

(4) 监测运行状态，提供以下事件的自检：低压电源通断、探测器 6 段连接状态、探测器高低量程选择。

高压电源 AHT 板提供探测器所需高压，通过网络接口接收 Tester 高压调整和坪曲线绘制信息。

信息处理电源板(16ITOR)监测调理单元各板卡状态，向处理单元发送有关状态信息。

信号处理单元以 CPU 为中心，主要完成以下功能：

(1) 获取经调理和转换部分产生的代表 6 段电流的数字信号。

(2) 获取代表主泵转速变化和一回路平均温度变化的两个电流信号(4～20 mA)。

(3) 计算探测器上 3 段和下 3 段电流平均值。

(4) 加入三个可调参数 K,KH,KB 计算平均功率。

(5) 使用传递函数计算延迟后的功率，延迟时间可调。

(6) 计算微分延迟功率(DDP)，代表了功率变化率，DDP＝延迟功率－当前功率。

(7) 功率高于 10%$P_n$ 时用主泵转速变化和一回路平均温度变化校准 DDP。

(8) 将 DDP 同正负变化率设定值比较，产生中子变化率高停堆信号。

(9) 将计算后平均功率同阈值比较，触发继电器输出供保护和控制用信号。

(10) 管理输出信号的产生(模拟和数字)。

(11) 监测自身运行状态。

(12) 通过 VDU 对处理单元参数进行修改。

(13) 管理 Nervia 网络的信息传递。

功率量程中子注量率测量通道产生以下允许信号 P、闭锁信号 C 和停堆信号,其定值分别是:

(1) P10:10%$P_n$;

(2) C20:15%$P_n$;

(3) 停堆:25%$P_n$(低功率设置);

(4) P16:30%$P_n$;

(5) C2:103%$P_n$;

(6) 停堆:109%$P_n$(高功率设置);

(7) 中子注量率变化率高停堆信号:±5%$P_n$/2s。

功率量程通道测量原理见图 6-1-8。

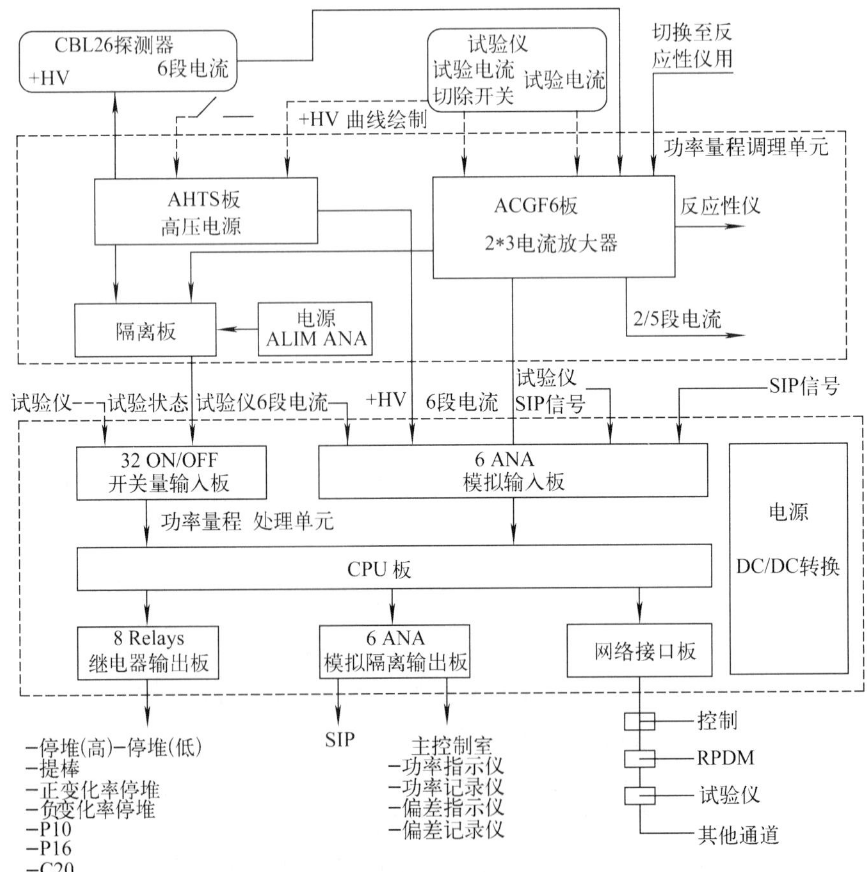


图 6-1-8 功率量程测量通道

### 6.1.3 各种测量通道的测量范围

各种测量通道的测量范围见图 6-1-9。

探测器高度上的热中子注量率是来自于堆芯的泄漏注量率。泄漏注量率与反应堆功率之间的对应关系根据下列因素而变：

- 反应堆的物理特性
- 探测器的位置和形状

这种对应关系还随着燃料的燃耗率而变化。

### 6.1.4 核测量仪表系统的运行

核测量仪表系统，见图 6-1-9。

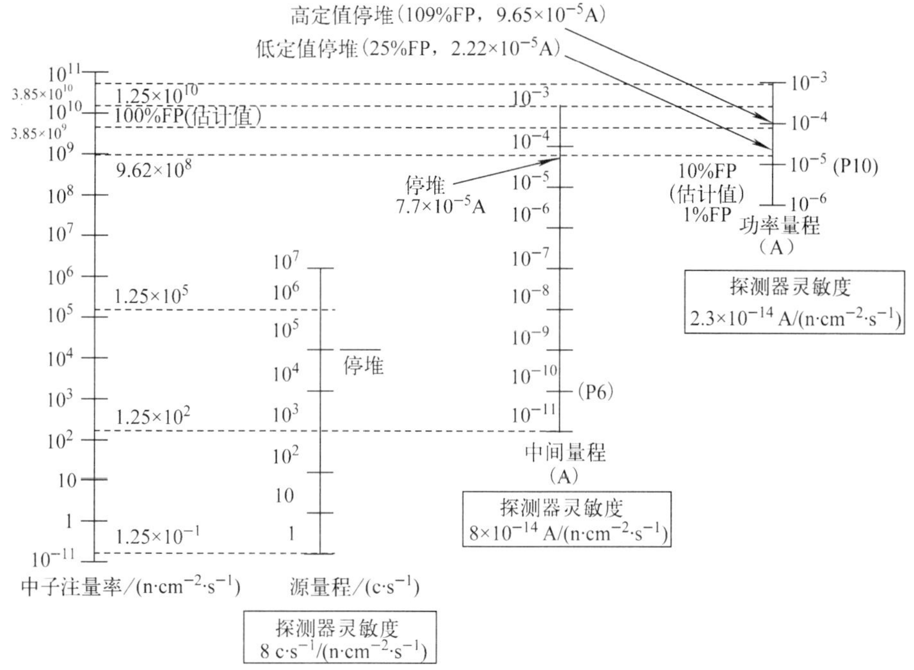


图 6-1-9 各种测量通道的测量范围

#### 6.1.4.1 源量程测量通道

源量程探测器：涂硼正比计数器管 CPNB44

- 灵敏度：8 cps/(n · $cm^{-2}$ · $s^{-1}$)
- 中子注量率范围：$10^{-1}$～$10^{6}$ c/s 相应于 $10^{-1}$～$2\times10^{5}$ n/($cm^{2}$ · s)
- 输出信号：1～$10^{7}$ c/s
- 探测器高压范围：10～1 800 V

周期测量：

反应堆功率 $P$ 的变化遵循指数律：

$$P = P_0 \cdot 2^{\frac{1}{T_{(2)}}}$$

式中：$P_0$——$t = 0$ 时刻的功率；$T_{(2)}$—— 功率倍增周期。

倍增周期 $T_{(2)}$ 和功率对数的导数成反比。

$T_{(2)} = -30$ s，功率 $P$ 每 30 s 降低一倍，堆次临界；

$T_{(2)} = \infty$，功率 $P$ 为常量，堆处稳态；

$T_{(2)} = 3$ s，功率 $P$ 每 3 s 增加一倍，堆超临界。

模拟量输出：

每个源量程测量通道的计数率都要送到控制室，指示仪表用对数刻度，测量范围从 1～$10^7$ c/s。

计数率还可以在一个有两个测量通道的自动记录仪上记录下来。

音响计数率：1～$10^7$ c/s

逻辑量输出：鉴别源量程测量通道中的运行故障，如：

- 源量程探测器失去高压—红灯报警；
- 源量程测量通道出现不正常高压—黄灯报警；
- 源量程测量通道信号故障—黄灯报警；
- 测量通道(SRC，INT，CPRC)检验故障—黄灯警告
- 停堆时中子注量率升高。

#### 6.1.4.2 中间量程测量通道

中间量程探测器：硼补偿电离室 CC80

热中子灵敏度：$8\times10^{-14}$ A/(n · $cm^{-2}$ · $s^{-1}$)

中子注量率 $2\times10^{2}$～$5\times10^{10}$ n/($cm^2$ · s)

γ 灵敏度：$4.3\times10^{-11}$ A/(R · h)

在补偿情况下，此值可降至 1%。

探测器高压范围：0～1 000 V

探测器补偿高压范围：0～150 V

模拟量输出：每个中间量程测量通道的输出电流送到控制室，每个指示仪表测量值的刻度是对数，刻度范围从 $10^{-11}$～$10^{-3}$ A。

逻辑量输出：

两中间量程探测器中有一个失去高压电源—红灯报警“中间量程探测器失去高压”。

两中间量程探测器中有一个失去补偿电源—红灯报警“补偿电源故障”。

#### 6.1.4.3 功率量程测量通道

功率量程探测器：非补偿的涂硼电离室，它由 6 个敏感段构成，每段产生一信号(CBL26)。

敏感段长度：6×607 mm

每段中子灵敏度：$2.3\times10^{-14}$ A/(n · $cm^{-2}$ · $s^{-1}$)

中子注量率范围：$5\times10^{2}$～$5\times10^{10}$ n/($cm^2$ · s)

探测器高压范围：0～1 000 V

模拟量输出：

功率量程测量通道的每个长电离室分为上部和下部，输出的电流对应于一个注量率数值。这个值再输入到1台具有两个通道的自动记录仪。

平均注量率数值被送到控制室。

堆芯上部和下部的注量率之差信号送到控制室。

逻辑量输出：

4个功率量程测量通道中有一个失去高压电源时，出现红灯报警“功率量程探测器失去高压”。

## 6.1.5　辅助测量通道

### 6.1.5.1　视听计数通道

（1）功能

在停堆期间和反应堆启动操作时，这个通道向控制室和安全壳提供源量程范围内中子注量率的音响信号。

（2）运行和控制操作

视听计数通道运行和操作被整合在控制柜中的CONTROL PC的软件中。可通过软操作来切换源量程的014MA或024MA的声响，可调节1，10，100，1 000的计数分频来控制音响的频率。

### 6.1.5.2　功率分布的监测

（1）功能

该通道通过每个功率量程测量通道所产生的信号监视堆内中子注量率的分布，也就是监视堆芯的功率分布。

该通道为反应堆运行和保护系统输入信号。

（2）定义

反应堆产生的热功率可以在0～1 930 MW（反应堆额定功率 $P_n$）之间变化。

热功率可以用 $\%P_n$ 来表示，因而相对功率 $P_r$ 可以表示成：

$$P_r = \frac{\text{堆芯产生的功率}}{1\ 930} \times 100\%$$

反应堆功率沿着每根燃料棒的长度分布在整个堆芯内。

线功率就是单位长度上的功率大小，它用W/cm（瓦/厘米）为单位。

反应堆功率为 $100\%P_n$ 时，平均线功率的分布如图6-1-10所示，计算如下：

在反应堆内，97.4%的热功率是在燃料内产生的，其余的2.6%是在反应堆冷却剂中通过射线和流体的相互作用产生的。

在燃料中产生的功率

$$1930 \times 0.974 = 1\ 880\ \text{MW}$$

燃料总长度（燃料组件数×每个组件的元件数×每根元件的长度）

$$121 \times 264 \times 368.1 = 11.765 \times 10^6\ \text{cm}$$

$$\text{平均线功率} = 159.8\ \text{W/cm}$$

它相当于每根元件棒的平均功率为58.8 kW（在 $100\%P_n$ 时）。

(3) 功率分布

1) 功率分布的基本概念

堆芯每个点的线功率数值表征堆内的功率分布。

对于一根给定的燃料棒,其线功率沿着棒的轴向变化,这个变化被称为轴向分布见图 6-1-9。

对于一个固定的 $Z$ 向高度,线功率沿着直径方向对每根元件棒是逐渐变化的。这个变化称为径向分布。

径向分布是堆芯的一个特征参数,在设计期间就确定了。因而,监视堆芯的功率分布就是监视功率的轴向分布。

2) 功率轴向分布

功率轴向分布见图 6-1-11 是堆芯中子注量率的形状因子,它是高度 $Z$ 的函数。对于一根给定的元件棒,形状因子等于

$$Z_0 = \frac{Z\text{处的线功率}}{\text{平均线功率}}$$

由此得到堆芯轴向功率分布的参数 $P(Z)$

$$P(Z) = \frac{Z\text{处的平均线功率}}{\text{堆芯平均线功率}}$$

$P(Z)$ 式中分子是高度为 $Z$ 的每根燃料

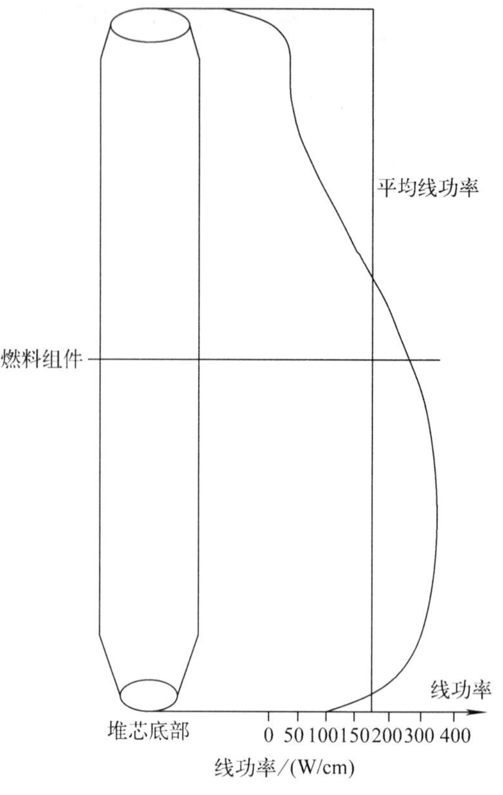


图 6-1-10 平均线功率分布

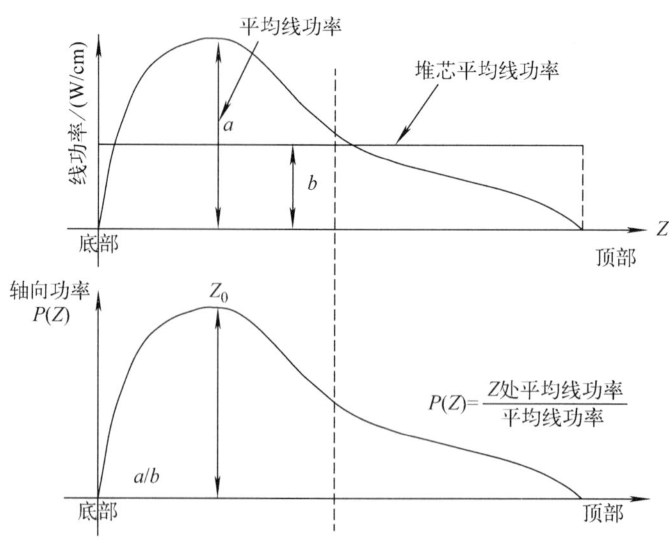


图 6-1-11 堆功率轴向分布

棒线功率的平均值。

$P(Z)$ 也叫做“热点因子”，它是堆芯上部和下部之间功率分布的一个特征参数，并随反应堆的功率水平而变。

同样，可以规定比率 $Q(Z)$：

$$Q(Z) = \frac{Z\text{处的最大线功率}}{\text{堆芯平均线功率}}$$

轴向分布和轴向不平衡

在反应堆的功率 $P$ 分别为 $100\%P_n$ 和 $50\%P_n$ 两种运行情况下功率的轴向分布是相同的

$$P_1(Z) = P_2(Z)$$

$100\%P_n$ 时的平均线功率是 $50\%P_n$ 时相应线功率的两倍，所以在 $100\%P_n$ 时标高 $Z$ 处的平均线功率是 $50\%P_n$ 时相应值的两倍。

功率轴向分布参数 $P(Z)$ 不是一个可测量。必须找一个参数，使得测量它就可以监视 $P(Z)$。

功率轴向不平衡或轴向偏差 AO 可表示为

$$\text{AO} = \frac{P_h - P_B}{P_h + P_B} \times 100\%$$

式中：$P_h$——堆芯上部功率；

$P_B$——堆芯下部功率。

这个值反映了这个功率水平堆芯上部和下部之差。

但是，仅仅 AO 还不能精确反映燃料的热应力情况，例如，对于两种功率水平很不相同的情况，尽管 AO 为常数，但由于堆芯上部和下部功率的差异而产生的热应力和机械应力将大不相同。

如　$P = 100\%P_n \qquad (P_h - P_B)/(P_h + P_B) = \frac{40-60}{100} = -0.2$

$P = 50\%P_n \qquad (P_h - P_B)/(P_h + P_B) = \frac{20-30}{50} = -0.2$

但是，两者堆芯上部和下部的功率差异是不同的，必须规定一个量，用它说明在给定功率水平下注量率的不对称程度。

功率偏差超值时的报警：

四个功率分布的轴向偏差有 3 个测量值超过 3%时，出现黄灯报警。

四个功率分布的轴向偏差有 3 个测量值超过 5%时，出现红灯报警。

在最近 12 h 内，在 4 个功率分布的轴向偏差有三个测量值超过 5%的时间大于一个小时，出现红灯报警。

在功率为 $15\%P_n$ 以下时，全部报警通道被闭锁。

功率差额 $\Delta I$

功率差额 $\Delta I$ 可以写成

$$\Delta I(\%P_n) = (P_h - P_B)/P_n = \text{AO}(P_h + P_B)/P_n$$
$$= \text{AO} \cdot P_r$$

对于　$P_r = 100\%P_n$，$\Delta I = \text{AO}$

$P_r=0\%P_n, \Delta I=0$

因而,监督功率轴向分布就是监督每个功率水平下的 $\Delta I$ 值。

$\Delta I_{ref}$为额定功率、稳定运行(氙平衡)和调节棒处于最小插入位置所测得的 $\Delta I$。

$\Delta I_{ref}$值随燃耗变化而变化,因而它需要通过一个实验方法定期地修正。

# 6.2 堆芯中子测量系统

## 6.2.1 系统功能

### 6.2.1.1 堆内温度测量

为了保证反应堆在良好条件下运行并保证运行安全,堆芯中子测量系统(RIC)具有以下功能:

(1) 提供 30 个堆芯温度信息;

(2) 计算并显示饱和裕度;

(3) 探测反应堆径向功率不平衡;

(4) 发现与自身棒组分离的棒束;

(5) 供操纵员观察事故时和事故后堆芯温度和过冷度的变化趋势。

### 6.2.1.2 堆芯中子注量率分布测量

(1) 记录被测点的中子注量率;

(2) 测量的中子注量率数据经 RIC 计算机处理后,得出反应堆运行时堆内三维功率分布。

堆芯测量系统在反应堆启动时用于:

(1) 检查堆寿命初期功率分布与设计的一致性;

(2) 检查用于事故分析的热点因子是否在保守值;

(3) 校核堆外核仪表系统 RPN 的电离室;

(4) 监测在堆芯装料时可能出现的错误。

在正常运行时,堆芯测量系统用于:

(1) 检查燃耗对应的堆芯功率分布是否与设计所期望的功率分布相符;

(2) 监测各个燃料组件的燃耗;

(3) 校验堆外核仪表系统;

(4) 探测堆芯有否偏离正常运行。

### 6.2.1.3 压力容器内液位测量

(1) 失水事故发生时监测堆芯淹没情况;

(2) 正常充排水时观察堆内充水情况;

(3) 主泵启动时,监测堆芯压差。

## 6.2.2 温度测量

在 30 个燃料组件的出口热电偶测得反应堆冷却剂的温度,可以据此制定堆芯温度分布图。这些测量值经转换可得到堆芯中子注量率径向分布图。

#### 6.2.2.1　温度测量方法

温度测量通过热电偶的方法来实现，热电偶包壳用镍铬-镍铝不锈钢制成，并用氧化铝作绝缘材料。30 个热电偶分为 A，B 两列，每列 15 个。

热电偶的热端安装在堆芯上栅格板上面，冷端通过补偿电缆引到堆外的冷端箱里。

热电偶：$\phi=3.17$ mm

$L=7.5-12$ m

量程：0～1 200 ℃

精度：±1.5 ℃　　0 ℃$\leqslant T\leqslant$375 ℃

±0.4%　　$T>$375 ℃

#### 6.2.2.2　运行和控制操作

温度测量连续进行。30 个热电偶分 A，B 两列，装在四根热电偶柱中，A 列：L11(8 根)，C3(7 根)；B 列：C11(7 根)，L3(8 根)。每个热电偶通过各自的开关可与它所对应的自动记录仪相连或断开。

测量信号经堆芯冷却监测机柜处理后在机柜的显示仪上显示出来，并且将信号传送到中央数据处理计算机，连同堆芯冷却监测器接收的压力信号(取自稳压器和余热排除系统 RRA)，用于计算饱和温度。以屏幕显示温度图、压力和最低过冷裕度。在主控室设置的远传指示仪，对每个列连续指示最低过冷裕度和最高温度。

事故情况下，堆芯冷却监测机柜、远传指示仪、集中数据处理计算机，都将跟踪堆芯温度变化。

堆芯温度测量系统需要以下测量数据：

(1) 堆内温度测量，共有两组，每组 15 个 TC(TC=Thermocouple，热电偶)。

(2) 冷端箱电阻温度探测器(每列 3 个)温度信号。

(3) 由 RCP 的两个电阻式温度计提供的热管段冷却剂温度。

(4) 由 RCP 的位于 RRA 热管段的两个压力传感器提供的一回路冷却剂压力。

(5) 由 RCP 稳压器的三个压力传感器提供的一回路冷却剂压力。

堆芯温度监测系统对所获得的数据可作以下处理：

(1) 将所有输入信号转换成数字信号以便处理和输出到 KIT 计算机系统。

(2) 一回路冷却剂沸点计算

$$T_{SAT}=A+BL+CL^2+DL^3+EL^4$$

其中：$L=\lg P_{min}$

A，B，C，D，E 为常数，$P_{min}$ 为所测到的最小冷却剂压力。

(3) 温度裕量计算

$$T_{margin}=T_{SAT}-T_{RIC}$$

最小温度裕量　$T_{margin}=T_{SAT}-T_{RICmax}$。堆功率小于 10%$P_n$ 时需大于 20 ℃。

(4) 两个热管段温度 $T_{HL}$ 温度裕量计算

$$T_{margin}=T_{SAT}-T_{HL}$$

### 6.2.3 中子注量率测量

通过中子注量率测量可以直接得到注量率的轴向分布，然后经过计算，就可以得到不同水平的径向分布。

#### 6.2.3.1 系统构成

中子注量率测量系统见图 6-2-1。

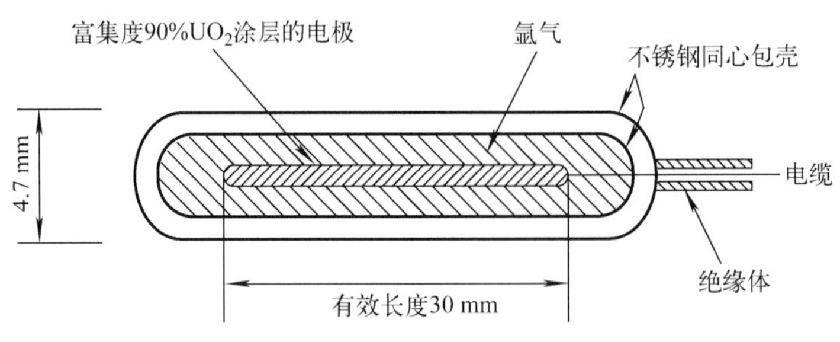


图 6-2-1 微型裂变室示意图

用微型裂变室测定中子注量率，该微型裂变室的结构如下：

一个中央电极，上面覆盖一层$^{235}$U 富集度为 90%的氧化铀($UO_2$)涂层。两层密封的同心不锈钢包壳；

该探测器可以测量中子注量率的范围是 $10^9 \sim 9.3\times10^{13}$ n/(cm$^2$ · s)。

其对应的汇集电流从 $10^{-6} \sim 1.5\times10^{-3}$ A。

堆内中子探头：外径＝4.70 mm

$L$＝66 mm

灵敏度：$10^{-17}$ A/(n · cm$^{-2}$ · s$^{-1}$)＜$2\times10^{-12}$ A/(Gy · h$^{-1}$)

#### 6.2.3.2 探测器导向管

导向管的一端是反应堆压力容器的延伸，导向管包容着指套管。支持导向管的支架能消除导向管的震动共振，支架是可以上下调节的。

#### 6.2.3.3 中子注量率探测器的布置

中子注量率探测器的布置见图 6-2-2，共有 38 个指套管用于 38 个燃料组件的中子注量率测量。

270°

| | 01 | 02 | 03 | 04 | 05 | 06 | 07 | 08 | 09 | 10 | 11 | 12 | 13 |
|---|---|---|---|---|---|---|---|---|---|---|---|---|---|
| A | | | | | | | 18 | | | | | | |
| B | | | | 9 | | | | 7 | | | | | |
| C | | | | 20 | | | | | | | | | |
| D | | | 1 | | | 10 | 19 | | 8 | 17 | | | |
| E | | | | | | | | | | | | 6 | |
| F | 30 | | 3 | | 11 | | | 2 | | 29 | | 16 | |
| G | | | | | | | | | 15 | | 4 | | 5 |
| H | | 13 | | | | 12 | | 28 | | | | | |
| J | | | | | | 31 | 24 | | 37 | | | 36 | |
| K | | | 21 | 38 | | | | | | 26 | | 27 | |
| L | | | | | | | 23 | | 33 | | 35 | | |
| M | | | | 32 | | | | | | 25 | | | |
| N | | | | | | 22 | | 34 | | | | | |

180° 0°

90°

图 6-2-2 测量通道布置图

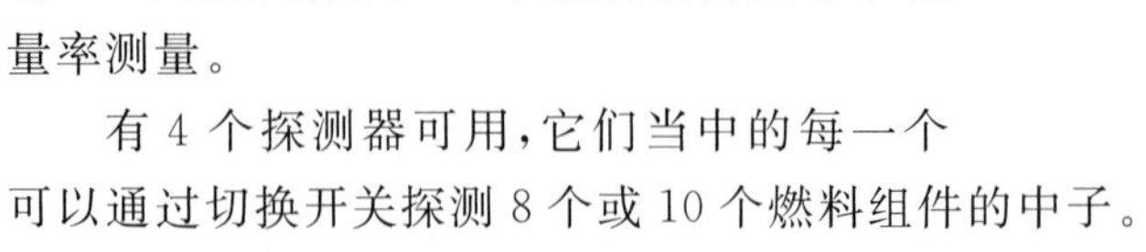

有 4 个探测器可用，它们当中的每一个可以通过切换开关探测 8 个或 10 个燃料组件的中子。

#### 6.2.3.4 探测器的远距操作

为了保证切换和 4 个探测器向 38 个中子注量率测量通道移动，利用一个传动装置可以进行下列操作：

· 在 38 个测量通道中选择任何一个；

· 向堆芯插入或从堆芯取出任何一个探测器。

该传动装置由下列几个部分组成：

4 个操作单元，每个都能展开或卷绕到探测器上的软套管电缆；

4 个组选择器，可以从操作单元选择每个探测器；

4 个路组选择器，可以选择每个探测器的通道组；

10 个或 8 个路选择器，可以将探测器引向 10 个测量通道中的任何一个（其中一组路选择器有 8 个路选择器）；

38 个隔离套管的自动阀门；

一个通道的选择引起相应的阀门打开，而当操作单元使探测器回来时，则发出关闭阀门的命令。

#### 6.2.3.5 运行

中子注量率测量系统是间歇式工作的。在第一次启动和升功率期间，需要频繁地进行测量工作。正常运行时，其操作频率从每星期一次到每个月一次。

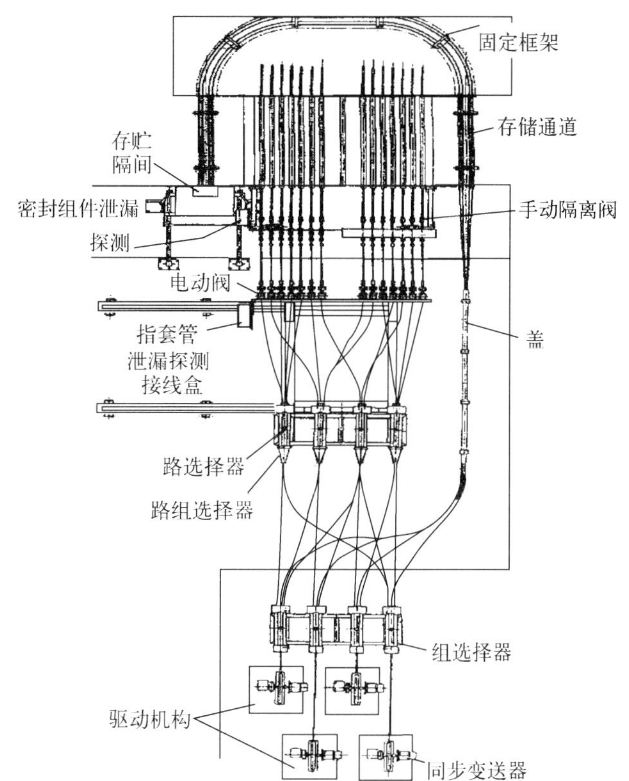

图 6-2-3 中子探测器传动系统

中子注量率测量 4 只微型裂变室，各由 1 台机械—电气驱动机构来驱动，驱动机构将微型裂变室从起点沿置于导管内的指形套管，以高速（18 m/min）插向堆芯部，然后以低速（3 m/min）使裂变室上升至堆芯顶部，再以高速或低速均匀下降，与此同时，注量率测量电路测出裂变室的输出电流。当裂变室达到堆芯底部时，测量停止。这时驱动机构再每隔8 min将裂变室抽回起点，接着将裂变室再插入第二个通道进行测量，直至测定属于该组的 10 个或 8 个通道为止。探测器的传动系统和移动速度见图 6-2-3 及图 6-2-4。

裂变室输出信号送 RIC 计算机分析和处理，从而获得堆芯径向和轴向的注量率分布和功率分布。

通常，在对各通道注量率测量前，四个通道的微型裂变室要进行互校，互校时要求反应堆功率稳定，并将平均温度控制系统切除自动。

在全部通道测量完毕后，4 个探测器均抽出，插入带有生物屏蔽的保护孔道内。

注量率测量有多种工作方式，操作人员可根据实际需要灵活选用。

#### 6.2.3.5.1 正常工作方式

(1) 第一阶段:探测器校核

4个裂变室中子注量率测量灵敏度由于加工制造等原因不可能完全一样，为此每次进行堆芯中子注量率分布测量前，必须对它们的灵敏度进行相互校核。正常情况下，采用交叉校核，即4个探测器都插入到各自相邻组的第1路(组选在应急位置);当循环交叉校核不能执行时(如一个探头故障)，则采用参考通道进行校核，这时把第3组的26号通道作为参考校核通道，将这4个探测器依次送入此通道进行互校。

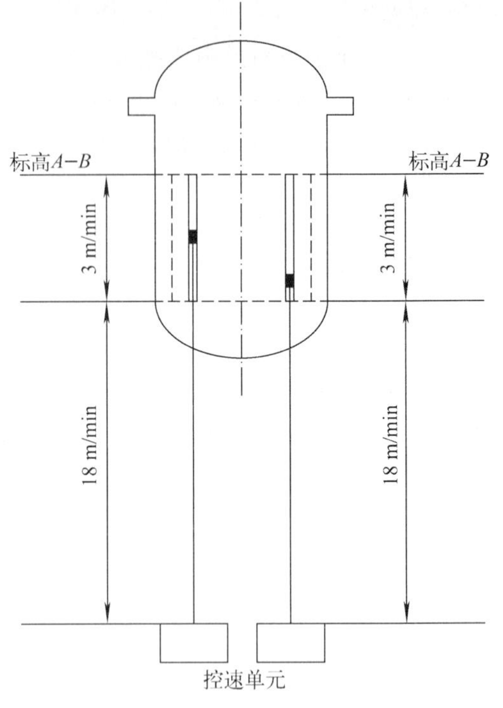

图 6-2-4 探测器移动速度和标高

(2) 第二阶段:读数阶段

这个阶段采用两种方式:

连锁测量:4组测量系统同步动作，无须操纵员干预即可完成。

顺序测量:

它的工作方式是断续的4个探测器各测一路回到起点后即停止运行，测量程序不再自动前进，须再按程序前进按钮，4个探测器才进入下一轮测量，如此反复需要10次或8次操作才完成全部测量，称组顺序同步。

这种方式的优点是:在测量过程中允许操纵人员有思考、分析和处理问题时间。

一个完整的堆芯中子注量率分布图(注量率图)包括通道校核和同步测量所得全部曲线。

#### 6.2.3.5.2 特殊工作方式

(1) 应急后备测量

除正常测量方式外，各测量组间还可互相备用，当一组测量故障时，用另一组作为其后备测量组探测器去完成其测量任务。1,2,3,4组分别作为2,3,4,7组的备用测量组。

(2) 单独启动测量

这种方式，4个组中的每一个对其他组是独立的。公共机柜是同步系统不运行。

(3) 局部中子注量率测量

当需要研究堆芯局部中子注量率分布时，只选取处于该区域的几个通道进行测量，这时运行通道设置在“自动”，不运行的设置在“停止”。这时，对在每个运行通道上各路通道的作图程序进行修正，以便将已选路通道的测量调整到测量程序开头进行。

在堆内中子测量套管破损情况下，一回路的冷却剂不会泄漏，因为此时安装有密封组件和自动阀之间的球阀(ball check valve)起密封作用，并在球阀进口处有一“套管破损探测器”会发出警告信号，防止自动打开。再者，自动阀在通常情况下是关闭的。

### 6.2.4　压力容器内液位的测量

压力容器液位监测的目的是为在事故中和事故后向操纵员提供明确的可靠的数据来反映压力容器内的液位和压差，以减少操纵员错误判断的可能性。

反应堆压力容器液位监测向操纵员提供以下信息：

(1) 宽量程压力容器液位指示；

(2) 窄量程压力容器液位指示；

(3) 压力容器上部空腔液位指示；

(4) 液位变化趋向指示(记录)；

(5) 压力容器液位报警(低报警和低低报警)；

(6) 反应堆一回路主泵状态(运行或停止)。

液位测量是冗余设置的，即测量通道 A 与通道 B 是独立的，测量原理如下：

测量反应堆压力容器中上、下两接头之间液位差而引起的压差 $\Delta P$，上接头在反应堆压力容器排气口，下接头在堆内仪表密封组件处。测量结果分窄量程和宽量程指示，窄量程为所有冷却剂泵停运时堆内水位及相对空隙的确切指示，宽量程则给出一反应堆泵运行时容器内循环流体所含相对空隙的近似指示，则测得的微分压差 $\Delta P$ 与压力容器水位 $h$ 间有如下关系式：

$$h = \frac{\Delta P - \rho_{v} g \cdot H}{(\rho_{L} - \rho_{v}) \cdot g}$$

式中：$\rho_{L}$，$\rho_{v}$——压力容器内水密实时和有气隙时的平均密度；

$\Delta P$——压力容器顶部和底部之间测出总压力差，为堆内水位静压力和冷却泵运行引起的动压力之和。修正测量值时应考虑管内流体重量及环境条件。

$H$——压力容器水位测量高度。

由堆芯欠热度监测以及一回路压力获得蒸汽密度 $\rho_{V}$，从而定出压力容器内饱和温度 $T_{SAT}$。

水的密度 $\rho_{L}$ 是由一回路的压力和温度计算得出来的，压力与计算蒸汽密度时取同一值，而温度则取决于温度范围和一回路泵的状态。

在出口温度低于 400 ℃时，用饱和温度、出口温度(两个热电偶)、一回路平均温度中最低值；在出口温度高于 400 ℃(在 1 200 ℃量程)时，则用饱和温度。

压力容器顶部和底部之间的两个差压测量值，由一回路压力及热管段和冷管段温度处理得来的冷却比体积和蒸汽比体积来校正。

压力容器水位测量，窄量程以数字形式、宽量程以电流计的模拟形式在主控制室里显示。在堆芯冷却监测图上，显示出用于堆芯水位处理的主要参数。

正常运行时，堆芯温度记录量程有 3 种：0～400 ℃、250～350 ℃以及 0～1 200 ℃；当每列通道上至少有两支热电偶温度等于或大于 400 ℃时，自动切换到 0～1 200 ℃量程。

# 6.3 反应堆控制系统

## 6.3.1 主要功能

反应堆控制系统(RRC)的主要功能如下。

(1) 稳态运行时,保持核蒸汽供应系统(NSSS)主要参数尽可能接近核电厂设计要求的最优值,使电厂的输出功率保持在所要求的范围内。

(2) 根据电网的要求和运行的需要,改变系统的运行状态,使 NSSS 系统能适应各种瞬态工况。

(3) 在运行的瞬态或设备故障时,保持电厂主要参数在所允许的范围内,以尽可能减少反应堆保护系统的动作。

实现以上功能主要满足以下需要:

(1) 负荷跟踪的需要:使得电厂机组的输出与电网计划需求相适应。

(2) 频率一致的需要:机组产生的功率与负荷需求不一致会引起电网频率变化,对用电设备造成损坏(秦山二期按 Mode-A 方式运行,但现在有 20 MW 的频率调节控制)。

## 6.3.2 系统描述

秦山二期控制系统控制的对象主要是以下 5 个参数:

(1) 反应堆冷却剂平均温度($T_{avg}$)

一回路平均温度与功率是一一对应的,因此控制了一回路平均温度也就意味着控制了反应堆功率。$T_{avg}$的变化曲线,见图 6-3-1。

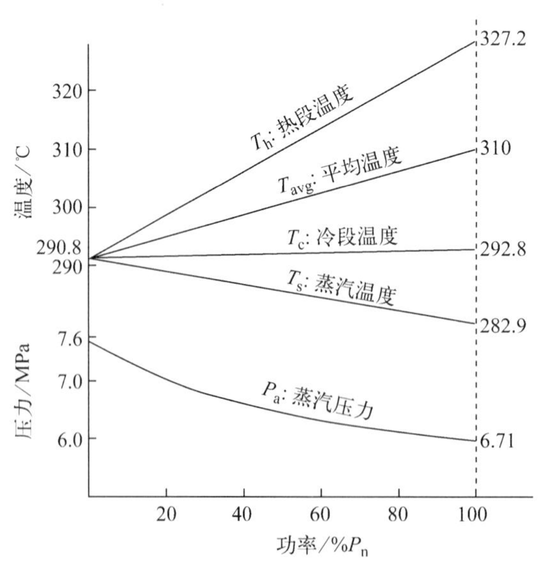


图 6-3-1 不同功率下 $T_{avg}$的变化曲线

(2) 反应堆冷却剂压力

控制反应堆冷却剂压力是为保证冷却剂压力在当前温度所对应的饱和压力以上，避免一回路出现沸腾现象；同时又要保证在一回路管道、设备的设计压力以下。正常运行时，反应堆冷却剂压力控制系统保持压力为常值，一般在 15.5 MPa。

(3) 稳压器水位

由于一回路与 RCV 系统相连，正常运行 RCV 的注入和排出，使得冷却剂不断更新。稳压器水位控制系统尽可能保证一回路总的水量一定。

(4) 蒸汽发生器水位

蒸汽发生器水位过低会引起传热管裸露，传热恶化，失去二次侧热阱，水位过高又会淹没蒸汽干燥设备，使得蒸汽出口品质变差，造成汽轮机叶片水击，严重影响汽轮机寿命，因此需要对蒸汽发生器水位进行监控。

(5) 蒸汽压力

功率运行时，蒸汽压力无须控制，因为由图 6-3-1 可知，$P_s = f(T_{avg})$。控制了 $T_{avg}$ 也就控制了 $P_s$，但当甩负荷时，蒸汽压力会瞬间剧增。此时就需要对 $P_s$ 进行控制，采取的方法就是 GCT-A，GCT-C。

以上是 RRC 系统的几个主要控制参量，相应的，RRC 由以下几个控制系统组成：

(1) 反应堆冷却剂平均温度控制系统；

(2) 稳压器压力控制系统；

(3) 稳压器水位控制系统；

(4) 蒸汽旁路控制系统(大气，凝汽器)；

(5) 蒸汽发生器水位控制系统。

本节作为对 RRC 系统的一般简介，将着重介绍反应堆冷却剂平均温度控制系统，其他几个可参见相关资料( NSSS 控制系统手册，检索号 FC-11-RRC-21 )。

## 6.3.3 平均温度控制系统(反应堆功率调节系统)

### 6.3.3.1 控制模式

控制模式是反应堆操作时的一种方案，按照这种方案，操纵人员在确保整个装置安全运行在允许范围内的同时，使机组输出功率很好地适应电网需要。

压水堆核电站在发展初期，是作为带基本负荷的电厂运行的，即连续以可靠的最大功率运行，所考虑的控制模式是采用强吸收中子的调节棒束——黑棒束，其功率能以较大的变化速度进行调节，但引起的注量率畸变也很大，这种控制模式称为 A 模式。

A 控制模式通过平均温度控制系统使棒束型控制棒组件以自动的方式移动，保持反应堆处于临界。同时，为了限制功率分布的轴向偏差，运行人员采用手动操作方式来改变硼浓度，以限制调节棒的移动。

改变硼浓度是为了补偿由燃耗、氙引起的反应性变化，在功率变化很大的过程中补偿功率效应。

应用 A 控制模式，主要优点是：

(1) 运行简便，只有一个调节回路，正常运行时只需改变硼浓度。

(2) 控制棒组件的插入数量少，径向和轴向的燃耗都相当均匀，通过标准的操作程序可极方便地保证停堆深度。

A控制模式的缺点是：由于控制棒组件的插入很少，当要增加功率时就要投入化学和容积控制系统，功率提升速度随燃料循环而有规律地下降；另外，这一运行模式只能满足±5% $P_n$/min线性和±10% $P_n$阶跃的功率变化。

A模式的特点是只设置调节棒组A,B,C,D。调节棒组全部由Ag-In-Cd作吸收体的黑棒组成。通过调节调节棒组和可溶硼浓度来补偿反应性的变化。调节棒的提升和下插顺序为重叠方式进行。提升时以A,B,C,D的顺序提升，重叠步数为95,95,95。其中D棒组为主调节棒组，插入顺序为D,C,B,A。如图6-3-2所示。重叠步数各为95步。

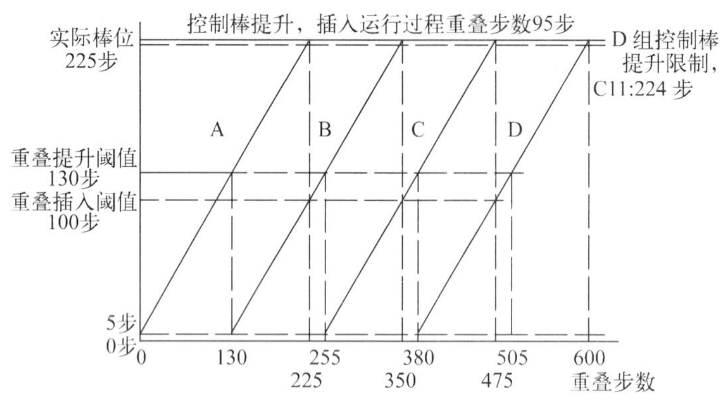


图6-3-2 重叠步运行

重叠步的目的是减少堆芯轴向功率分布扰动，提高微分价值。

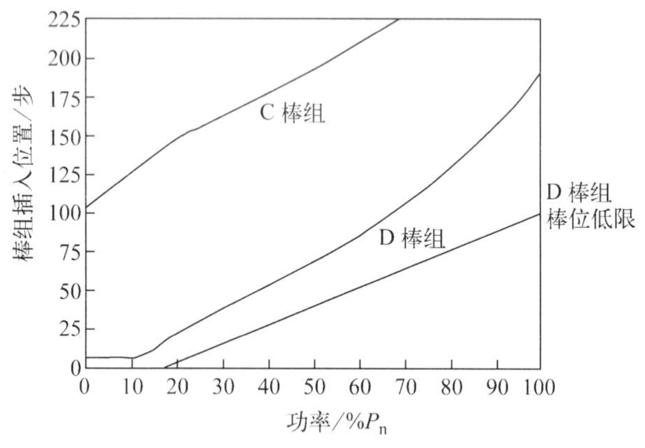


图6-3-3 控制棒刻度曲线

模式A要求反应堆在满功率或接近满功率的情况下运行，一般不进行负荷跟踪，但为了满足核电站功率变化机动性要求，因而要求具有一定的负荷跟踪能力，要求在80%循环长度内能进行功率变化形式为12-3-6-3的日负荷跟踪能力。即在12 h满功率运行以后，在3 h内功率以线性变化降到50% $P_n$，在50% $P_n$下稳定运行6 h后，又在3 h内以线性变化增长到满功率，以适应电网的日负荷变化的要求。负荷跟踪是通过改变调节棒的位置和可溶硼浓度实现的，调节棒棒位由反应堆输出电功率来确定，即不同功率水平时的棒位依据控制棒刻度曲线来实现。刻度曲线随铀燃耗变化而变化。150 MW·d/t的刻度曲线如图6-3-3所示。

### 6.3.3.2 系统的基本要求

(1) 秦山第二核电厂以带基本负荷运行为主，具有一定的日负荷循环能力，采用Mode-

A 模式。

(2) 正常运行和暂态运行期间,调节系统使冷却剂平均温度保持在稳态运行特性上。

(3) 调节系统在 15%~100%$P_n$ 内可实现自动调节。

(4) 自动控制范围内系统能承受±10%$P_n$ 阶跃负荷变化和±5%$P_n$/min 线性负荷变化。

(5) 在 RCV 的配合下,由 D 棒组实现堆芯功率分布控制保证功率轴向偏差 $\Delta I$ 在目标带内,并维持主调节棒 D 在调节带内。

#### 6.3.3.3 系统组成

本系统由两个调节通道组成。主通道是平均温度调节通道,其作用是当汽轮机负荷变化时,按稳态运行特性调节反应堆功率,使堆功率自动跟踪汽轮机负荷变化。辅助通道是功率失配补偿通道,它是一个前馈通道,作用是提供超前调节作用,改善动态品质和抑制暂态。

主通道输入测量值有两环路高选平均温度值 $T_{avg,max}$ 和二回路负荷信号 P2(负荷信号由高选单元在以下两通道中选择 ①汽轮机冲动级压力;②GCT 投入时,代表负荷及定值的信号)。二回路负荷信号 P2 经滤波后送往函数发生器,产生温度整定值 $T_{ref}$,它与由高选平均温度 $T_{avg,max}$ 经滤波和超前一滞后环节形成的实测温度进行比较,产生的差值信号送往棒控单元。

A 模式调节系统的三通道非线性调节器的方框图,如图 6-3-4 所示。

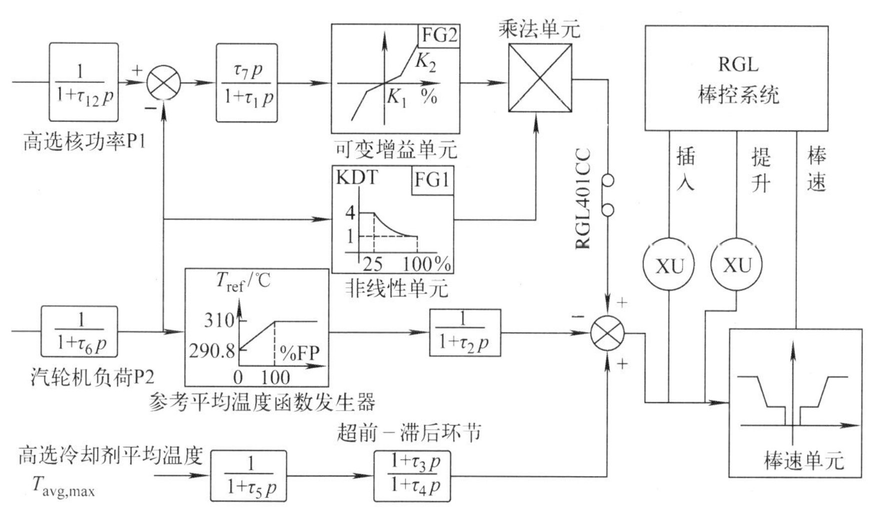


图 6-3-4 系统方框图

功率失配通道输入信号有代表二回路负荷信号 P2 和高选核功率测量值 P1,高选核功率 P1 是由核仪表系统 4 个测量信号高选得出的,二回路负荷信号 P2 经滤波后与核功率信号比较就产生功率失配的差值,此差值经过高选滤波器,此滤波器是保证信号在暂态过程中有效,而稳态不起作用,其后经可变增益单元放大后形成等效温度偏差信号,此过程中的可变增益单元由图 6-3-5 可知输入功率差值越大,其输出越大,从而保证了较大功率失配时,控制棒有较大的调节能力,由于在低功率下反应性变化对核功率的影响比高功率下小,所以功率失配通道还设置了一非线性单元,见图 6-3-6,低功率时输出值 $k>1$,高功率时输出值 $k$

=1,该非线性增益值与等效温度偏差信号相乘后即为功率失配通道实际输出,从而保证了低功率下能够提供足够的控制。

棒速单元:上述两通道的输出信号在加速器进行综合后即得到棒速单元的驱动信号,棒速单元按输出信号的极性和大小给出不同的棒运动方向和速度信号去棒控系统,使控制棒在堆芯内移动以改变反应性实现反应堆功率调节功能,见图 6-3-7,0.56~0.83,-0.56~-0.83间设置了死区和回环,以避免控制棒频繁动作。

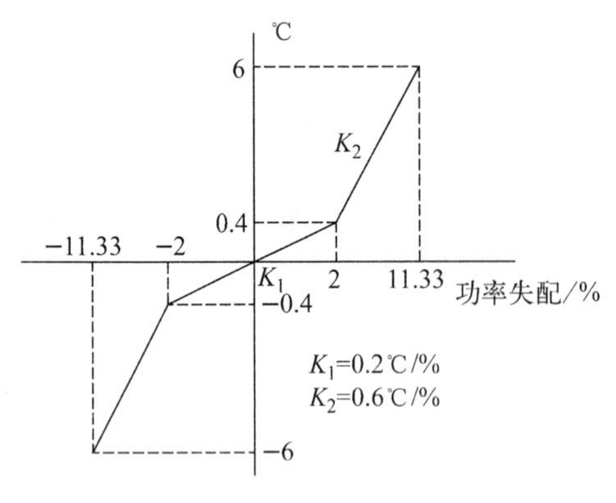


图 6-3-5 可变增益单元

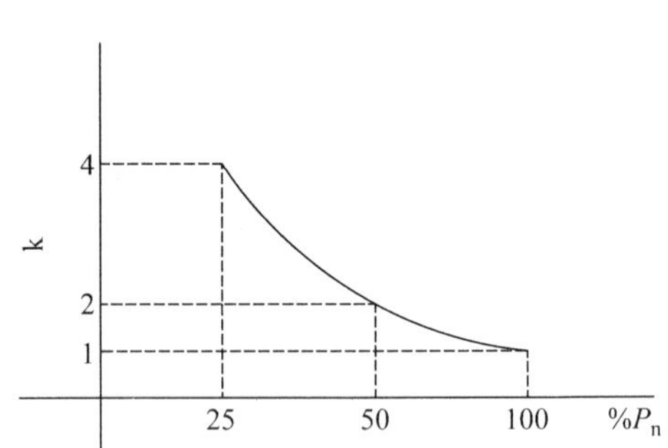


图 6-3-6 非线性增益单元

### 6.3.3.4 关于 D 棒组的插入、提升限制及控制连锁

对于 D 棒组,考虑其调节能力、停堆能力、恢复功率能力,发生弹棒事故时可能引入的正反应性大小以及运行时对堆芯功率分布的影响,它在堆芯内移动的范围有一定的限制。这个范围叫调节带,调节带的上限,称为咬量,咬量是按微分价值为 2.5 pcm/步确定。

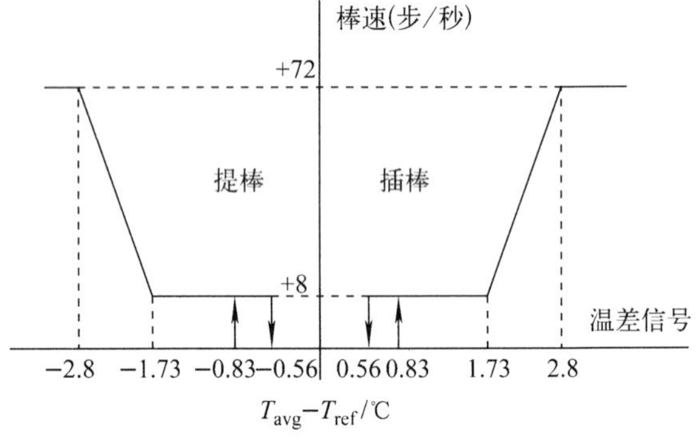


图 6-3-7 棒速单元

关于控制棒的控制连锁:

C1:中间量程中子注量率≥20%$P_n$(1/2)时产生,禁止手动和自动提升控制棒。

C2:功率量程中子注量率≥103%$P_n$(1/4)时产生,禁止手动和自动提升控制棒。

C3:超温 $\Delta T$ 超过定值(2/4),禁止手动和自动提棒,汽轮机快速降负荷。

C4:超功率 $\Delta T$ 超过定值(2/4),禁止手动和自动提棒,汽轮机快速降负荷。

C11:D 棒组达到提升限值时产生,禁止 D 棒提升。

C20:堆功率<15%$P_n$ 时产生,闭锁自动提升调节棒组。

此外,对于调节棒组还有插入限值的限定:

(1) 低插入限值,它提醒操纵员控制棒已接近插入极限,要求启动正常加硼操作,制止控制棒进一步下插。

(2) 低低插入限值,它要求操纵员紧急加硼,使控制棒离开插入极限。

限制主调节棒的插入限值是为了满足下列要求：

——停堆裕度的要求，在 HZP 时，满足卡棒准则的同时，在 BOL 和 EOL 的停堆裕度分别不得小于 1 000 pcm 和 2 000 pcm。

——弹棒事故安全准则。

——焓升因子 $F_{\Delta H}<1.55[1+0.3(1-P_r)](0\leqslant P_r\leqslant 1)$，插入限值是随功率水平和燃耗的变化而变化的。

# 6.4　反应堆保护系统

## 6.4.1　系统功能

反应堆保护系统(RPR)是指由所有电器件、机械器件和通道(从传感器一直到执行机构的输入端)组成的产生保护信号的系统，它必须满足以下要求。

(1) 能自动触发有关的系统(需要时包括停堆系统)动作，以保证发生预计运行事件时，核电厂的主要参数不超过规定的限值；

(2) 能检测事故工况并触发为减轻这些事故工况后果所需的系统动作；

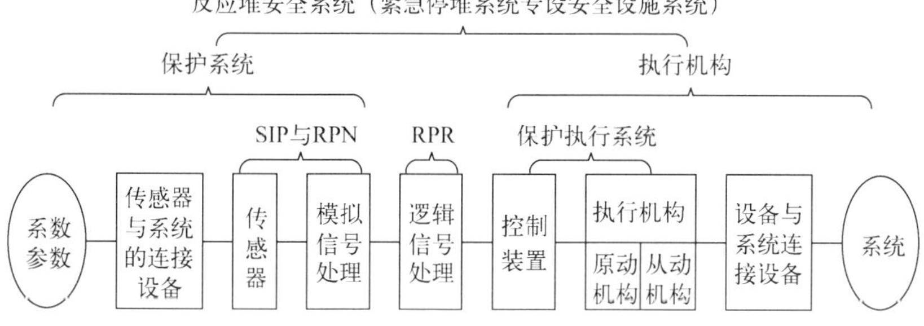


图 6-4-1　反应堆安全系统组成图

(3) 能抑制控制系统的不安全动作。

图 6-4-1 示出反应堆保护系统(RPR)在整个反应堆安全系统的位置。

RPR 系统按与全体保护仪表组件的联系可分为热工仪表和核仪表两部分，这些仪表组件从模拟测量中触发逻辑信号，因此，RPR 系统的上游端与表 6-4-1 和表 6-4-2 所示的主要系统相连。

RPR 系统的下游端与给出停堆或保护动作安全命令的传递系统相连，安全命令的种类有：

**表 6-4-1　RPR 系统与保护仪表组件的联系**

| 系　统 | | 仪　表 |
|---|---|---|
| RCP | 反应堆冷却剂系统 | 热工仪表 |
| VVP | 主蒸汽系统 | 热工仪表 |
| ARE | 给水流量调节系统 | 热工仪表 |
| GRE | 汽轮机调节系统 | 热工仪表 |
| GSE | 汽轮机保护系统 | 热工仪表 |
| ETY | 安全壳内大气监测系统 | 热工仪表 |
| PTR | 乏燃料池冷却和处理系统 | 热工仪表 |
| RPN | 核测量仪表系统 | 核仪表 |

(1) 停闭信号:反应堆停堆
反应堆冷却剂泵紧急停机
汽轮机停机

(2) 保护信号:主汽管隔离
安全壳隔离(A、B 阶段)
安全注入
安全壳喷淋
主给水隔离
辅助给水启动
柴油发电机组启动

保护系统的安全作用是:

在下面两种情况下:

(1) 当控制系统失效而导致产生错误指令时;

(2) 在异常的事件情况下,包括故障(incidents)和事故(accidents)状态。

保护三大核安全屏障(燃料包壳、一回路压力边界和安全壳)的完整性,当运行参数达到危及三大屏障完整性的阈值时,紧急停闭反应堆和启动专设安全设施。

**表 6-4-2 RPR 系统与执行系统的联系**

| 系统(执行机构) | |
|---|---|
| APA | 电动主给水泵系统 |
| APG | 蒸汽发生器排污系统 |
| ARE | 给水流量调节系统 |
| ASG | 辅助给水系统 |
| DEG | 核岛冷冻水系统 |
| DVK | 燃料厂房通风系统 |
| DVW | 安全壳环廊通风系统 |
| EAS | 安全壳喷淋系统 |
| EPP | 安全壳泄漏监测系统 |
| ETY | 安全壳内大气监测系统 |
| GCT | 蒸汽旁路排放系统 |
| LHA,B | 6.0 千伏应急配电系统 A,B |
| RAZ | 核岛氮气分配系统 |
| RCP | 反应堆冷却剂系统 |
| RCV | 化学和容积控制系统 |
| REA | 硼和水补给系统 |
| RGL | 控制棒系统 |
| RIC | 堆芯中子测量系统 |
| RPE | 疏水与排气系统 |
| RPN | 核测量仪表系统 |
| RRI | 设备冷却水系统 |
| SAR | 仪表用压缩空气分配系统 |
| SEC | 安全厂用水系统 |
| VVP | 主蒸汽系统 |

## 6.4.2 系统描述

### 6.4.2.1 系统设计准则

(1) 冗余度(Recundancy)原则。每个保护参数按其功能只需设置一个保护通道,但为了提高系统的可靠性,往往增设一个或几个功能完全相同、彼此独立的通道——冗余设置。为使反应堆有高度的连续运行性能,这些多重通道一般又按照“三取二”或“四取二”等逻辑组合(如图 6-4-2 所示)。

(2) 单一故障准则。单一故障是指使某个部件不能执行其预定安全功能的随机故障。保护系统作为一个重要的安全系统,在其任何部位发生可信的单一随机故障时仍能执行其正常功能。在单一故障分析中,不考虑发生一个以上的随机故障。

(3) 保护参数多样性。即针对反应堆每一事故工况,设置几个保护功能相同的保护参数,这样,即使在其中一个保护参数的全部保护通道同时失效的最坏情况下,仍能确保反应堆安全。

(4) 失效安全原则。即当设备故障时,应使设备处在有利于反应堆安全状态,如失电时安全棒立即落棒。

(5) 在线检查可试验性。在线检查是指在反应堆运行过程中,任何时候均能手动或自动检查系统的完好性,发现故障时能立即加以排除。

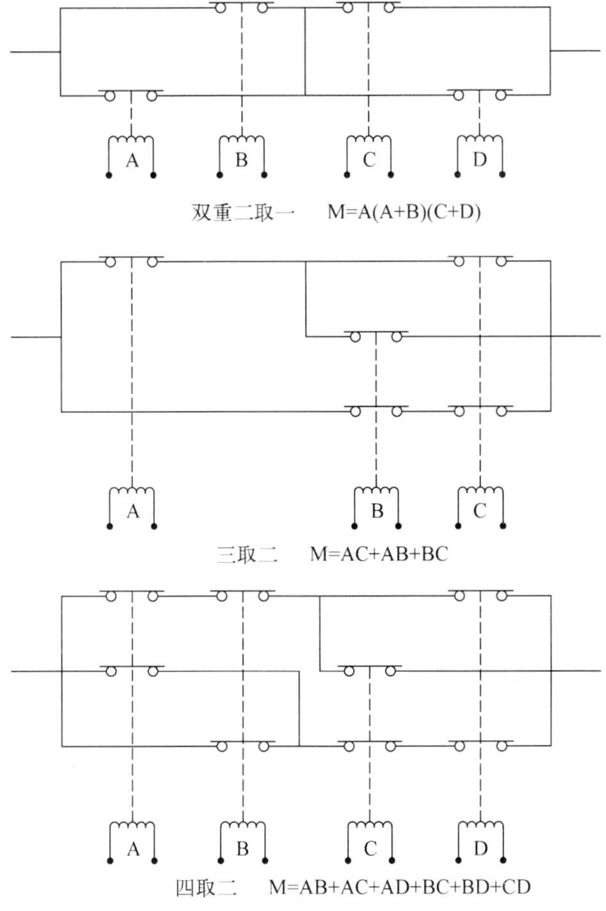


图 6-4-2 逻辑符合电路例(断电方式)

(6) 独立性原则。各保护通道应由独立通道供给可靠仪表电源(安全级),并应考虑实体隔离;应该避免使保护系统和控制系统的相互连接。

### 6.4.2.2 运行工况和事故的分类

运行工况,指符合正常运行和预计运行事件定义的那些工况。

预计运行事件:在核电厂运行寿期内预计出现一次或数次偏离正常运行的所有运行过程。由于设计时已采取了适当的措施,这类事件不会使安全重要物项明显损坏,也不会导致保护或专设安全设施启动的工况。

事故工况指核电厂运行中极少出现的对运行工况的严重偏离。若有关的专设安全设施不能按设计的要求发挥作用,则放射性物质的释放可能会达到不可接受的程度。

压水堆的运行工况按所预计的发生频率和对公众可能带来的放射性后果,通常分作以下四类:

第Ⅰ类——正常运行和运行瞬态过程。它包括:

(1) 核电厂的正常启动、停闭和稳态运行;

(2) 带有允许偏差的故障运行,如发生燃料包壳泄漏、一回路冷却剂放射性水平升高、

蒸汽发生器管子有泄漏等,但未超过规定的最大允许值;

(3) 运行的瞬态过程:电厂的升温升压或降温冷却以及在允许范围内的负荷变化等。

第Ⅱ类——常见故障。属于这类工况的,是指那些不会导致燃料棒损坏或反应堆冷却剂系统超压而使冷却剂压力边界破坏的常见故障,它可能迫使反应堆停闭;如处理不当,也可能造成严重的事故。它包括:

(1) 反应堆启动时控制棒组件不可控地抽出;

(2) 在反应堆功率运行时,控制棒组件不可控地抽出;

(3) 控制棒组件落棒;

(4) 硼失控稀释;

(5) 部分失去冷却剂流量;

(6) 失去正常给水;

(7) 给水温度降低;

(8) 负荷过分增加;

(9) 隔离环路的启动;

(10) 甩负荷事故;

(11) 失去外电源;

(12) 一回路卸压事故;

(13) 主蒸汽系统卸压事故;

(14) 功率运行时,安全注入系统误动作;

(15) 汽轮发电机组故障。

第Ⅲ类——稀有事故。在核电厂寿期内,这类事故一般极少出现。处理这类事故时,为了防止或限制对环境的辐射危害,需要安全系统投入。这类事故有:

(1) 一回路系统管道小破裂;

(2) 二回路系统蒸汽管道小破裂;

(3) 燃料组件误装载;

(4) 满功率运行时一根控制棒组件失控抽出;

(5) 放射性废气事故释放;

(6) 放射性废液事故释放;

(7) 全厂断电事故;

(8) 蒸汽发生器管子断裂。

第Ⅳ类——极限事故。这类事故预期不会发生,但一旦发生,就会释放出大量的放射性物质,因此被视为“设计基准事故”,这类事故有:

(1) 一回路系统冷却剂大量流失,堆芯失去冷却——失水事故;

(2) 二回路蒸汽管道大破裂;

(3) 1 台冷却剂泵转子卡死;

(4) 燃料操作事故;

(5) 弹棒事故。

各类工况所可能造成的影响和后果是:

(1) 第Ⅰ类工况

· 燃料不应受到任何损坏；
· 不应要求启动任何保护系统或专设安全设施。
(2) 第Ⅱ类工况
· 燃料不应受到任何损坏；
· 任何屏障不应受到损坏(本身故障除外)；
· 采取措施后机组应能再启动；
· 它不应是后果更严重的Ⅲ类或Ⅳ类事故的起源。
(3) 第Ⅲ类工况
· 一些燃料元件可能损坏，但其数量应该是有限的；
· 一回路和安全壳的完整性不应受到影响(本身故障除外)；
· 它不应是后果更为严重的Ⅳ类事故的起因。
(4) 第Ⅳ类工况
· 可能有些燃料元件损坏，但其数量应有限；
· 为一回路和反应堆厂房的持久性所必需的系统功能不应当变坏。

### 6.4.3　保护系统组成

通过对要防止的反应堆事故的分析，特别是对引起这些事故的原因分析，可以确定安全保护系统的目的和应采取的措施，主要有：

(1) 燃料包壳

燃料包壳的破裂会引起燃料的损坏，导致放射性产物释放到一回路。压水堆堆芯传热的原理建立在液相水冷却燃料的基础上，对流换热的公式为：

$$\Delta P = h \cdot S \cdot \Delta T$$

式中：$\Delta P$——传递的热量；
$\Delta T$——包壳与冷却剂水的温度差；
$h$——对流换热系数；
$S$——换热面积。

由上式可以看出，包壳温度随着导出功率而上升，因此要限制反应堆的核功率；另外在功率恒定时，对流换热的恶化，包壳温度也将上升。为了确保反应堆的安全，可以允许反应堆的某些点有轻微的泡核沸腾，但是应该绝对避免燃料包壳表面形成蒸汽膜(偏离泡核沸腾，D. N. B.)，因为此时热交换显著下降，包壳将烧毁。

(2) 反应堆冷却剂系统管道

要避免的事故是因为应力过度增大造成主管道的破裂。这些应力可能在一回路压力高或温度快速变化下产生，另外，中子注量率的快速变化，也将引起温度的快速变化。

(3) 安全壳

当一回路管道断裂，冷却剂大量泄漏，将使安全壳因内部压力上升而损坏，这也是应避免的事故。所以，保护一回路的所有措施同时也保护安全壳。

此外，安全壳还受到压水堆专设安全设施之一——安全壳喷淋系统的保护，而安全壳喷淋系统将由安全保护系统提供的信号而启动，并同时触发反应堆紧急停闭。

保护系统包括：

(1) 反应堆事故停堆通道:它的用途是紧急停闭反应堆。事故停堆通道能切断控制棒组传动机构电路电源,使调节棒组和停堆棒组靠重力作用落入堆芯。

(2) 专设安全通道:在反应堆发生失水事故或蒸汽管道破裂事故时,触发停堆,并提供信号使专设安全设施,如安全注入系统、安全壳隔离系统、安全壳喷淋系统以及辅助给水系统动作,防止事故扩大。

(3) 允许通道:在反应堆正常启动、停闭或者提升功率过程中,或在某些特殊情况下,为保证反应堆的运行更安全,允许通道建立改变某些设备或某些安全保护系统状态的信号。

(4) 连锁通道:当出现某些异常情况而又要避免反应堆事故停堆时,这些通道限制反应堆功率以避免达到紧急停堆阈值,并且像某些允许通道那样朝更安全的方向改变机组的状态。

### 6.4.3.1 紧急停堆保护通道

需要紧急停堆的主要工况见表 6-4-3,保护参数见表 6-4-4,信号总图见图 6-4-3。

**表 6-4-3 紧急停堆的主要工况**

| 状态 | 工　况 | 连锁 |
|---|---|---|
| 1 | 1 环路冷却剂流量低,或 1 号主泵断路器打开<br>2 环路冷却剂流量低,或 2 号主泵断路器打开<br>稳压器压力低<br>蒸汽发生器 SG1 低低水位 | P7 连锁 |
| 2 | 稳压器高水位<br>SG2 低低水位<br>中间量程测量通道中子注量率高 | P7 连锁<br><br>P10 连锁 |
| 3 | 冷却剂泵低低转速 | P7 连锁 |
| 4 | 功率量程高注量率,高整定值<br>SG1 低水位和蒸汽/给水失配<br>SG1 高高水位 | P7 连锁 |
| | 超功率 $\Delta T$<br>SG2 低水位且蒸汽给水失配<br>安注信号,安全壳 B 阶段隔离信号或安全壳喷淋信号<br>SG2 高高水位 | |
| 5 | 超温 $\Delta T$<br>汽轮机停机<br>功率量程(低定值)中子注量率高 | P10 连锁 |
| 6 | 功率量程中子注量率正负变化率高<br>源量程高中子注量率<br>稳压器压力高 | P6、P10 连锁 |

**表 6-4-4　600MW 压水堆核电厂停堆保护参数**

| 保护参数 | | | 保护功能 | 逻辑 | 连锁作用 | 阈值点 |
|---|---|---|---|---|---|---|
| | 源量程中子注量率高 | | 启动和停堆时的功率保护，防止启动时功率异常升高 | 1/2 | P 6以下手动闭锁，P 10以上自动闭锁。P 10以下自动复原 | $10^5$ c/s |
| 中子注量率 | 中间量程中子注量率高 | | 启动和停堆过程中的高功率事故保护 | 1/2 | P 10以上手动闭锁，P 10以下自动复原 | 25% |
| 中子注量率 | 功率量程中子注量率 | 高整定值 | 正常运行时功率保护 | 2/4 | | 109% |
| 中子注量率 | 功率量程中子注量率 | 低整定值 | 防止启动过程中连续提棒事故 | 2/4 | P 10以上手动闭锁，P 10以下自动复原 | 25% |
| 中子注量率 | 功率量程中子注量率 | 高中子注量率变化率 | 正值高变化率防止弹棒事故，负值高变化率防止两个以上控制棒落下事故 | 2/4 | | +5%$P_n$/2S |
| 热功率 | 超温 $\Delta T_i$ 高 | | 堆芯的 DNB 保护 | 2/4 | | |
| 热功率 | 超功率 $\Delta T_n$ 高 | | 超功率保护 | 2/4 | | |
| 冷却剂系统 | 1 个环路冷却剂流量低 | | 冷却剂流量丧失，堆芯沸腾危机保护 | 2/3 | P7 以上流量低(2/3)停堆 | 88.8% |
| 冷却剂系统 | 1 台主泵开关断开 | | 防止冷却剂丧失事故 | 1/1 | P7 以上开关断开停堆 | |
| 冷却剂系统 | 主泵低低转速 | | 防止冷却剂流量低事故 | 2/4 | P 7以下自动闭锁 | 1 367 r/min |
| 蒸汽发生器 | 蒸汽发生器水位低(1/2)并且蒸汽/给水流量失调(1/2) | | 防止堆芯失去散热 | 2×1/2 | | −0.96 m<br>775 t/h |
| 蒸汽发生器 | 1 台蒸汽发生器水位高高 | | 防止堆芯过冷，并用于保护汽轮机 | | P 7连锁 | |
| 蒸汽发生器 | 1 台蒸汽发生器水位低低 | | 给水流量丧失，堆芯过热保护 | 2/4 | | −1.32 m<br>25% |
| 稳压器 | 稳定器压力高 | | 防止冷却剂系统过压 | 2/4 | | 16.45 MPa(绝对) |
| 稳压器 | 稳定器压力低 | | 超温 $\Delta T$ 的冗余保护，防止堆芯出现沸腾危机 | 2/4 | P 7以下自动闭锁 | 13.0 MPa(绝对) |
| 稳压器 | 稳定器水位高 | | 防止稳压器汽相消失，并防止安全阀组件带水运行 | 2/3 | P 7以下自动闭锁 | 2.31 m，86% |
| 其他 | 汽轮机停机信号 | | 防止汽轮机停机影响一回路温度、压力的过度变化 | 2/3 | P 7以下自动闭锁 | |
| 其他 | 安全注入信号 | | 防止冷却剂系统事故，防止堆芯烧毁 | | | |
| 其他 | 手动停堆信号 | | 由运行人员根据事故的判断停堆 | 1/2 | | |

当反应堆保护系统发出停堆指令时，控制棒驱动机构的动力电源被断开，所有的安全棒和调节棒，不管其在何位置，均在约 2 s 之内依其自重全部落入堆芯，反应堆迅速处于次临界。

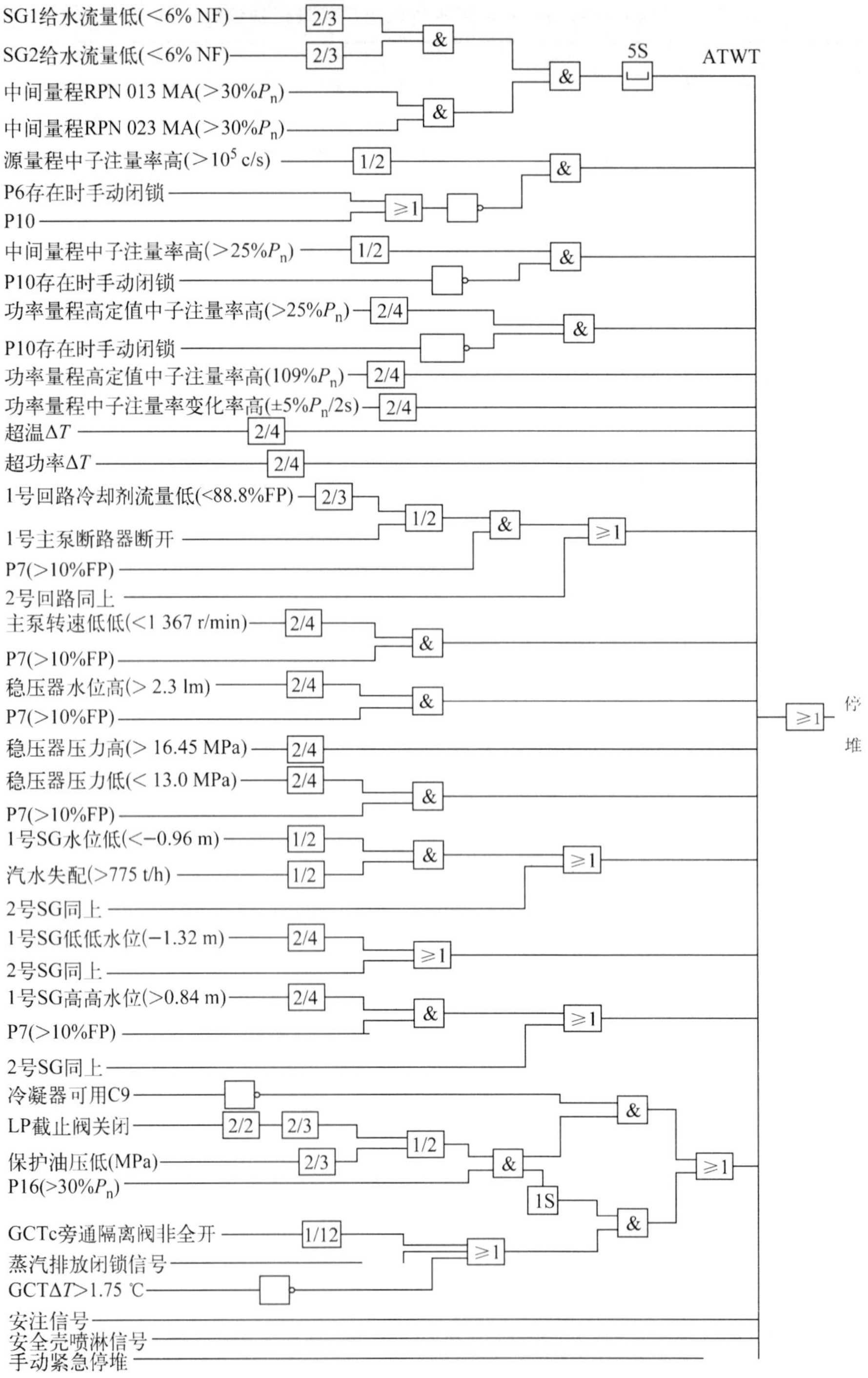

SG1给水流量低(<6% NF) 2/3
SG2给水流量低(<6% NF) 2/3
&
中间量程RPN 013 MA(>30%$P_n$)
中间量程RPN 023 MA(>30%$P_n$)
&
& 5S ATWT
源量程中子注量率高(>$10^5$ c/s) 1/2 &
P6存在时手动闭锁
P10
≥1
中间量程中子注量率高(>25%$P_n$) 1/2 &
P10存在时手动闭锁
功率量程高定值中子注量率高(>25%$P_n$) 2/4 &
P10存在时手动闭锁
功率量程高定值中子注量率高(109%$P_n$) 2/4
功率量程中子注量率变化率高(±5%$P_n$/2s) 2/4
超温Δ$T$ 2/4
超功率Δ$T$ 2/4
1号回路冷却剂流量低(<88.8%FP) 2/3 1/2 & ≥1
1号主泵断路器断开
P7(>10%FP)
2号回路同上
主泵转速低低(<1 367 r/min) 2/4 &
P7(>10%FP)
稳压器水位高(> 2.3 lm) 2/4 &
P7(>10%FP)
≥1 停堆
稳压器压力高(> 16.45 MPa) 2/4
稳压器压力低(< 13.0 MPa) 2/4 &
P7(>10%FP)
1号SG水位低(<−0.96 m) 1/2 & ≥1
汽水失配(>775 t/h) 1/2
2号SG同上
1号SG低低水位(−1.32 m) 2/4 ≥1
2号SG同上
1号SG高高水位(>0.84 m) 2/4 & ≥1
P7(>10%FP)
2号SG同上
冷凝器可用C9 &
LP截止阀关闭 2/2 2/3 1/2
保护油压低(MPa) 2/3 & ≥1
P16(>30%$P_n$) 1S
GCTc旁通隔离阀非全开 1/12 &
蒸汽排放闭锁信号 ≥1
GCTΔ$T$>1.75 ℃
安注信号
安全壳喷淋信号
手动紧急停堆

图 6-4-3 紧急停堆信号总图

## 6.4.3.2 专设安全设施保护通道

压水堆核电厂专设安全设施的主要保护对象见表 6-4-5。表 6-4-6 是专设安全设施动作通道安全保护参数表。

**表 6-4-5　专设安全设施的保护对象**

| 保护的对象 | 危险性 | 原　因 | 采用的保护方法 |
|---|---|---|---|
| 燃料包壳 | 熔化 | 中子注量率过高 | 超核功率保护 |
| | | 出现 D. N. B<br>（烧毁） | $P$、$T$、$\phi$ 异常变化的保护<br>一回路流量低的保护<br>一回路压力低的保护<br>中子注量率密度局部峰值的保护<br>蒸汽发生器冷却不足的保护<br>（给水流量低——汽轮机停机） |
| 一回路 | 破裂 | 一回路压力过高 | 一回路压力高的保护<br>稳压器水位高的保护<br>蒸汽发生器冷却不足的保护<br>（给水流量低——汽轮机停机） |
| | | 热应力 | 中子注量率密度变化过快的保护<br>平均值温度变化过快的保护 |
| 安全壳 | 破裂 | 安全壳压力过高 | 安全壳压力高的保护<br>安全壳温度的保护 |

**表 6-4-6　专设安全设施安全保护参数**

| 安全信号 | 保护参数及符合度 | 连　锁 |
|---|---|---|
| 安全注入信号 | 稳压器压力低低(2/4) | P11 以下手动闭锁 |
| | 蒸汽管道压力低低(2/3) | 3.1 MPa(绝对)蒸汽管道隔离 |
| | 蒸汽管道流量高且蒸汽管道压力低(2/3)或平均温度低低(2/4) | P12 允许手动闭锁 |
| | 安全壳压力高 2(2/3) | |
| | 手动启动(1/2) | |
| 安全壳喷淋信号 | 安全壳压力异常高(2/4)<br>手动启动(1/2) | |
| 安全壳隔离信号 | 安全注入信号<br>安全壳喷淋信号<br>手动启动(1/2) | |
| 蒸汽管道隔离信号 | 蒸汽管道压力低低(2/3) | P12 允许手动闭锁 |
| | 平均温度低低(2/4) | P12 允许手动闭锁 |
| | 蒸汽管道压力低(2/3)且蒸汽管道流量高(1/2)或 $T_{avg}$ 低低(2/4) | |
| | 手动控制 | |
| | 安全壳压力高(2/3) | |

**续表**

| 安全信号 | | 保护参数及符合度 | 连锁 |
|---|---|---|---|
| 辅助给水启动信号 | 电动泵 | SG水位高高(2/4)<br>安全注入信号<br>SG水位低低延时或SG水位低低与流量低(2/4)<br>手动控制<br>ATWT<br>LGA与LGB同时低压延时6S | |
| | 汽动泵 | 反应堆冷却剂泵转速低低(2/4)<br>SG水位低低延时或SG水位低低与流量低(2/4)<br>ATWT(2/3)<br>手动控制 | P7连锁 |

### 6.4.3.3 允许通道(P信号)

允许信号按反应堆状态允许或禁止某些停堆保护功能,以便实现按反应堆不同功率水平完成相应保护动作。例如,中子功率测量有3个不同量程(源量程、中间量程和功率量程),与此相应各通道都设有相对应的功率高紧急停堆,在正常启动过程中,如果注量率测量指示是正常的,在达到相应的定值点以前,操纵员必须手动闭锁相应停堆信号源量程1个,中间量程1个,以使提升功率能继续进行。

这些允许信号,当功率重新下降后,能自动将这些停堆功能闭锁解除。表6-4-7为允许信号表。

**表6-4-7 允许信号表**

| 信号 | 说明 | 动作 |
|---|---|---|
| P4 | 停堆断路器打开<br>(P4出现) | 1) 汽轮机紧急停机<br>2) 在低平均温度时,关闭给水主控阀<br>3) 允许快速打开头两组旁路阀(GCT),闭锁第3组 |
| $\overline{P4}$ | 停堆断路器合上<br>(P4消失) | 1) 若安注已被禁止,允许其自动开启<br>2) 低平均温度上升后,允许恢复主给水阀控制 |
| P6 | 中间量程1/2中子注量率高(P6出现) | 允许闭锁源量程停堆,切除源量程电源 |
| $\overline{P6}$ | 2/2中间量程中子注量率低(P6消失) | 恢复源量程停堆保护,恢复源量程电源 |
| P10 | 功率量程2/4中子注量率高<br>(P10出现) | 1) 手动闭锁功率量程低中子注量率停堆<br>2) 允许手动闭锁停堆,闭锁提棒(C1、中间量程)<br>3) 闭锁源量程高中子注量率停堆,及源量程电源(P4出现除外)<br>4) 设置P7<br>5) 允许修正高注量率 |

续表

| 信 号 | 说 明 | 动 作 |
|---|---|---|
| $\overline{\mathrm{P10}}$ | 3/4 功率量程中子注量率低<br>（P10 消失） | 1）允许实现“功率量程注量率高低整点停堆”功能<br>2）允许“中间量程高注量率停堆”功能<br>3）若无手动闭锁 P6，允许返回“源量程高注量率停堆”<br>4）允许禁止提棒闭锁<br>5）闭锁高注量率修正 |
| P7 | P10 或 P13 出现（P7 出现） | 1)主回路流量低(2/3)或 1/2 个回路主泵断路器紧急停机停堆<br>2）主泵转速低低停堆<br>3）稳压器压力低停堆<br>4）稳压器液位高停堆<br>5）两个蒸汽发生器之一出现高—高水位停堆<br>6）允许主泵低速运转带厂用电运行 |
| $\overline{\mathrm{P7}}$ | 无 P10 和 P13 出现（P7 消失） | 闭锁上述反应堆停堆功能 1）～5），闭锁主泵低速带“厂用电”运行功能 |
| P11 | 2/4 稳压器压力通道低<br>（P11 出现） | 1）允许手动闭锁稳压器压力低低的安注启动<br>2）闭锁主泵 No. 1 密封泄漏隔离阀的自动关闭<br>3）允许手动强制打开稳压器安全隔离阀 |
| $\overline{\mathrm{P11}}$ | 3/4 稳压器压力通道测量压力高于定值（P11 消失） | 1）自动解除安注启动手动闭锁<br>2）允许和自动关上主泵 No. 1 密封泄漏隔离阀<br>3）自动解除手动强制打开稳压器的安全隔离阀 |
| P12 | 主回路 2/4 温度通道平均温度低于设定值（P12 出现） | 1）P12 与高蒸汽流量符合启动安注，启动蒸汽管路隔离<br>2）允许手动闭锁高蒸汽流量与低—低平均温度或低蒸汽压力符合引发的安注启动<br>3）允许手动闭锁因低—低蒸汽压力引起的蒸汽管线隔离<br>4）闭锁所有处在关闭位置的旁路阀<br>5）允许手动闭锁旁路排汽至凝汽器 |
| $\overline{\mathrm{P12}}$ | 3/4 测量通道平均温度高于定值（P12 消失） | 1）撤销手动闭锁信号和自动恢复安全注入信号（高蒸汽流量与低低平均温度或低蒸汽压力符合），恢复蒸汽管线隔离信号（低低蒸汽压力）<br>2）允许打开至凝汽器的蒸汽旁通阀<br>3）撤销手动旁通至凝汽器的蒸汽排放闭锁 |
| P13 | 1/2 压力通道测出汽轮机第一级压力高（设定值 P13 消失） | 执行 P7 功能 |
| $\overline{\mathrm{P13}}$ | 2/2 通道压力测量低于汽轮机第一级压力设定（P13 出现） | 撤销 P7 功能 |
| P14 | 任一蒸汽发生器 2/4 液位测量通道出现高高液位（P14 出现） | 1）汽轮机、主给水泵紧急停机，关上正常给水（ARE）主阀及旁通阀<br>2）与 P7 符合停堆 |

续表

| 信　号 | 说　明 | 动　作 |
|---|---|---|
| P16 | 2/4 功率量程通道注量率高<br>(P16 出现) | 允许通过汽轮机紧急停机引发停堆 |
| $\overline{P16}$ | 3/4 功率量程注量率低于设定值<br>(P16 消失) | 闭锁由汽轮机紧急停机引发的停堆 |

### 6.4.3.4 连锁通道(C 信号)

这些信号及时限制堆功率,以避免停堆。有两类禁止信号:一类针对控制棒,另一类针对汽轮机。详见表 6-4-8。

**表 6-4-8 禁止信号**

| 信　号 | 说　明 | 动　作 |
|---|---|---|
| C1 | 1/2 中间量程通道注量率高(20%$P_n$) | 闭锁自动和手动提升控制棒 |
| C2 | 1/4 功率量程通道注量率高(103%$P_n$) | 动作同 C1,避免 109%$P_n$ 停堆 |
| C3 | $\Delta T_{T0}$2/4 通道测出<3%$\Delta T_{T0}$定值 | 1) 闭锁调节棒提升<br>2) 汽轮机降负荷 |
| C4 | $\Delta T_P$2/4 通道给出<3%$\Delta T_P$定值 | 同 C3 |
| C7 | 汽轮机第一级压力下降 15%$P_n$/2 min 及压力下降 50%$P_n$/2 min,(1/1)通道 | 1) 允许头两组 GCT 旁路阀打开,汽轮机负荷变化 15%$P_n$/2 min<br>2) 在压力下降 50%时,允许全部 GCT 旁路阀打开,瞬时甩负荷 50%$P_n$/2 min |
| C8 | 汽轮机紧急停机 | 1) 与 P16 和 GCT-C 不可用连锁延时 1S 紧急停堆<br>2) 与 P16 和 C9 非连锁紧急停堆 |
| C9 | 2/3 测量通道测出冷凝器压力<47 kPa 且 GCT 喷淋阀开启 20S 后阀后水压高于 0.68 MPa(1/2) | 允许全部 GCT 旁路阀打开 |
| | | |
| C11 | 1/1 通道测出功率棒在高位 | 1) 闭锁所有棒提升<br>2) 主控制室报警 |
| C20 | 1/4 功率通道注量率低(<15%$P_n$) | 闭锁调节棒组自动提升 |
| C21 | 运行点超出运行图给定范围 | 汽轮机"负荷速降",以 200%$P_n$/min 速率每 30 s 降汽轮机负荷 1.5 s,直到信号解除或功率降至 140 MW |
| C22 | 平均温度低(堆芯过冷) | 同 C21 |

# 6.5　汽轮机保护和停机系统

## 6.5.1　系统功能

汽轮机保护和停机系统的功能是当汽轮机发生任何预定的机械故障，或者当反应堆、发变组出现故障时为汽轮机提供安全停机的手段，防止事故发生、扩大和设备损坏，并将汽轮机已停机信号送到反应堆停堆保护逻辑中去。

## 6.5.2　系统组成和工作原理

汽轮机蒸汽阀门由油动机操作，它的活塞杆与汽阀杠杆相连，油动机是单侧作用的，油动机提供提升力用以开启汽阀，此时，油动机活塞向上，关闭汽阀靠活塞上的强力弹簧。每个汽轮机蒸汽阀门的操作控制块上都有一个卸载阀，当卸载阀打开，油动机的油缸就会通过回油管线排油，将油缸中的压力油排出，汽轮机蒸汽阀门就会依靠强力弹簧快速关闭。这些卸载阀本身是由油压控制，当控制油压建立时卸载阀关闭，控制油压消失时卸载阀开启。主汽阀和再热截止阀的控制油压由 AST 母管提供，调节阀和再热调节阀的控制油压由 OPC 母管提供。AST 母管与 OPC 母管通过逆止阀相连接，当 AST 母管卸压时，会同时导致 OPC 母管卸压，这时所有汽轮机蒸汽阀门全部关闭，当 OPC 母管卸压时，不会导致 AST 母管卸压，此时仅调阀和再热调节阀关闭。由此可见，汽轮机停机是通过将 AST 母管卸压来实现的，而单独的 OPC 母管卸压则不会导致汽轮机停机。原理见图 6-5-1。

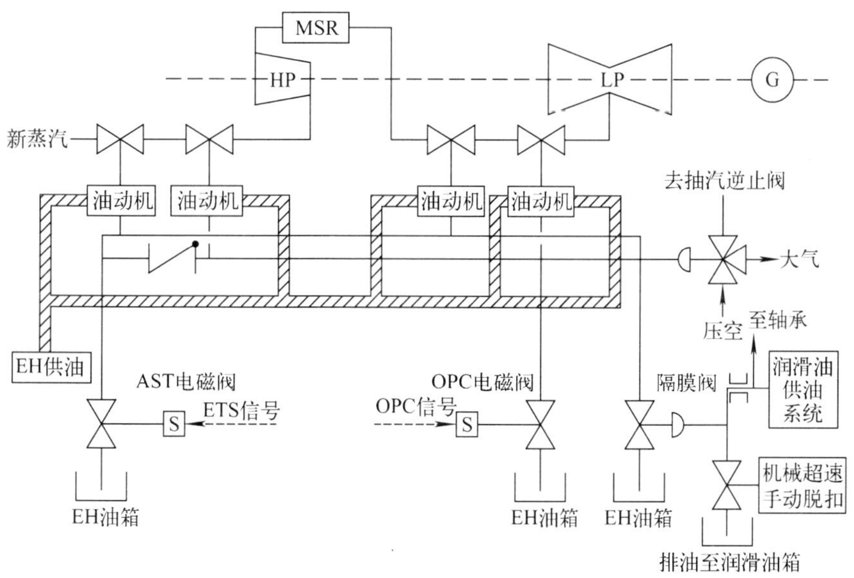


图 6-5-1　汽轮机保护和停机系统原理图

有两种方式可以使 AST 母管卸压，即汽轮机停机。一种是机械停机，另一种是遥控信号停机。

机械停机通过一个连接在 AST 母管上的油动隔膜阀来实现，该隔膜阀由保安油(压力由润滑油回路提供)控制，当保安油建立时，隔膜阀关闭，保安油消失时，隔膜阀开启将 AST 母管卸压。安装在机头的机械停机装置通过对保安油油压的控制来实现对隔膜阀的控制。有两种方式可以引发机械停机装置动作：

- 就地手动停机
- 机械超速飞锤动作

遥控信号停机通过连接在 AST 母管上的 AST 电磁阀来实现，正常运行时 AST 电磁阀带电关闭，遥控信号使 AST 电磁阀失电开启将 AST 母管卸压。遥控信号包括所有自动停机信号以及由主控室紧急停机按钮发出的手动停机信号，其特点是变送器将各种保护参数先转变成电信号，经停机继电器回路使 AST 电磁阀失电引发停机。为了实现汽轮机保护系统的安全性和可靠性，汽轮机遥控停机设置了两个独立的保护通道，从 AST 电磁阀、继电器回路到供电电源实现独立的双重保护，所有的保护信号都被重复配置到两个独立的通道中去。AST 电磁阀的连接方式为：A 通道两个电磁阀并联，B 通道两个电磁阀并联，A 通道与 B 通道串联。这种连接方式既保证了动作的可靠性，还大大降低误动概率，并且使得功率运行时通道具有可试验性。

遥控停机信号分为以下几类：

- 汽轮机本体保护
- 来自反应堆的保护
- DEH 直流电源或 DPU 故障
- 来自发变组的保护

### 6.5.3 汽轮机停机分级

汽轮机停机分级实际上不是通过汽轮机保护系统来实现，而是通过发变组保护系统(GPA)来实现的。汽轮机停机分级的目的是减少汽轮机停机时发生超速的风险，分为两级：

Ⅰ级停机：汽轮机与发电机同时停机，即汽轮机停机的同时发电机出口断路器也紧急停机。这类停机信号来自发电机—变压器组保护系统(GPA)，并且是发电机动性—变压器组的紧急故障(如主变差动、发电机差动等)，这类故障要求汽轮机停机的同时发电机出口断路器立即紧急停机；

Ⅱ级停机：这类故障发出信号使汽轮机停机，不直接使发电机停机。汽轮机停机后，汽轮机已停机信号与正向低功率继电器连锁再去使发电机停机。这些故障包括：机械停机、汽轮机本体保护、来自反应堆的保护、DEH 故障以及发电机的非紧急故障(信号来自 GPA，如发电机失磁、发电机低频等)。

正向低功率连锁装置实质上是一个在故障后检测汽轮机蒸汽阀门是否已经正确动作的装置，主要用来防止汽轮机超速。当检测到发电机正向功率已经降到 $0.5\% P_n$ 以下时，正向低功率继电器动作，发出允许信号，与汽轮机已停机信号符合后发出信号使发电机出口断路器紧急停机，发电机与电网解列。这部分逻辑是在发电机保护柜内实现的。这种紧急停机连锁避免汽轮机超速，如果汽轮机进汽阀由于某种原因未能关闭，使发电机输出功率较大，发电机正向低功率继电器不会动作，则发电机输出功率被电网吸收，汽轮机就不会发生失控超速。

## 6.5.4　汽轮机停机信号分析

下面对各个停机信号进行分析。

### 6.5.4.1　机械停机

机械停机装置，在保安油与润滑油之间设置了一个截流孔板，用来保证保安油卸压不导致润滑油压力下降。

(1) 就地手动停机

利用机头的手动停机手柄使保安油卸压，就地手动停机作为汽轮机保护停机的最后一种手段，在其他手段失效时，操作人员可到机头进行手动停机。

(2) 机械超速保护

机械超速保护通过安装在转轴上的超速飞锤的动作来实现，机械超速保护定值设定为110%～111%额定转速，见图6-5-2。

### 6.5.4.2　遥控信号停机

(1) 润滑油压力低

如果轴承供油油压降低过多，使轴承的油量减少，轴承将由于冷却不足而发热。油量严重减少时，甚至导致干摩擦而将轴承乌金烧熔，转轴下沉，引起动静部分碰磨等重大事故。

通过4个油压开关来监测润滑油压力低，这些压力开关被分成两个通道，A、B通道各使用两个，两个压力开关中任何一个动作就会使该通道被触发。这些油压开关被安装在润滑油压力低停机试验块中，试验块与润滑油压力管连接，通过试验电磁阀或手动阀可以逐一进行单通道在线试验。通道之间设置了截流孔板，避免一个通道试验时导致另一个通道卸压。压力开关的设定值为0.042 MPa。

(2) EH油供油压力低

本机组调节系统是以EH油作为各进汽阀的动力用油。如果EH油油压降低，各进汽阀无法保持原有阀位，调节阀的调节能力变差，阀门变得不可控。所以当EH油供油压力低过整定值时，发出汽轮机停机信号，确保安全。

通过4个油压开关来监测EH油供油压力低，这些压力开关被分成两个通道，A、B通道各使用两个，两个压力开关中任何一个动作就会使该通道被触发。这些油压开关被安装在EH油供油压力低停机试验块中，试验块与EH油供油压力总管连接，通过试验电磁阀或手动阀可以逐一进行单通道在线试验。通道之间设置了孔板，避免一个通道试验时导致另一个通道卸压。压力开关的设定值为9.31 MPa。

(3) 汽轮机轴位移大

轴向位移检测器装在推力轴承附近，以便能准确监视推力轴承的磨损，推力轴承磨损使整个汽轮机转子产生位移，转子位移大会导致汽轮机动静部分发生摩擦，那就会酿成重大事故。所以当检测到轴向位移大时，就应该使汽轮机紧急停机。

轴位移的监测通过汽轮机安全监测系统(GME)来实现，当轴位移大于±1.0 mm时，GME就会向汽轮机保护系统发出停机信号。

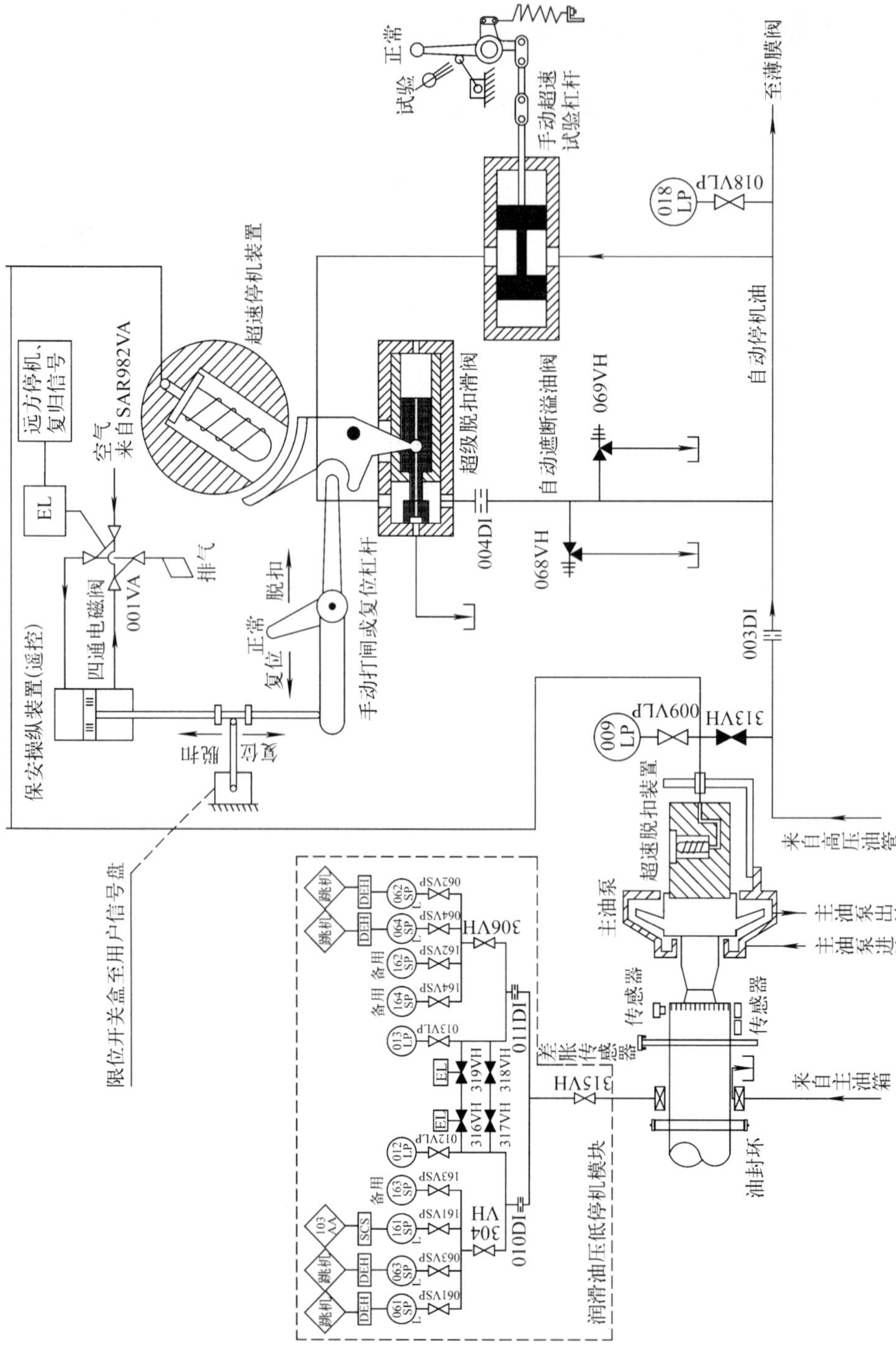

图 6-5-2 机械超速保护系统图

（4）汽轮机轴振大

汽轮机轴振动通过汽轮机安全监测系统（GME）来监测，汽轮发电机组共有 11 个轴承，在每个轴承处安装了振动探头来监测汽轮机轴振。汽轮机轴振分为相对振动（VBX、VBY 成 90 ℃布置）和绝对振动（VBA）并分别通过各自的振动探头来监测，振动超过 127 μm 发出报警信号，振动超过 254 μm 时向汽轮机保护系统发出停机信号。对每个轴承而言，VBX 高 1×VBX 高 2＋VBA 高 1×VBA 高 2＝1 时就会发出停机信号，VBY 不参与停机保护。

（5）汽轮机转速高（电气超速）

这是汽轮机超速保护的另一种手段，汽轮机超速保护通过 3 个转速探测器来监测汽轮机转速，3 个转速探测器中任何 2 个监测到转速超出设定值就会发出停机信号。汽轮机转速高的设定值为 110％额定转速。

（6）凝汽器真空低

当循环水系统故障以及真空系统故障将造成真空大幅下跌，汽轮机排汽温度升高，转子中心列线改变，汽轮机轴向推力增大并危及汽轮机安全。

通过 4 个压力开关来监测凝汽器真空低，这些压力开关被分成两个通道，A、B 通道各使用两个，两个压力开关中任何一个动作就会使该通道被触发。这些压力开关被安装在凝汽器真空低停机试验块中，试验块与 3 台凝汽器汽侧连接，通过试验电磁阀或手动阀可以逐一进行单通道在线试验。通道之间设置了孔板，避免一个通道试验时导致另一个通道动作。压力开关的设定值为 28.8 kPa。

（7）汽轮机差胀大

汽轮机启动、停机及异常工况下，常因转子加热（或冷却）比汽缸快，产生膨胀差值（简称差胀）。无论是正差胀还是负差胀，达到某一数值，汽轮机轴向动静部分就要相碰发生摩擦。为了避免因差胀过大引起动静摩擦，汽轮机差胀的监测通过汽轮机安全监测系统（GME）来实现，当差胀大时，GME 就会向汽轮机保护系统发出停机信号。保护定值如表 6-5-1：

**表 6-5-1　汽轮机保护系统停机信号**

| | 正方向 | | 负方向 | |
|---|---|---|---|---|
| | 停机值 | 报警值 | 报警值 | 停机值 |
| 汽端 | 4.08 | 3.32 | －6.22 | －6.98 |
| 励端 | 27.40 | 26.64 | －3.80 | －5.00 |

（8）来自反应堆保护系统的信号

反应堆保护系统产生的下列信号会导致汽轮机停机：

- 反应堆停堆信号 P4；
- 安全注入信号；
- 蒸汽发生器水位高高；
- ATWT 信号。

（9）DEH 失去直流或 DPU 发生故障信号

- DEH 系统如果失去直流会引起停机
- DEH 中的 DPU 发生故障可能会直接由 DEH 向汽轮机保护系统发出停机信号。

(10) 来自发变组保护系统的信号

这部分信号根据故障紧急程度分成两类:一类为停机信号同时送到汽轮机保护系统和发变组保护系统,进行Ⅰ级停机;另一类为停机信号导致汽轮机停机,汽轮机停机后再与正向低功率继电器连锁使发电机停机,即为Ⅱ级停机。

(11) 主控制室手动停机

通过主控制室紧急停机按钮实现遥控手动停机,在主控制室设置了一个紧急停机按钮,它向汽轮机保护系统的两个保护通道同时发出停机信号。

## 6.5.5 系统运行

### 6.5.5.1 汽轮机挂闸

汽轮机启动之前必须对汽轮机停机,汽轮机挂闸就是使 AST 母管和 OPC 母管建立油压,使汽轮机主汽阀、再热截止阀和再热调节阀开启,使调节阀处于可调节状态,为汽轮机启动做好准备。

挂闸操作分两部分:

(1) 机械停机装置复位:也称为就地挂闸。如果机械停机装置处于已动作状态,必须通过机械停机装置上的手动复位杆进行复位,使得保安油回路封闭,如果润滑油系统未启动,保安油就没有压力,隔膜阀还是处于开启状态。等到润滑油系统启动,保安油建立起压力,隔膜阀自动关闭。

(2) 主控制室挂闸:操纵员通过 DEH 手动操作盘上的"LATCH"按钮实现挂闸操作。挂闸操作只有当所有遥控停机信号消失后才有效,在汽轮机保护系统继电回路中,停机继电器失电导致汽轮机停机,所有遥控停机信号都会使停机继电器失电并且通过自保持回路将这种停机保护自保持。"LATCH"按钮的作用就是使停机继电器重新带电,从而使 AST 电磁阀线圈重新得电,使 AST 电磁阀关闭。

汽轮机挂闸的条件也就是汽轮机启动的条件,这里不再赘述。

### 6.5.5.2 汽轮机保护系统试验

汽轮机大修或长期停机后重新启动过程中必须进行汽轮机保护系统试验,以验证各保护通道以及保护定值满足要求,汽轮机功率运行期间也必须对汽轮机保护系统进行定期试验,以验证汽轮机保护系统处于良好的状态。这些试验包括:

(1) 静态通道试验

属于启动前试验,同过 DEH 中的 ETS 画面对汽轮机的一些本体保护项目进行通道试验和定值检查,比如润滑油压力低、EH 油供油压力低、凝汽器真空低等。

(2) OPC 试验

OPC 试验在汽轮机冲转到 3 000 r/min 后进行。通过 OPC 试验钥匙可以模拟一个 OPC 信号来检查 OPC 电磁阀动作情况。

(3) 超速试验

汽轮机超速飞锤能否准确动作、能否及时关闭汽轮机各进汽阀是关系到汽轮机安危的大事,本机组对机械超速保护的每一个零部件都能进行试验。

1) 手动停机试验,在汽轮机上正常运行下检查停机机构及危急泄油滑阀工作的可靠性。但它未能对飞锤可靠性进行检查。

2）注油试验。在汽轮机正常运行下，检查飞锤动作的可靠性，由于飞锤飞出后打击停机板，使停机板逆时针转动，曲臂顺时针转动并带动脱复手柄至紧急停机位置，由此可检查停机机构动作是否正常。

3）超速试验。由于影响充油试验飞锤动作的因素太多。例如，汽轮机温度变化影响到喷嘴和转轴端面之间的距离。因此单凭超速试验的油压大小还不能准确确定飞锤动作转速。而规程规定，本机组每运行6个月后，必须进行一次超速试验，以确保安全。在进行超速试验时，运行人员必须站在车头的脱复手柄前。汽轮机以50 r/min的转速升高，当转速到达1.11$n_0$时，若超速保护仍未动作，则运行人员应立即向汽轮机中心线方向拉动停机手柄到停机位置，手动停机，防止汽轮机转速飞升而危及汽轮机的安全。

当超速保护不能正常工作时，则必须停机检查。首先对停机机构及危急泄油滑阀进行彻底检查，继而检查飞锤是否卡涩。如果没有问题则继续进行超速试验。若此时超速保护仍然不能动作，则说明飞锤的压缩弹簧压的太紧了。须调整飞锤弹簧的压缩力。

超速试验的转速一般达到(1.10～1.11)$n_0$，因此时转子的离心力较正常，转速大于20%以上，为了防止超速试验带来的危险，在做超速试验时不希望转子再有其他热应力出现，也不希望转子处于低温脆化点附近进行试验。因此规定：在启机带上10%额定负荷4 h，使转子温度均匀升高后，允许减负荷至零进行超速试验。试验时间不允许过长，一次限制为15 min。如果定期试验前机组长期在10%额定负荷以上运行时，则不必再在10%额定负荷下停留。因为转子温度已经均匀，即可减负荷至零直接升速试验。

### 6.5.6 汽轮机调节系统功能

通过汽轮机进汽阀实施汽轮机转速控制和功率控制，另外通过超速保护控制(OPC)、汽轮机负荷速降(RUNBANCK)等手段使汽轮机能够运行在一些瞬态工况下，从而使汽轮机安全经济地运行于各种工况，满足供电的质与量的要求。

汽轮机进汽阀共有18个，包括：2个主汽阀，4个调节阀，6个再热主汽阀和6个再热调节阀。除了4个调节阀具备调节功能，其余汽阀只有通断功能，不具备调节功能。

以下是汽轮机调节系统的几个基本功能：

转速控制：用于汽轮机启动升速过程中和机组孤岛运行时，调节系统通过转速控制回路将汽轮机转速控制在转速设定值上。在启动升速过程中，转速设定值按照操纵员设定的升速速率增加，从而使汽轮机升速，直到达到目标转速。

功率控制：用于汽轮机并网以后，调节系统通过功率控制回路将发电机控制在功率设定值上。在升降功率过程中，功率设定值按照操纵员设定的功率变化率增加或减小，从而使发电机功率增加或减小，直到达到目标功率。

频率校正：所谓一次调频。将电网频率与额定频率比较(采用转速信号代替)，偏差信号来校正功率设定值，目的使机组功率满足电网频率的要求，电网频率高则降低机组功率，反之亦然。

MW反馈：机组电功率反馈，使功率控制回路成为闭环控制回路。

IMP反馈：汽轮机冲动级压力反馈，投入此反馈回路后，使得功率控制回路能够对蒸汽压力变化的工况能够快速响应，蒸汽压力降低时(引起IMP降低)开大调阀开度从而保持机组功率,反之亦然。

同步控制:允许 DEH 接收发电机同期装置来的信号,自动对汽轮机转速进行增减,使得汽轮机转速与电网频率一致,满足并网时同步要求。

OPC 功能:用于在瞬态工况下防止汽轮机因超速而停机。

### 6.5.7 汽轮机调节系统组成

汽轮机调节系统由 4 个主要部分组成,包括电子控制柜、操纵员站和工程师站、控制阀门的执行机构以及各种测量信号,系统组成见图 6-5-3。

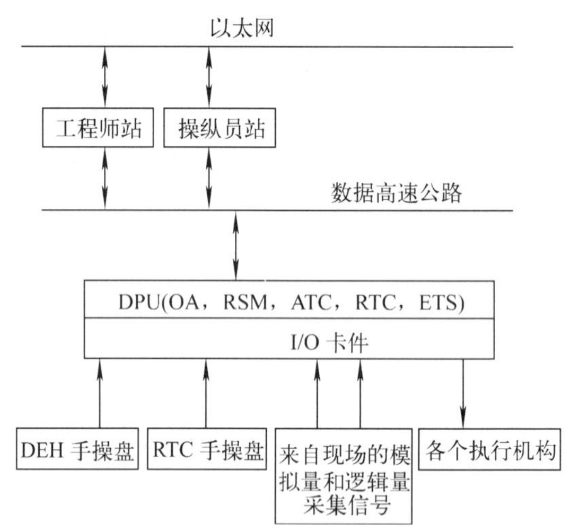


图 6-5-3 汽轮机调节系统组成

(1) 电子控制柜

秦山二期 DEH 采用美国西屋公司 DEH MOD Ⅲ型控制系统,采用电子计算机作为控制器。DEH 控制器由控制处理计算机(DPU)以及 I/O 卡件组成。DPU 是控制系统的核心,接收来自操纵员站、工程师站的指令以及 I/O 卡件采集的状态信号和过程参数,进行实时数据处理以及逻辑判断,再通过 I/O 卡件输出控制信号。

(2) 操纵员站和工程师站

操纵员站和工程师站提供了人机接口(MMI)功能,操纵员站和工程师站通过数据高速公路和 DEH 电子控制柜连接。工程师站主要用于对 DPU 软件程序功能上的设置和控制逻辑或参数的修改,以及系统故障时的维修维护,工程师站的权限最高。操纵员站利用 CRT 以及控制键盘进行对机组状态的监测以及发出指令控制机组的运行方式、控制方式、转速或负荷的目标值、转速或负荷的升降速率,此外还可以进行阀门试验。

(3) 控制蒸汽阀门的执行机构(油动机)

通过 DPU 运算得到的各种逻辑量信号和模拟量信号经过 I/O 卡件输出,其中一部分信号送到蒸汽阀门的执行机构来控制阀门的动作。

各个蒸汽阀门的位置是由各自的执行机构来控制的。执行机构由 1 个液压油缸所组成,其开启由抗燃油压力驱动,而关闭是靠弹簧力。液压油缸与 1 个控制块连接,在这个控制块上装有隔离阀、快速卸载阀和逆止阀，加上不同的附加组件，可以组成两种基本形式的执行机构。

一种是主汽阀、再热主汽阀和再热调节阀的执行机构（油动机），它只能控制这些阀门全开或全关。高压抗燃油经由节流孔进入油活塞的下部腔室，该腔室内的油压是由 1 个引导阀控制的快速卸载阀所调节的。当汽轮机控制系统复位后，该引导阀控制的快速卸载阀就关闭，以使该腔室中的油压逐渐建立并开启主汽阀、再热主汽阀和再热调节阀。另有一个供试验用的电磁阀可开启快速卸载阀，且油液经过节流管道泄放，从而慢慢地关闭汽阀，见图 6-5-4。

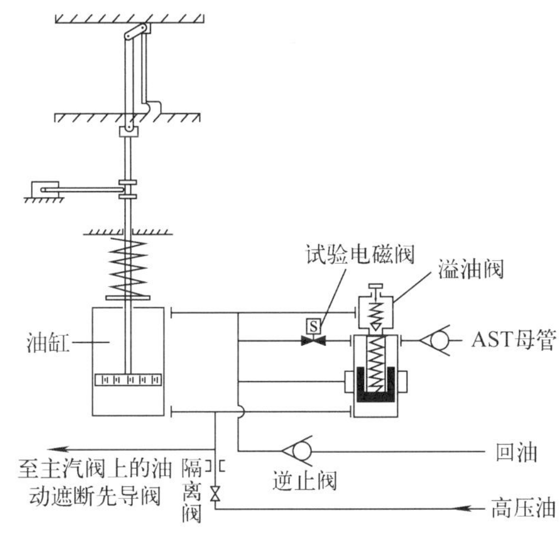


图 6-5-4　主汽阀油动机

另一种是调节汽阀的执行机构（油动机）可以将汽阀控制在任意中间位置上（见图 6-5-5），成比例的调节进汽量以适应需要。执行机构装有 1 个电液转换器（电液伺服阀）和 1 个线性电压位移变送器（LVDT），高压抗燃油经过 1 个 10 μm 的滤网供给电液转换器。DEH 对汽轮机转速和功率的控制正是通过对调节阀开度的控制来实现的。

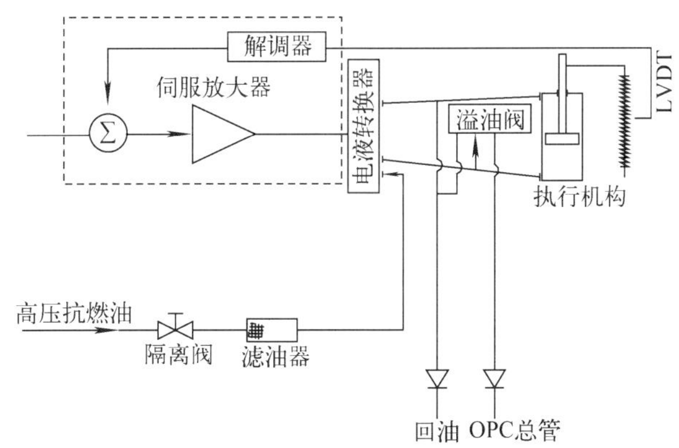


图 6-5-5　调节阀油动机控制系统原理图

该电液转换器接收来自伺服放大器的阀位信号,从而控制执行机构的位置。LVDT 输出 1 个正比于阀位的模拟信号,并将它反馈到控制器,组成一个闭环回路。

(4) 测量信号

用于 DEH 的测量信号根据来源分成两部分,一部分来自其他系统,如发电机功率输出信号、500 kV 断路器信号以及发电机断路器信号等,另一部分信号是为 DEH 专门设置的,如汽轮机第一级冲动级压力信号、汽轮机转速信号等。这些信号通过数据高速公路或者 I/O 卡件进入 DEH,用于过程控制。

## 6.5.8 控制原理

### 6.5.8.1 DPU 组成

本汽轮机采用一套先进的微机控制系统,系统硬件由几个微处理器(DPU)组成,它们的程序被设计成使每个 DPU 分别执行汽轮机控制过程中的各自功能。这些 DPU 分别是:

- 超速保护控制(OPC);
- 操作员自动控制(OA);
- 汽轮机自动控制(ATC);
- 转子应力检测(RSM)。

### 6.5.8.2 DEH 控制方式

DEH 控制系统可以在如下 3 种方式下运行。

(1) 手动

这是一种开环运行方式,控制各阀门的开度,操作员在操作盘上通过按键直接改变控制阀门的开度,各按钮之间有逻辑互锁,该方式作为自动方式的备用,在手动方式下具备 OPC 功能。

(2) 操作员自动(OA)

这是 DEH 控制系统最基本的运行方式,在该方式下,可实现汽轮机的转速和负荷的闭环控制,具有各种保护功能。目标转速、目标负荷、升速率和升负荷速率等均可由操作人员设置。因本系统采用的是双机系统,因而,该方式下可分为 A 机控制和 B 机控制两种情况,两者之间的切换可手动也可做到自动,如两机都发生故障,则自动转至手动方式运行。

(3)自动汽轮机控制(ATC)

这是基于操作员自动方式之上的一种运行方式,与操作员自动方式相比较,其主要区别是:目标转速和负荷、升速率和升负荷率不是来自操作人员,而是来自内部计算程序或外部设备。

### 6.5.8.3 控制原理

DEH 控制原理见图 6-5-6。

以下对 DEH 控制系统的各个环节进行具体介绍。

(1) 整定值生成

整定值(setpoint)用来和过程值比较,产生的偏差信号经过调节器作用后去调节阀门动作。在 OA 模式下,整定值 = 当前值 + 升降速率(rate) × 时间($t$)。操纵员输入目标值(target)以及升降速率,按下启动(go)后,程序就会按照操纵员设定好的速率使整定值增加

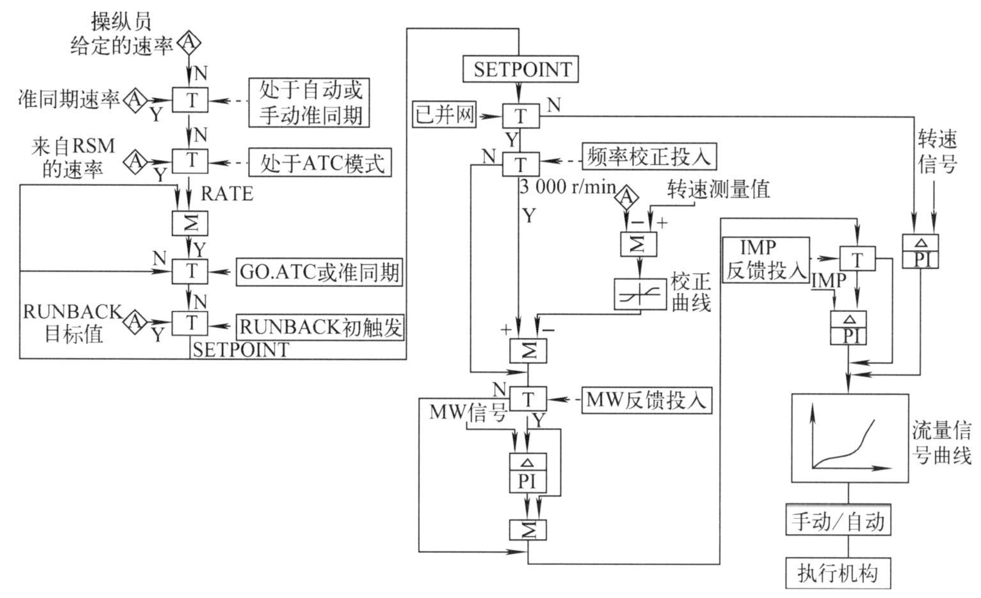


图 6-5-6 DEH 控制原理

或减少，直到整定值达到目标值，DEH 将整定值自动保持(hold)，在这个过程中操纵员可以根据情况使用“hold”按钮手动使整定值保持在当前值。

在 ATC 模式下，程序根据转子应力并结合临界转速区等情况自动设定升速率(rate)，转子应力由 RSM 来检测，在 ATC 模式下程序自动完成汽轮机在盘车状态下到并网的全部启动过程。启动结束后程序进入 OA 模式。应力控制原理见图 6-5-7。

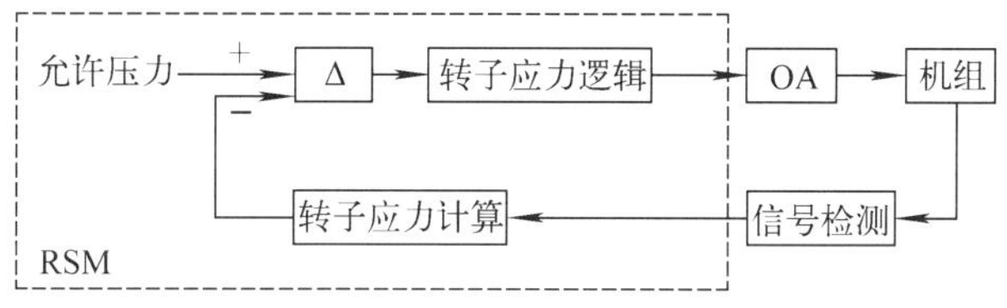


图 6-5-7 应力控制原理

当 DEH 接收到 RUNBACK 信号时，汽轮机就会以一定的速率快速减负荷，共有 5 个 RUNBACK 信号，对于主给水泵引起的 RUNBACK，在 DEH 中有一个 2 s 的延时，是为了防止系统发出主给水泵紧急停机的误信号，在 2 s 后紧急停机信号还存在，则发出 RUNBACK 信号。逻辑见图 6-5-8。

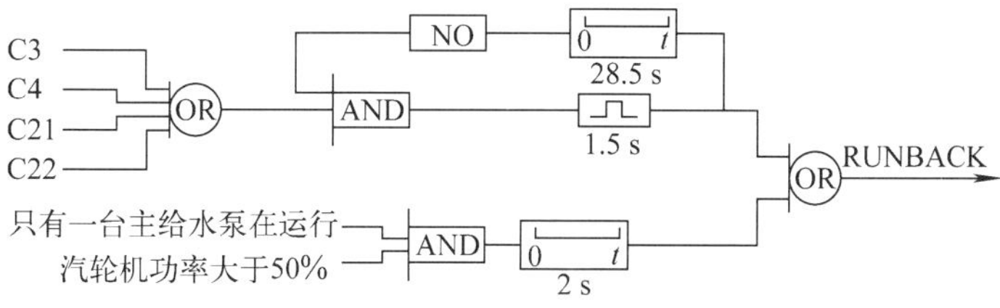


图 6-5-8 RUNBACK 逻辑

选择准同期以后,DEH自动选择内部设定好的准同期速率对汽轮机转速进行控制,准同期速率一般较小,以便汽轮机转速慢慢接近同步转速。

(2) 转速控制

DEH处于转速控制或功率控制取决于发电机是否并网,通过断路器状态来自动判断。

在转速控制模式下,整定值与转速测量值比较,产生的偏差信号经过PID调节器作用后产生输出动作阀门。转速控制模式有两个调节通道,一个是正常通道,该通道中PID调节器参数的设置使调节系统具有良好的稳定性,用于汽轮机冲转;另一个是快速通道,该通道中PID调节器参数的设置使调节系统的快速响应能力大大提高,用于机组部分甩负荷工况(由CIV信号触发)。转速测量信号来自3个转速测量探头,3个转速信号进入DEH后经中选器处理,中选器的作用是对测量信号进行判断,并将故障信号排除。转速信号处理见图6-5-9。

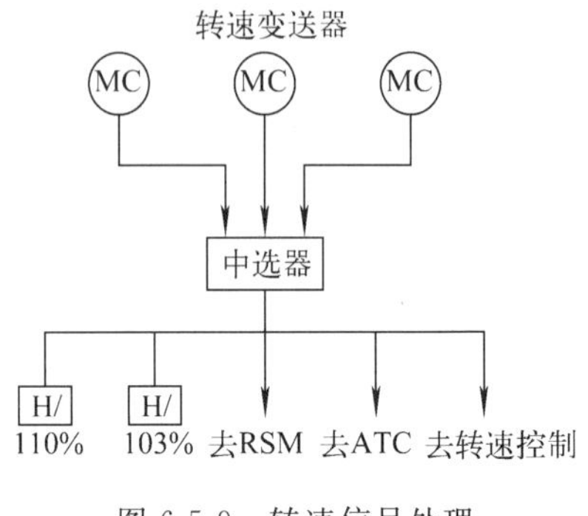


图6-5-9 转速信号处理

(3) 频率校正

操纵员可根据电网要求将频率校正回路投入或者切除,这种投切在操纵员终端手动实现。频率校正的作用是在电网频率偏离额定频率时,调整发电机功率,使发电机功率符合电网频率要求。当电网频率过高时降低功率整定值,反之则提高功率整定值。校正量的大小由频率偏差量来决定,符合一定的比例关系并设置有死区。

(4) MW反馈

即电功率反馈。并网以后,操纵员在操纵员终端上手动投入MW反馈回路。MW反馈回路的作用是使控制回路成为闭环回路,从而实现对功率的准确控制,MW反馈回路上设置有PID调节器。MW反馈的测量信号来自于发电机出口断路器前,同样使用3个信号,经过中选器处理,进行信号判断并将故障信号排除。汽轮机发生RUNBACK时,MW反馈回路被自动切除,避免在闭环控制方式下汽轮机功率的过度超调。

(5) IMP反馈

即冲动级压力反馈。冲动级压力与汽轮机发电机组功率之间有固定的对应关系,当蒸汽压力发生变化,引起冲动级压力变化,IMP反馈回路快速响应调整阀门开度而使发电机功率快速返回到初始水平。IMP反馈回路上的PID参数设置使得该反馈回路对冲动级压力变化能够快速响应。由于在10%功率以后冲动级压力IMP与功率之间才会有较好的线性对应关系,所以一般在10%功率以后才可以投运IMP反馈回路。使用3个压力测量变送器,信号处理同上。

(6) 阀门流量修正曲线

控制信号、阀门开度以及蒸汽流量之间如果具有很好的线性关系,那样即使在开环控制模式下(所有反馈回路切除),汽轮机调阀也能准确地将功率控制在功率整定值上。但是实际的调阀开度与蒸汽流量之间并不是纯粹的线性关系。因此要使阀门控制信号与蒸汽流量成线性对应关系,就必须对阀门控制信号进行修正,修正方法就是设定阀门流量修正曲线,修正前后的对比曲线见图6-5-10。

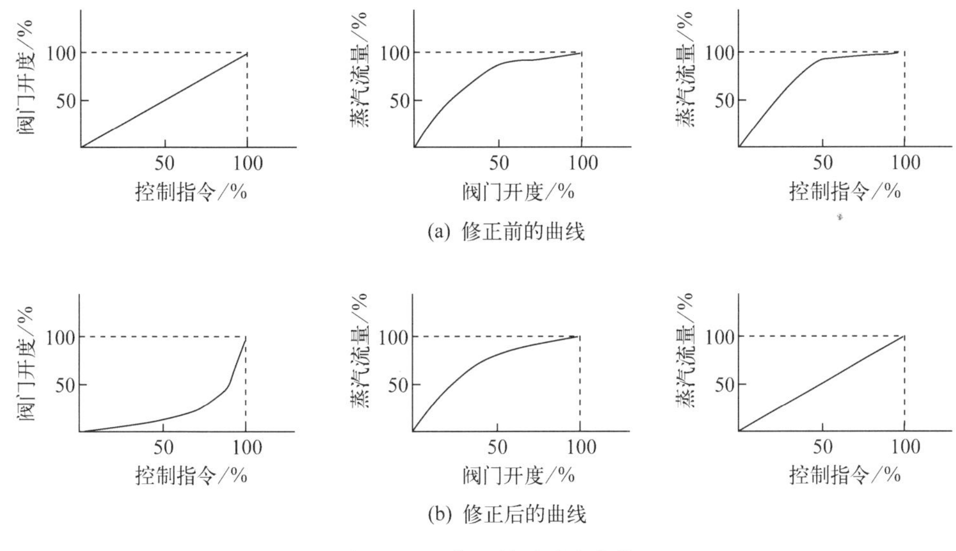

(a) 修正前的曲线

(b) 修正后的曲线

图 6-5-10　修正前后对比曲线

(7) 超速保护控制(OPC)

OPC 的主要功能是当汽轮机甩负荷时(电网故障),发出 OPC 信号使 EH 油回路中的 OPC 电磁阀带电开启,卸去 OPC 母管中的油压,使调节阀和再热调节阀快速关闭,OPC 信号消失后,调节阀和再热调节阀重新开启,从而防止汽轮机超速跳机,使汽轮机能够在发生瞬态工况时过渡到稳态运行。

OPC 的动作方式有以下 3 种:

1) CIV 功能(快关再热调节阀):这种情况发生在发电机部分甩负荷,体现为汽轮机功率和发电机功率之间不匹配,为了避免不匹配引起超速,当探测到汽轮机功率(高压缸排汽压力)超出电功率 80%时 CIV 命令发出,使再热调节阀快速关闭 0.5 s,之后重新开启,如果这种不匹配还存在,10 s 后再热调节阀则再次动作,直到功率不匹配信号消失为止。CIV 信号作用于再热调节阀执行机构块上的电磁阀,该电磁阀动作引起卸载阀开启而使再热调节阀关闭。CIV 信号不作用于 OPC 电磁阀,所以 OPC 母管没有卸压,OPC 动作信号也不会出现。

2) 失负荷预测:发生在甩厂用电事故。当发电机功率大于 30% $P_n$ 时机组处于非并网状态,DEH 预测到这种工况下汽轮机转速必然上升,发出 OPC 信号。发电机功率小于 30% $P_n$ 以后,OPC 信号消失。

3) 转速超过 103% $n_0$ (3 090 r/min):无论 DEH 是在转速控制还是在功率控制,只要转速超过 103% $n_0$,OPC 信号就会发出。转速降至 103% $n_0$ 以后,OPC 信号自动消失。

OPC 逻辑图见图 6-5-11。

(8) 手动控制

DEH 手动控制作为自动控制的一种后备手段,手动控制信号直接改变阀门要求开度信号,正常运行时,手动回路跟踪自动回路的输出,为无扰切换做好准备。

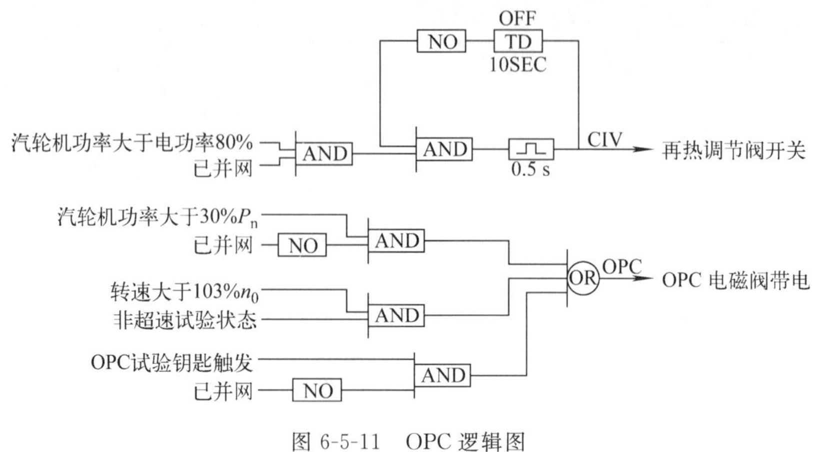


图 6-5-11　OPC 逻辑图

(9) 两阀与四阀切换

在四阀控制转速时,因需要的进汽量小,调阀开度小,而调阀小开度时的流量特性曲线陡峭,所以在这种情况下,四阀同时调节时阀门的动作处于开关式控制,汽轮机转速也达不到要求的稳定性。这种不稳定导致 GCT-C 也随之波动,导致两个系统之间相互扰动,所以在冲转以及低功率时采用两阀控制,等到功率上升到 50 MW 以后,切换到四阀控制。

(10) 并网带初始功率

发电机并网以后,为了防止发电机逆功率保护动作,必须在并网瞬间立即带上一定的功率。发电机并网以后,触发带初始功率信号。逻辑回路中加入发电机功率小于 10 MW 信号连锁是为了避免孤岛运行时通过 500 kV 断路器并网时,带初始功率信号被触发,因为孤岛运行时发电机已经带厂用电运行,并网时没有逆功率风险。

(11) 自动汽轮机控制(ATC)

大型汽轮机的启停是一个极其复杂的过程,需进行很多操作,为了使操作简化,减少误操作的可能性,做到汽轮机一旦复置后,就能够使汽轮机从盘车转速升到同步转速和并网带上初始负荷,同时,尽可能降低启停过程的热应力,使启动机组和机组加负荷所需的时间最少。

ATC 方式下启动具有以下特点:

- 在汽轮机脱离盘车装置之前,核对所有有关的汽轮发电机组参数,在所有参数达到所需范围之前,机组将不脱离盘车装置。
- 在升速过程中,如果有关转速保持的任何一个输入量超过其报警限值,那么,将立即发生转速保持。
- 如果不存在报警或遮断状态,那么机组将加速到同步转速。
- 在加速期间,升速率将由实际转子应力和预计转子应力所控制。

DEH 实际上通过两个 DPU 来实现 ATC 控制,一个是转子应力检测(RSM),一个是 ATC 逻辑程序。RSM 通过热电偶测量的实际汽轮机温度和汽轮机缸壁金属温度,计算出转子中的热应力;在 RSM 中计算得到的热应力与允许应力限值比较,来决定升速速率和目标值,当汽轮机达到临界转速时,ATC 会自动改变升速速率,使汽轮机尽快越过临界转速区,ATC 计算得到的速率值和目标值通过数据“高速公路”传至 OA。

## 6.5.9　阀门控制系统

### 6.5.9.1　概述

本机组的进汽阀门均采用单侧进油的油动机来控制的，机组共有 18 个蒸汽阀门要控制，其中 4 个调节阀；2 个主汽阀；6 个再热主汽阀和 6 个再热调节阀。每一个阀门均有单独的 1 个单侧油动机带动，阀门的阀杆上均有 1 个圆柱形压缩弹簧，弹簧的作用力与油动机的作用力相反，油动机关闭时完全靠弹簧作用力来实现。由于机组采用节流调节，因此，调节阀油动机是可以控制调节阀在任意中间位置上成比例的调节进汽量以适应外界需要，而其他主汽阀、再热主汽阀和再热调节汽阀的油动机只能全开或全关。阀门控制系统总图见图 6-5-12。

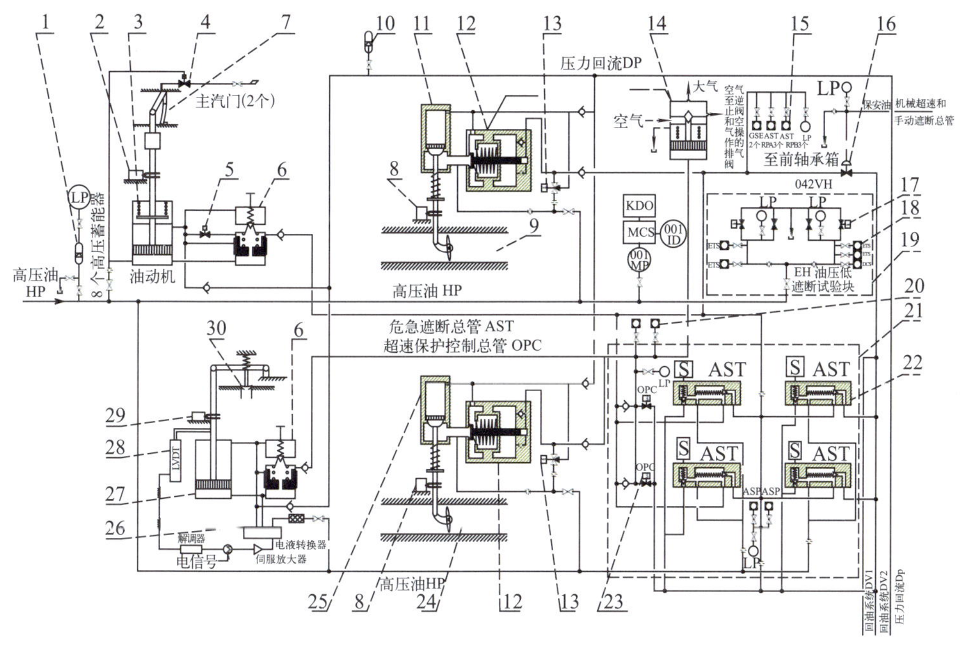


图 6-5-12　阀门控制总图

1—高压蓄能器；2—主汽阀开关盒；3—主汽阀油动机；4—油动机遮断阀；5—电磁阀；6—溢油阀；7—主汽阀；8—再热汽阀及再热调节阀开关盒；9—再热主汽阀；10—蓄能器；11—再热主汽阀油动机；12—排油阀；13—电磁阀；14—空气引导阀；15—压力开关(危急遮断)；16—薄膜阀；17—电磁阀；18—压力开关(EH 油压低)19—高压 EH 油试验装置；20—压力开关(超速保护)；21—电磁阀及控制板；22—电磁阀；23—电磁阀；24—再热调节阀；25—再热调节阀油动机；26—电液转换器；27—调节阀油动机；28—线性位移差动变换器；29—调节汽门开关盒；30—调节汽门

### 6.5.9.2　主汽门油动机及其阀门控制块

主汽门由油动机操作，它的活塞杆与汽阀杠杆相连，油动机是单侧作用的，油动机提供提升力用以开启汽阀，此时，油动机活塞向上，关闭汽阀靠活塞上的强力弹簧。

主汽阀油动机主要由油缸组合块、油阀、隔离阀、逆止阀和电磁阀组成。组合块是用来将所有的部件安装组合接在一起的，它也是所有电气接点及液压口的连接件。

(1) 动作原理

通过隔离阀到油动机去的高压油流只受1个节流孔控制。高压油通过1个油孔进入油缸去开启主汽阀,而溢油阀从中泄去工作油使主汽阀门关闭。

由导阀控制的溢流阀是用来作为快速卸载阀的,该导阀是由危急遮断总管(AST)油压卸压而起到快速关闭作用,这种关闭与电气线路无关,当溢油阀动作时,它将所有的工作油卸到回油去,该回油还与缸上部相连,使回油进入油缸上部,从而使阀门关闭速度加快。阀门组件上部压力弹簧提供快速关闭所需的力。

(2) 隔离阀

隔离阀是用来切断供给油动机的高压回油,这样可以对油动机在不停机时进行检验,如更换电磁阀和溢油阀。

(3) 逆止阀

逆止阀用在回油管路上,以防止在进行维修时,由压力回油总管来的油流回到油动机去,危急遮断总管上的1个逆止阀保证在关闭任何1个油动机时,无论做试验或者进行维修,均不影响其他油动机的位置。

(4) 溢油阀

该阀仅设置在主汽阀油动机及调节阀油动机上。它与油动机的油流通道相连接。正常运行时,压力整定调整杆调到最高压力,危急遮断油压与高压油压力相等。有弹簧负载的锥体盖住油孔,所以滑阀借弹簧的作用,使滑阀贴紧在滑阀座上,使油动机的工作油不会漏到回油去,当主汽阀(或调节阀)危急遮断油泄去时,在经过节流孔后的高压油作用下,开启锥体所盖住的油孔,使滑阀上部经节流孔来的压力油泄去,滑阀上移,将油缸中的所有工作油放到回油去(这与电液转换器的位置是无关的,它是作为油动机的快速卸载阀)。

该溢油阀亦可用作主汽阀及调节阀的手动关闭,手动任何1个主汽阀或调节阀,首先关闭隔离阀(闸阀),以防止溢流阀中放走大量高压油,然后将压力整定调整杆反方向慢慢旋出,观察油动机及阀门移动到关闭位置。若要重新打开阀门,首先将压力整定调整杆调到最高压力位置,然后慢慢打开隔离阀。

(5) 电磁阀

该阀用于远距离关闭阀门以进行定期的阀门关闭试验,当电磁阀动作时,它迅速的将危急遮断油泄去,从而引起溢油阀动作。

(6) 遮断引导阀

遮断引导阀在高压油作用下是关闭的。蒸汽力作用在阀门转轴的轴端部,使凸肩落在一个球形垫片上。当高压油泄去时,该阀就打开,减少了作用在轴端部的蒸汽压力,使主汽阀在最小阻力下关闭。

(7) 试验

主汽阀的关闭对汽轮机是一种安全功能,所有主汽阀在功率运行期间必须具备可试验性。主汽阀关闭试验在50%功率下进行,DEH中设有主汽阀的关闭试验程序。

(8) 调整

该类阀门仅起全开或全关的作用,因而不需要进行调整。

#### 6.5.9.3 调节阀油动机及阀门控制块

调节阀由油动机操纵,它的活塞杆通过一对连杆与调节阀杠杆相连接,杠杆支点布置成油动机向上移动则开启汽阀，油动机是单侧作用的。进油提供的压力用来开启汽阀，弹簧提供的反作用力用以关闭汽阀。调节阀油动机工作原理见图 6-5-13。

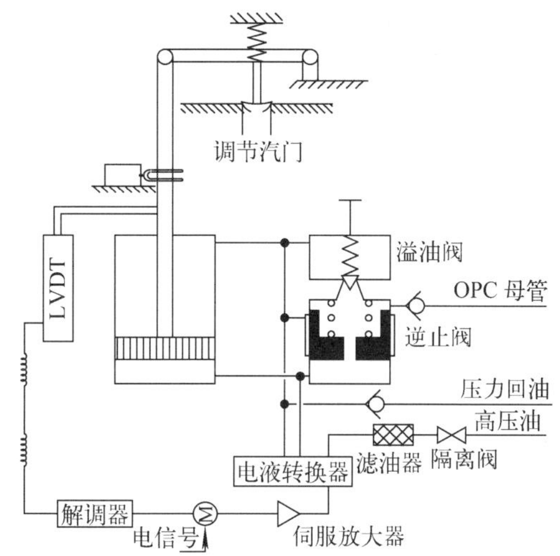


图 6-5-13 调节阀油动机

调节阀油动机主要由油缸、组合块、溢油阀、逆止阀、隔离阀、滤油器、电液转换器和线性位移差动变送器(LVDT)等组成。组合块是用来将所有的部件安装及连接在一起，它也是所有电气接点及液压接口的连接件，位置控制信号放大器以及 LVDT 解调器均为 DEH 中油动机的工作部件。

(1) 动作原理

通过隔离阀、滤油器到油动机去的高压抗燃油由电液转换器控制。阀位控制信号及线性位移差动变送器(LVDT)位置反馈信号在伺服放大器上相比较，得出一个阀位偏差信号。伺服放大器控制电液转换器，以便精确的控制油动机及调节阀的位置。

电液转换器为一个由液压控制中心封闭的四通滑阀。该滑阀的输出流量随着输入信号的变化而变化。电液转换器的作用是使高压油进入油缸打开调节阀，或是从油缸中放出工作油使调节阀关闭。

当溢油阀动作时，它将所有的工作油放到回油管。该回油管与油缸上部相连，并可将放出的油储存在上部，因而不会引起回油管路过载，阀门组件上的强力弹簧提供快速关闭所需的力。

(2) 隔离阀

隔离阀是用来切断供给油动机的高压油，这样就可对油动机在不停机时进行检修，如调换滤油器、电液转换器或溢油阀。

(3) 逆止阀

逆止阀用在回油管路上，以防止在在线运行维修时，由压力回油总管来的油流回到油动机去，OPC 管路上的逆止阀可使其关闭任何 1 个油动机，无论它是在做试验或是在维修，均不影响其他油动机的位置。

(4) 滤油器

所有的高压油均经过 10 $\mu$m 网孔的滤油器，这就保证了任何时间均能以清洁的油供给电液转换器工作。

(5) 溢油阀

该阀与油动机的油流通道相连接，正常运行时，压力整定调整杆调到最高压力。危急遮断油压与高压油压力相等。借滑阀弹簧的作用，使滑阀贴紧在滑阀座上，这样油动机的工作油不会漏到回油去，当 OPC 油泄去时，溢油阀也将油缸中所有工作油放到回油去。这与电液转换器的位置无关。

(6) 电液转换器

电液转换器接收经过侍服放大器放大的信号,并将该信号转换成液压信号去控制调阀开大或关小,其结构见图 6-5-14。电液转换器是由一个极化了的电力矩电动机和带有机械反馈的 2 级液压功率放大器所组成。第一级是由一个双喷嘴及一个单挡板组成。该挡板固定在衔铁的中央,并在两个喷嘴之间穿过,使在喷嘴的端部与挡板之间形成两个可变的节流孔,由挡板及喷嘴控制的油压通到第二级滑阀两端面上。第二级滑阀是四通滑阀结构,在该结构中,当相同的压差下,滑阀的输出流量与滑阀开口成正比。一个悬臂反馈弹簧固定在挡板上,并嵌入滑阀中心的一个槽内。在零位位置时,由于挡板对流向两个喷嘴的油量的节流作用相同,因此就不存在引起滑阀位移地压差,当有信号在力矩电动机上时,衔铁及挡板就会偏向一个喷嘴,使得滑阀两端的油压不同,从而推动滑阀移动,滑阀会一直移动,直到反馈弹簧所传递的反作用力与力矩电动机发出的力相等为止。

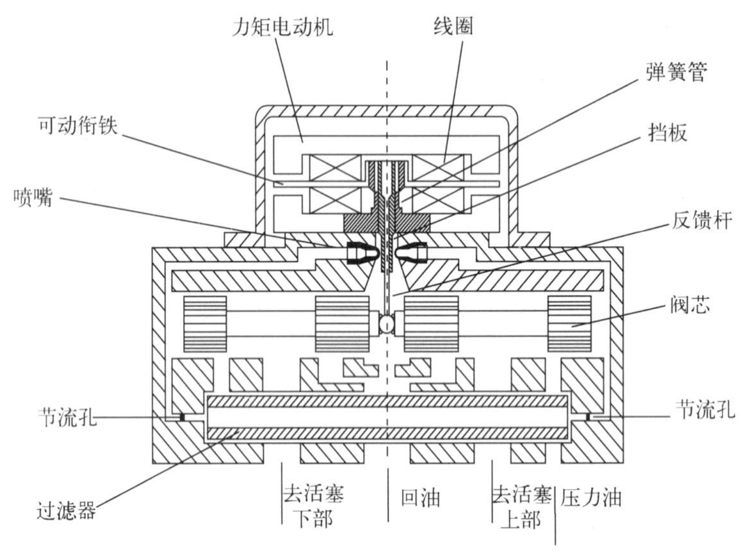


图 6-5-14　电液转换器结构图

(7) LVDT(线性位移差动变送器)

LVDT(线性位移差动变送器)为一种电气机械式传感器,有如下特征。

LVDT 产生于外壳位移成正比的电信号,该外壳是单独的、可移动的,它由 3 个等距分布在圆筒形线圈架上的线圈所组成,一个杆状磁铁芯固定在油动机连杆上,该铁芯是沿轴向放置在线组件内,并形成一个连接线圈的磁力线通路。中央的线圈是初级的,它是由交流电进行激励的。这样,在外面的两个线圈(次级)是反向串联在一起的,因而次级线圈的两个电压相位是相反的,变压器的净输出是该两个电压的差,铁芯在中间位置,输出为零,这就称作零位。零位是机械地调整在油动机行程的中点。LVDT 的输出是交流的,它必须由一解调器进行整流,以便与阀门控制信号相比较。

## 6.5.10　再热主汽阀及再热截止阀油动机

再热主汽阀与再热截止阀油动机的结构是完全相同的,均为单侧作用,活塞杆向上移动为开启汽阀，向下为关闭汽阀，阀门在全开或全关位置工作，强力弹簧使阀门保持在关闭位置上。

油动机的主要部件为：油缸、电磁阀、块、油路板、逆止阀、隔离阀、排油阀和节流孔板等，如图 6-5-15 所示。块是用来将所有的部件安装及连接在一起的，它也是所有电气接点及液压接口的连接件。

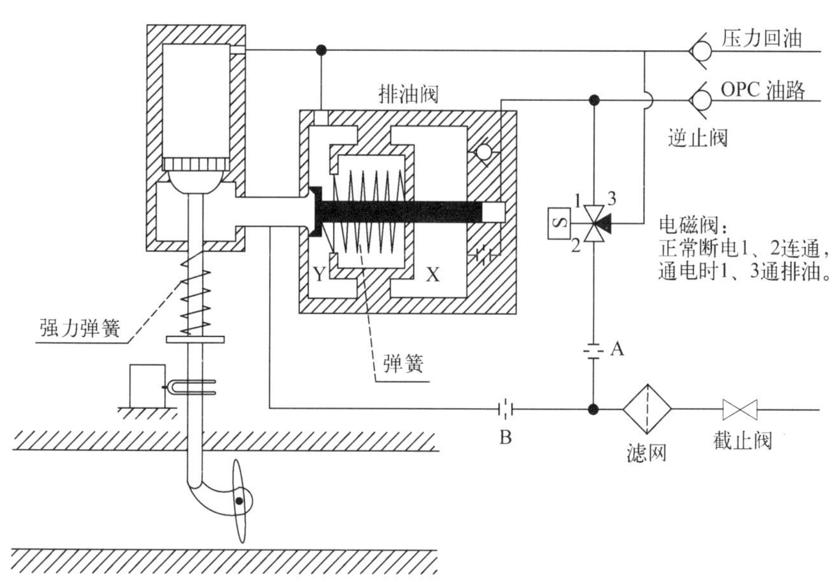


图 6-5-15　再热截止阀和再热调阀油动机

(1) 工作原理

高压油通过隔离阀后，一路经节流孔板到油动机活塞下部，另一路经一个节流孔板、电磁阀进入排油阀的上部腔室。该油将排油阀贴紧在关闭位置上，从而切断了油缸工作活塞下面油的回油通道，而排油阀的作用是将动作油迅速泄去，使阀门快速关闭。

由电磁阀控制的排油阀是作为快速卸载用的。该排油阀是由危急遮断总管油压控制的，起到快速关闭的作用。当排油阀动作时，它将所有工作油放到回油去，该回油还与油缸的上部相通，因而就不会引起管路的过载。阀门组件上的强力弹簧提供了快速关闭所需的力。

(2) 隔离阀

隔离阀是用来切断供油动机用的高压油，这样就可对油动机进行在线维修，更换电磁阀或排油阀等。

(3) 逆止阀

两个逆止阀中的一个是用在回油管路上，以防止油动机在线维修时由压力回油总管来的油流回到油动机去。危急遮断油管路上的一个逆止阀可使在关闭任何一个油动机时，无论作任何试验或维修时，均不会影响其他油动机的位置。

(4) 排油阀

排油阀装在油动机块上，它将油动机的动作油迅速泄去，使油动机快速关闭。该阀装在再热主汽阀油动机和再热调节阀油动机上。

阀中弹簧的作用是使该阀打开,而作用在阀门定位器上的X,Y腔室中的油压是使排油阀关闭。排油阀阀蝶伸入到油动机块中,并贴合在块上加工出的阀座上。

正常运行时,高压油通过试验电磁阀进入腔室X,Y;该高压油压力与油动机油缸中高压油压力相等,但由于在Y腔室中它的作用面积较大,因此产生向下力大于弹簧的作用力,故将排油阀关闭。当阀关闭时,油缸中高压油的回油通道就被切断,致使在油缸活塞下建立起油压来。

危急遮断(AST)总管或超速遮断(OPC)总管压力降低时,总管逆止阀就打开,腔室Y压力降低,致使排油阀打开,油缸活塞下的油放到回油去,从而将阀门关闭。

当试验电磁阀通电时(例如再进行阀门试验时),它将通到腔室Y去的高压油的回油通道打开,这样,就使逆止阀打开,从而使排油阀亦打开,其结果与上面相同。

当危急遮断总管压力重新建立或试验电磁阀断电时,排油阀迅速关闭,致使油缸活塞下的压力建立。

(5) 电磁阀

电磁阀装在油动机块上,用来进行阀门试验。在正常运行时,电磁阀是断电的,它使高压油能直接通到排油阀的上部腔室X及Y。电磁阀通电时。打开回油通道并切断高压油的供给。

在对阀门进行阀杆活动试验时,通过电子控制器使电磁阀通电。

(6) 油路板

油路板组件固定在油动机块的侧面,油路版上装有一个隔离阀和两个逆止阀,油路板与油动机块之间的配合通道和密封采用"O"形圈。

(7) 维护

不需要进行定期的短期维护。当装配配有"O"形圈的新部件时,较好的做法是所使用的"O"形圈只能采用氟橡胶或乙烯丙烯橡胶"O"形圈。

(8) 调整

此种阀门仅起全开或全关的作用,因为油动机不需要进行调整。

## 6.5.11 汽轮机调节系统运行

### 6.5.11.1 启动运行(从停机状态到并网)

- 汽轮机挂闸。只有当所有停机信号被消除以后,汽轮机才能被停机。停机操作包括两部分:现场机械紧急停机装置复位停机以及遥控AST电磁阀复位停机。停机以后AST母管自动建立油压,主汽阀、再热主汽阀和再热调节阀开启。
- 选用"OA"模式
- 设定目标转速
- 设定升速速率
- 按下"GO"开始升速
- 暂停升速。在升速到一定转速需要暖机时,可以按下"HOLD"键将升速暂停,汽轮机转速保持在当前转速;需要注意的是,不允许在机组临界转速区将升速停止。
- 自动同步并网。升速到同步转速以后,在DEH中选择"自动同步",DEH会根据同期装置要求自动调整转速满足同步并网要求。一旦并网 DEH 立即发出带初始功率要求，开大调节阀开度使机组带上初始功率。

6.5.11.2 负荷控制

- 投入“MW”反馈回路。
- 设定目标负荷
- 设定升荷速率
- 按下“GO”开始升负荷
- 两阀控制向四阀控制切换。电功率升到 50 MW 后，操纵员停止升荷进行阀门切换。
- 暂停升荷。在升荷过程中，操纵员可以按下“HOLD”键停止升荷。
- 自动停止。当负荷升到目标负荷以后，DEH 自动“HOLD”停止升荷。

6.5.11.3 停机

- 设定目标负荷
- 设定降荷速率
- 降荷后停机。降负荷至 5%$P_n$ 以下，操纵员按下汽轮机停机按钮停机。

6.5.11.4 瞬态运行

- 汽轮机停机。自动停机后将所有汽轮机阀门关闭，这种停机可能来自于堆、机、电任何一方面的原因，DEH 本身的故障也会导致汽轮机停机。
- 甩负荷。机组由并网运行转为孤岛运行并大幅降功率称为甩负荷。在这个瞬态过程中如果机组初始功率大于 30%$P_n$，则失负荷预测功能会产生第一次 OPC 动作，调阀和再热截止阀快速关闭，汽轮机转速和功率下降；电功率小于 30%$P_n$ 后 OPC 信号消失，阀门重新开启；转速上升，转速超过 103%$n_0$ 后，OPC 再次动作，阀门关闭，转速下降至 103% $n_0$ 以下后 OPC 信号消失，阀门开启，直到汽轮机转速波动不会上升超过 103%$n_0$。在开始孤岛运行瞬间，DEH 自动将控制模式转为转速控制模式，孤岛运行后，DEH 的任务就是将汽轮机转速控制在 3 000 r/min，机组的出力取决于厂用电量。部分甩负荷时，由 CIV 来防止汽轮机超速，DEH 控制方式没有改变。
- 负荷速降。负荷速降的原因有二回路故障和一回路故障两类。二回路故障指汽轮机功率大于 50%$P_n$ 时只有 1 台主给水泵运行，它所引起的负荷速降是连续的，以 100% $P_n$/min 的速率降负荷直到汽轮机功率小于 300MW。由一回路引起的负荷速降信号有 C3，C4，C21 和 C22，它们引起的负荷速降是断续的，降负荷持续 1.5 s，停 28.5 s，降负荷速率为 200%$P_n$/min，直到信号消失或功率降到 140 MW。